Das Entwerfen von graphischen Rechentafeln

(Nomographie)

Von

Prof. Dr.-Ing. **P. Werkmeister**

Privatdozent an der Technischen Hochschule in Stuttgart

Mit 164 Textabbildungen

Berlin

Verlag von Julius Springer

1923

ISBN-13: 978-3-642-90563-6   e-ISBN-13: 978-3-642-92420-0
DOI: 10.1007/978-3-642-92420-0

Vorwort.

Seit der „Anleitung zum Entwerfen graphischer Tafeln"
(Berlin 1877) von Ch. A. Vogler sind in deutscher Sprache
über den in der vorliegenden Arbeit behandelten Zweig der
angewandten Mathematik nur zwei größere Abhandlungen er-
schienen; die eine von R. Mehmke in der Encyklopädie der
mathematischen Wissenschaften, und die andere — „Über die
Nomographie von M. d'Ocagne" (Leipzig 1900) — von F. Schilling. Da seit dem Erscheinen des zuerst angeführten Werkes
eine Reihe von neuen Tafelformen angegeben wurden, die Abhandlung von R. Mehmke — dem Charakter der genannten
Encyklopädie entsprechend — in der Hauptsache einen Über-
blick gibt, und die an letzter Stelle angeführte Arbeit — wie
auch auf ihrem Titel angeführt ist — nur eine Einführung vorstellt, so dürfte heute eine das Entwerfen von graphischen
Tafeln behandelnde Arbeit eine gewisse Berechtigung haben.

Die vorliegende Arbeit verfolgt zunächst praktische Ge-
sichtspunkte und möchte insbesondere dazu beitragen, daß die
graphische Tafel immer noch mehr Verwendung im praktischen
Rechnen findet; es wurde deshalb auf eine weitere Behandlung
der vielfach auftretenden theoretischen Probleme absichtlich verzichtet.

Die Sätze und Verfahren der analytischen Geometrie werden als bekannt vorausgesetzt; doch wurden dem angegebenen
Zweck entsprechend die Entwicklungen insofern elementar ge-
halten, als nur von Cartesischen Koordinaten Gebrauch gemacht wird[1]). An einigen Stellen wurden Determinanten verwendet.

---

[1]) M. d'Ocagne (vgl. die im Literaturverzeichnis angegebenen Werke)
verwendet außer Cartesischen Koordinaten auch Linienkoordinaten; ebenfalls nur Cartesische Koordinaten benutzt I. Mandl (Graphische Darstellung von mathematischen Formeln. Allgemeine Bauzeitung 1902).

In Bezug auf die Bezeichnung und Einteilung der verschiedenen Tafelformen wurde von dem sonst Üblichen abgewichen. So erscheint an Stelle von Nomogramm, Diagramm, Graphikon usw. ausschließlich die Bezeichnung graphische Tafel. Hinsichtlich der Form wurden die Tafeln in drei Gruppen eingeteilt, die als Tafeln mit Kurvenskalen, Tafeln mit Punktskalen und Tafeln mit Kurven- und Punktskalen bezeichnet wurden. Bezeichnungen wie Cartesische Tafel, Schichtentafel, Schichtennetz, Isoplethentafel, kollineare Tafel, Tafel mit Punktisoplethen, hexagonale Tafel usw. wurden nicht verwendet; es ist auf sie in den Anmerkungen gelegentlich hingewiesen.

Die behandelten Tafelformen sind bis zu einem gewissen Grad willkürlich gewählt; jedenfalls sind noch zahlreiche andere Formen denkbar. Es ist ausgeschlossen, jede sich bietende Möglichkeit weiter zu verfolgen; manches mußte deshalb entweder ganz weggelassen werden oder konnte nur angedeutet werden.

Die beigefügten Beispiele sind in der Hauptsache einfacher Art; es wurden absichtlich nur solche Beispiele gewählt, zu deren Verständnis keine besonderen fachtechnischen Kenntnisse erforderlich sind. Die auf die Beispiele sich beziehenden Abbildungen sollen keine fertigen, für das praktische Rechnen bestimmte Tafeln vorstellen; bei den auftretenden Skalen wurden deshalb nur wenige Zwischenelemente angegeben.

Die in den Anmerkungen gegebenen geschichtlichen Zusätze stützen sich auf die bereits angeführte Abhandlung von R. Mehmke bezw. deren französische Bearbeitung von M. d'Ocagne.

Im August 1923.

P. Werkmeister.

Inhaltsverzeichnis.

Dritter Abschnitt.

Tafeln für Gleichungen mit mehr als drei Veränderlichen . . 126

Seite

Verzeichnis der wichtigsten Literatur.

Krauß, F.: Die Nomographie oder Fluchtlinienkunst. Berlin 1922.

Luckey, P.: Einführung in die Nomographie. Zwei Bändchen der mathematisch-physikalischen Bibliothek. Leipzig u. Berlin 1918 und 1920.

Mehmke, R.: Numerisches Rechnen. Encyklopädie der mathematischen Wissenschaften. Bd. 1.

— u. M. d'Ocagne: Calculs numériques. Édition française de l'Encyclopédie des sciences mathématiques. Tome I.

d'Ocagne, M.: Calcul graphique et Nomographie. Paris 1908.

— Traité de Nomographie. Paris 1899.

Pirani, M. v.: Graphische Darstellung in Wissenschaft und Technik. Berlin u. Leipzig 1914.

Runge, C.: Graphische Methoden. Leipzig u. Berlin 1915.

Schilling, F.: Über die Nomographie von M. d'Ocagne. Leipzig 1900.

Schreiber, P.: Grundzüge einer Flächennomographie. Braunschweig 1921 und 1922.

Soreau, R.: Contribution à la théorie et aux applications de la Nomographie (extrait des Mémoires de la Société des Ingénieurs Civils de France, Bulletin d'août 1901).

— Nomographie ou Traité des Abaques. 2 Bde. Paris 1921.

Vogler, Ch. A.: Anleitung zum Entwerfen graphischer Tafeln. Berlin 1877.

Zeitschrift für angewandte Mathematik und Mechanik, herausgegeben von R. v. Mises, Berlin.

— für Mathematik und Physik, herausgegeben von R. Mehmke u. C. Runge. Leipzig.

— für Instrumentenkunde, herausgegeben von F. Göpel. Berlin.

— für Vermessungswesen, herausgegeben von O. Eggert. Stuttgart.

In den beiden letzteren Zeitschriften besonders verschiedene Arbeiten von E. Hammer.

Einleitung.

Hat man bei einer Funktion von veränderlichen Größen
öfters für gegebene Werte der Veränderlichen den zugehörigen
Funktionswert zu berechnen, so empfiehlt sich die Anfertigung
einer Rechentafel, in die man mit den gegebenen Werten
der Veränderlichen eingeht, um an der dadurch bestimmten
Stelle der Tafel den entsprechenden Wert der Funktion abzulesen. Man kann zwei Arten von Rechentafeln unterscheiden,
nämlich numerische Tafeln oder Zahlentafeln und graphische Tafeln oder Skalentafeln.

Eine graphische Tafel[1]) entsteht dadurch, daß man für die
Funktion und die Veränderlichen je eine Reihe entsprechend
bezifferter Elemente oder eine Skala derart zeichnet, daß für
bestimmte, nach gegebenen Werten der Veränderlichen bezifferte
Elemente auf Grund einer bekannten geometrischen Beziehung
an der Skala für die Funktion deren zugehöriger Wert abgelesen
werden kann. Die für Skalen in Betracht kommenden geometrischen Elemente sind der Punkt und die Kurve, so daß
man von Punktskalen und von Kurvenskalen sprechen
kann; man kann daher die graphischen Tafeln einteilen in
Tafeln mit bezifferten Punkten oder Tafeln mit Punktskalen, in Tafeln mit bezifferten Kurven oder Tafeln
mit Kurvenskalen und in Tafeln mit Punkt- und
Kurvenskalen[2]).

Im Vergleich mit den numerischen Tafeln zeigen die graphischen Tafeln verschiedene Vorteile; diese bestehen insbesondere in der Einfachheit und der Schnelligkeit beim Ermitteln
der gesuchten Werte und in der Möglichkeit der Verwendung
auch bei Funktionen von mehr als zwei Veränderlichen.

Die mit einer graphischen Tafel erreichbare Genauigkeit
ist zunächst eine beschränkte; es ist aber bei manchen Tafelformen
möglich, die Genauigkeit beliebig zu steigern. Bei vielen Aufgaben
reicht die Genauigkeit einer graphischen Tafel vollständig aus.

---

[1]) An Stelle der früher im Französischen üblichen Bezeichnungen
„table (tableau) graphique" (L. Lalanne und A. Favaro) und „abaque"
(M. d'Ocagne) wird heute in Frankreich und vielfach auch in Deutsch-
land die von F. Schilling vorgeschlagene und von M. d'Ocagne über-
nommene Bezeichnung „Nomogramm" benutzt. Den auf das Entwerfen
von graphischen Tafeln sich beziehenden Zweig der angewandten Mathematik heißt M. d'Ocagne Nomographie.

[2]) Die bezifferten oder „kotierten" Elemente werden auch als „Iso-
plethen" bezeichnet (Ch. A. Vogler); man hat dann zu unterscheiden
zwischen Tafeln mit Kurvenisoplethen, Tafeln mit Punktisoplethen und
Tafeln mit Kurven- und Punktisoplethen.

Tafeln für Funktionen von einer Veränderlichen oder für Gleichungen mit zwei Veränderlichen.

I. Tafeln mit bezifferten Kurven oder Tafeln mit Kurvenskalen.

§ 1. Einfachstes Verfahren zur Herstellung einer Tafel.

Die Funktion, für die eine Tafel entworfen werden soll, sei

$$y = f(x) \quad\cdots\cdots\cdots\cdots\quad (1)$$

Eine Tafel dieser Funktion entsteht dadurch, daß man x und y als rechtwinklige Koordinaten[1]) eines Punktes betrachtet, und

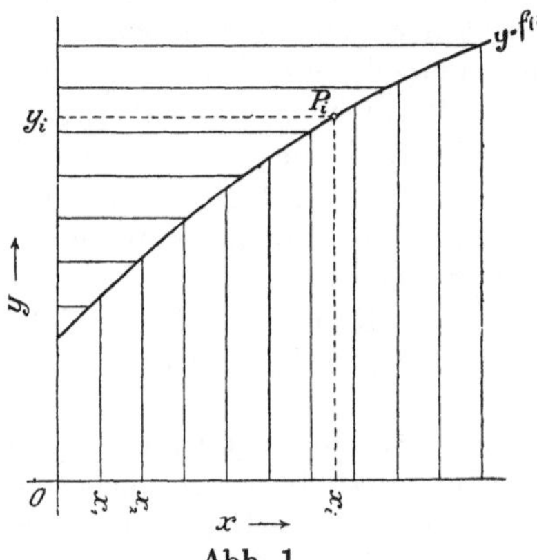

Abb. 1.

die durch die Gleichung (1) bestimmte Kurve zeichnet; jedem Punkt der Kurve entspricht dann ein im Sinne der Gleichung (1) zusammengehöriges Wertepaar (x, y). Um zu einem gegebenen Wert x_i der Veränderlichen den zugehörigen Funktionswert y_i zu ermittelten, sucht man den zur Abszisse x_i gehörigen Punkt P_i (Abb. 1) der Kurve auf und liest dessen Ordinate y_i ab. Zum bequemen Aufsuchen des Punktes P_i und zur Erleichterung beim Ablesen von y_i versieht man die Tafel je mit einer Schar von — nach x bzw. y bezifferten — Parallelen zu den Koordinatenachsen. Um die durch die gegebene Funktion bestimmte Kurve aufzeich-

---

[1]) M. d'Ocagne bezeichnet diese Tafelart mit Rücksicht auf die rechtwinkligen oder Cartesischen Koordinaten als „abaques (nomogrammes) cartésiens".

nen zu können, muß man sie „punktweise berechnen", d. h. man muß für eine Reihe von runden Werten der Veränderlichen die entsprechenden Werte der Funktion berechnen.

Die Maßeinheit muß für die Abszissen und die Ordinaten nicht dieselbe sein; es gibt sogar Fälle, in denen man zweckmäßigerweise verschiedene Maßstäbe wählt.

Beispiel. Soll eine graphische Quadrattafel hergestellt werden, so lautet die Funktion $y = x^2$. Für das Aufzeichnen der Kurve hat man folgende Wertepaare für x und y:

$x =$	0	1	2	3	4	5	6	7	8	9	10
$y =$	0	1	4	9	16	25	36	49	64	81	100

Mit Rücksicht auf die mit x immer größer werdenden Unterschiede zwischen je zwei zusammengehörigen Werten von x und y benutzt man verschiedene Maßstäbe für sie; wählt man z. B. für x einen zehnmal größeren Maßstab als für y, so erhält man die Tafel der Abb. 2.

Der Abstand der Parallelen zu den Koordinatenachsen richtet sich nach der jeweiligen Maßeinheit und ist mit dieser von der Genauigkeit abhängig, die mit der Tafel erreicht werden soll. Um die Übersichtlichkeit der Tafel zu erhöhen, hebt man einzelne der Parallelen durch Anwendung einer anderen Strichart oder einer anderen Farbe hervor.

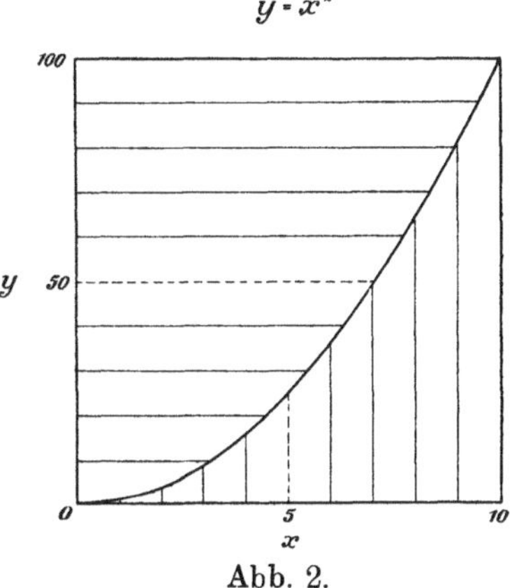

Abb. 2.

§ 2. Allgemeines Verfahren zur Herstellung einer Tafel.

In allgemeiner Weise gelangt man zu einer Tafel mit bezifferten Kurven für eine Funktion von einer Veränderlichen dadurch, daß man sich die Gleichung

$$y = f(x) \qquad\qquad\qquad (1)$$

entstanden denkt durch Elimination der veränderlichen Größen ξ und η aus den drei Gleichungen

$$f_1(\xi, \eta, x) = 0 \qquad\qquad (2)$$

$$f_2(\xi, \eta, y) = 0 \qquad\qquad (3)$$

$$f(\xi, \eta) = 0 \qquad\qquad (4)$$

Betrachtet man die Veränderlichen ξ und η als laufende Koordinaten, so entspricht der Gleichung (4) eine Kurve, und den beiden Gleichungen (2) und (3) — infolge der Veränderlichkeit von x und y — je eine nach x bzw. y bezifferte Kurvenschar (Abb. 3).

Wenn — wie angenommen — die drei Gleichungen (2), (3) und (4) so beschaffen sind, daß man aus ihnen durch Elimination von ξ und η die Gleichung (1) erhält, so gehört zu jedem Punkt P_i der durch die Gleichung (4) bestimmten Kurve ein Kurvenpaar der beiden Kurvenscharen, dessen Werte x_i und y_i die Gleichung (1) befriedigen.

Von den drei Gleichungen (2), (3) und (4) können zwei beliebig angenommen werden; die dritte Gleichung ist dann durch sie und die gegebene Gleichung (1) bestimmt. Die beiden beliebig anzunehmenden Gleichungen wird man zunächst mit Rücksicht auf die Herstellung der Tafel so wählen, daß alle vorkommenden Kurven sich in einfacher Weise — mit Lineal oder Zirkel — zeichnen lassen. Das Nächstliegende ist, die beiden Gleichungen so zu wählen daß alle Kurven gerade Linien sind; man erreicht dies, wenn man für die Gleichungen (2) und (3) setzt

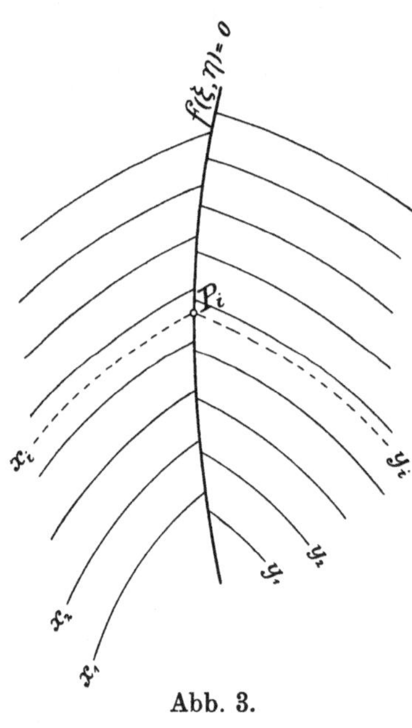

Abb. 3.

$$\xi = f(x) \ . \ . \ . \ (2') \quad \text{und} \quad \eta = y \ . \ . \ . \ . \ . \ . \ (3')$$

Für die Gleichung (4) ergibt sich dann unter Beachtung der gegebenen Funktion

$$y = f(x) \ . \ . \ . \ . \ . \ . \ . \ . \ . \ (1)$$

die Gleichung

$$\eta = \xi \ . \ . \ . \ . \ . \ . \ . \ . \ . \ . \ (4')$$

Den beiden Gleichungen (2') und (3') entspricht je eine Schar von — nach x bzw. y bezifferten — Parallelen zu den Koordinatenachsen; die Gleichung (4') ist die der ersten Mediane. Bei der Zeichnung der durch die Gleichung (2') bestimmten Parallelen zur Ordinatenachse hat man zu beachten, daß im allgemeinen bei gleichen Unterschieden der x-Werte der Abstand der Parallelen mit x sich ändert; man erhält die Parallelen nach Berechnung der zu den entsprechenden Werten von x gehörigen Werte von y mit Hilfe der durch die Gleichung (4') bestimmten Geraden.

Die Maßeinheit für die Abszissen und die Ordinaten muß nicht dieselbe sein; es gibt auch hier Fälle, bei denen verschiedene Maßeinheiten erwünscht sind. Bei nicht gleichen Maßeinheiten treten an die Stelle der Gleichungen (2'), (3') und (4') die folgenden

$$\xi = \mu f(x), \qquad \eta = y \quad \text{und} \qquad \eta = \frac{1}{\mu}\,\xi,$$

wo μ einen passend gewählten Faktor vorstellt. Die beiden ersten Gleichungen lassen sich wieder darstellen durch zwei Scharen von Parallelen zu den Koordinatenachsen; der dritten Gleichung entspricht eine Ursprungsgerade, für welche die trigonometrische Tangente ihres Richtungswinkels gleich $\dfrac{1}{\mu}$ ist

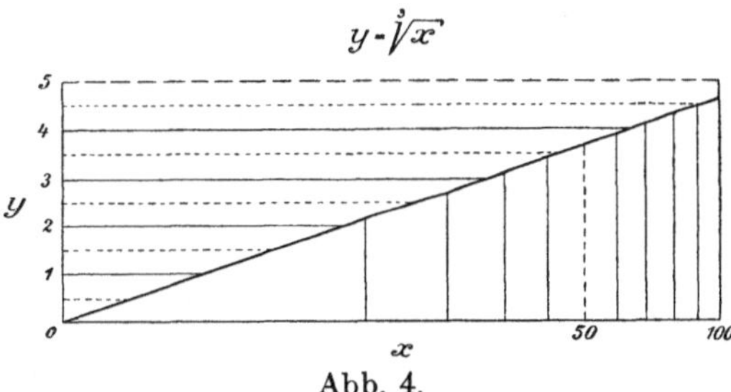

Abb. 4.

Beispiel. Die Funktion, für die eine Tafel hergestellt werden soll, sei

$$y = \sqrt[3]{x}.$$

Zusammengehörige Werte von x und y sind die folgenden:

$x =$	0	10	20	30	40	50	60	70	80	90	100
$y =$	0	2,15	2,71	3,11	3,42	3,68	3,91	4,12	4,31	4,48	4,64

Wählt man den Maßstab für die Abszissen z. B. $\mu = 3$ mal größer als den für die Ordinaten, so ergibt sich die Tafel der Abb. 4.

Die Maßeinheit für die Abszissen muß nicht für die ganze Ausdehnung der Achse dieselbe sein; manchmal kann es sogar mit Rücksicht auf die Genauigkeit der Ablesung bei immer kleiner werdenden Abständen der Parallelen von Vorteil sein, wenn man von einer bestimmten Stelle ab einen Wechsel bei der Maßeinheit eintreten läßt. In der Tafel äußert sich eine Änderung des Abszissenmaßstabes darin, daß an Stelle der Ursprungsgeraden eine gebrochene, aus geraden Stücken bestehende Linie tritt.

Beispiel. Ist eine graphische Sinustafel zu zeichnen, so handelt es sich um die Funktion $y = \sin x$.

Zusammengehörige Werte von x und y sind:

$x =$	0	10	20	30	40	50	60	70	80	90°
$y =$	0	0,17	0,34	0,50	0,64	0,77	0,87	0,94	0,98	1

Wählt man von $x = 0°$ bis $x = 40°$ für die Abszissen denselben Maßstab wie für die Ordinaten, so erhält man mit $\mu = 1$ die erste Mediane; läßt man sodann in der nach $x = 40°$ bezifferten Parallelen einen Wechsel im Maßstab der Abszissen eintreten, indem man z. B. $\mu = 2$ wählt, so geht die Mediane in eine Gerade über, für welche die trigonometrische Tangente ihres Richtungswinkels gleich $\tfrac{1}{2}$ ist. Diesen Zahlen entspricht die Tafel der Abb. 5.

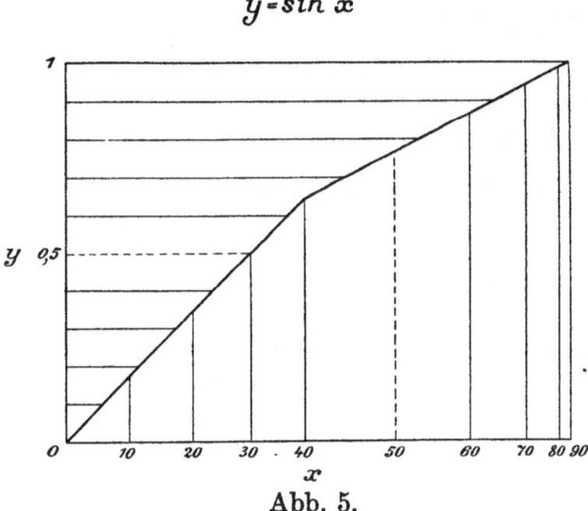

Abb. 5.

Tritt an die Stelle der Gleichung (1) die Gleichung

$$\varphi(y) = f(x),$$

so ändert sich an dem im vorstehenden Gesagten nichts.

II. Tafeln mit bezifferten Punkten oder Tafeln mit Punktskalen.

§ 1. Grundgedanken bei der Herstellung einer Tafel.

Die in den Abb. 1 bis 5 dargestellten Tafeln zeigen, daß man von den beiden Kurvenscharen eigentlich nur die Schnittpunkte der Kurven mit der einen Kurve braucht; zeichnet man nur diese, so treten an die Stelle der bezifferten Kurven bezifferte Punkte; die Tafeln bestehen dann aus zwei, längs einer Kurve aneinander gelegten Punktskalen, die an den beiden Seiten der Kurve angegeben werden können[1]. Als Träger für die beiden Punktskalen verwendet man im einfach-

---

[1] Tafeln dieser Art bezeichnet M. d'Ocagne als „abaques (nomogrammes) à échelles accolées" und nach ihm F. Schilling als „Rechentafeln mit vereinigten Skalen".

sten Fall eine Gerade. Die eine der beiden Skalen darf beliebig angenommen werden; die andere Skala erhält man dann durch punktweise Berechnung. Die beliebig anzunehmende Skala führt man mit Rücksicht auf die dadurch entstehende Bequemlichkeit beim Aufzeichnen und beim Gebrauch der Tafel als gleichmäßige oder gewöhnliche Skala aus.

Für die punktweise Berechnung der Funktion einer Veränderlichen

$$y = f(x)$$

kann man entweder die Werte der Funktion y für runde Werte der Veränderlichen x oder die Werte der Veränderlichen x für runde Funktionswerte y berechnen; die gleichmäße Skala kommt in jedem Falle derjenigen Größe zu, deren Werte für runde Werte der anderen berechnet wurden.

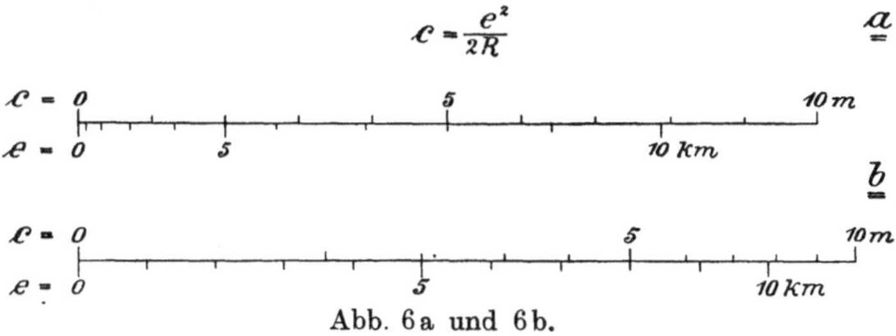

Abb. 6a und 6b.

Beispiel. Die Erdkrümmung c ist eine Funktion der Entfernung e, und läßt sich für kleinere Entfernungen berechnen mit Hilfe der Näherungsformel

$$c = \frac{e^2}{2R} \quad (R \text{ Erdhalbmesser}).$$

Mit $R = 6370$ km ergeben sich die beiden folgenden Gruppen zusammengehöriger Werte von e und c:

$e =$	0	1	2	3	4	5	6	7	8	9	10 km
$c =$	0	0,1	0,3	0,7	1,3	2,0	2,8	3,8	5,0	6,4	7,9 m

$c =$	0	1	2	3	4	5	6	7	8	9	10 m
$e =$	0	3,6	5,0	6,2	7,1	8,0	8,7	9,4	10,1	10,7	11,3 km

Mit diesen Werten erhält man die beiden Tafeln der Abb. 6a und 6b, die sich dadurch unterscheiden, daß die gleichmäßige Skala bei der ersten nach c und bei der zweiten nach e beziffert ist.

Ist die mit einer Tafel beabsichtigte Genauigkeit groß, so daß die punktweise Berechnung sämtlicher Skalenpunkte sehr umfangreich wäre, so legt man nur eine Anzahl Hauptpunkte der ungleichmäßigen Skala durch Rechnung fest; weitere Punkte lassen sich dann mit Hilfe eines auf Pauspapier gezeichneten Diagramms bestimmen. Ein solches Diagramm erhält man auf Grund einer gleichmäßigen Skala AB (Abb. 7), wenn man von einem beliebigen Punkt O ihrer Mittelsenkrechten nach ihren Teilpunkten die Strahlen zieht, die man für den Gebrauch

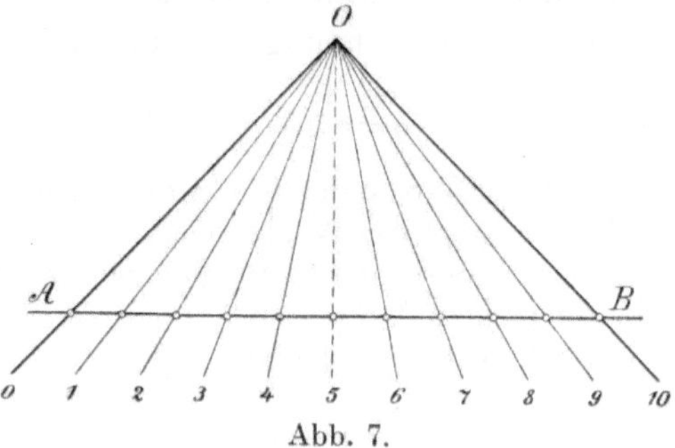

Abb. 7.

zweckmäßigerweise in der in der Abbildung angedeuteten Weise unterscheidet und beziffert. Sind von einer ungleichmäßigen Skala z. B. die mit 4; 4,5 und 5 bezifferten Punkte durch Rechnung bestimmt, so erhält man die Punkte 4,1; 4,2; 4,3;

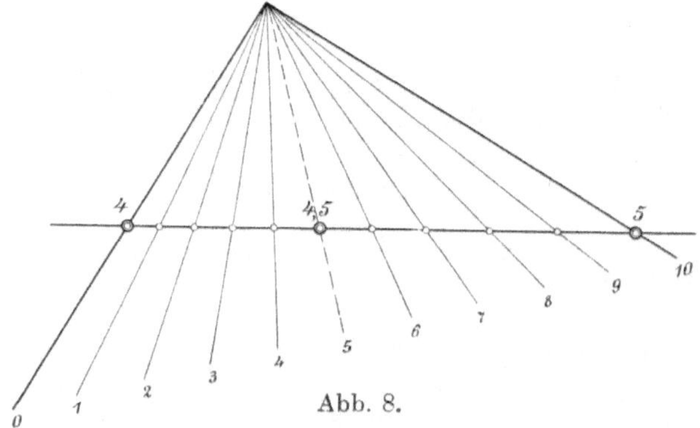

Abb. 8.

4,4; 4,6; ... dadurch, daß man das Pausdiagramm in der in der Abbildung 8 angegebenen Weise auf die Skala legt und die Schnittpunkte des geraden Skalenträgers mit den nach den gesuchten Teilpunkten bezifferten Strahlen durch Nadelstiche bezeichnet. Die Anwendung des Diagramms beruht auf dem Satze, daß jedes kleinere Stück einer geradlinigen beliebigen Skala näherungsweise als Zentralprojektion einer geradlinigen gleichmäßigen Skala angesehen werden kann[1]).

Die Maßeinheit der gleichmäßigen Skala muß nicht über ihre ganze Ausdehnung dieselbe sein; es besteht deshalb die Möglichkeit, die Ablesegenauigkeit an bestimmten Stellen einer Tafel nach Belieben zu steigern.

Beispiel. Für die durch die Gleichung

$$c = \frac{e^2}{2R} \quad (R = 6370 \text{ km})$$

bestimmte Erdkrümmung c soll eine Tafel entworfen werden, mit deren Hilfe man für Entfernungen bis zu 2,5 km c auf Zentimeter genau und für Entfernungen von 2,5 bis 5 km auf Dezimeter genau bestimmen kann.

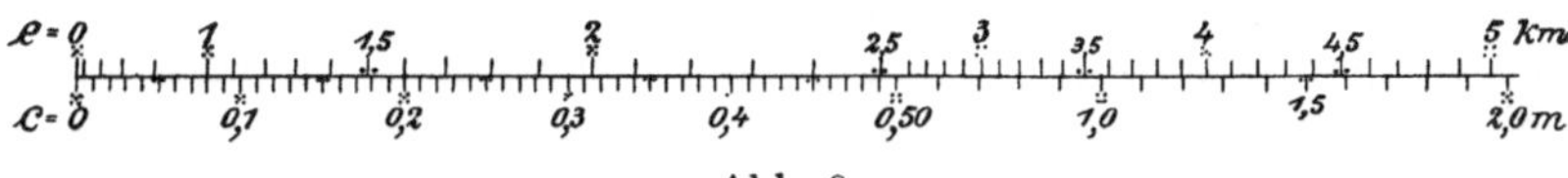

Abb. 9.

Die Hauptpunkte der Tafel ergeben sich — wenn man die c-Skala als die gleichmäßige wählt — aus den folgenden Wertepaaren:

$e =$	0	0,5	1	1,5	2	2,5	3	3,5	4	4,5	5 km
$c =$	0	0,020	0,079	0,176	0,314	0,490	0,71	0,96	1,26	1,59	1,96 m

Die übrigen in der Abb. 9 enthaltenen Teilpunkte wurden mittels des Diagramms bestimmt.

Kommt in zwei verschiedenen Funktionen dieselbe Veränderliche vor und wählt man bei beiden Funktionen als gleichmäßige Skala die nach der gemeinsamen Veränderlichen bezifferte, so kann man — wenn dadurch ein Vorteil erreicht wird — die beiden Tafeln mit der gleichbezifferten Skala aneinanderzeichnen.

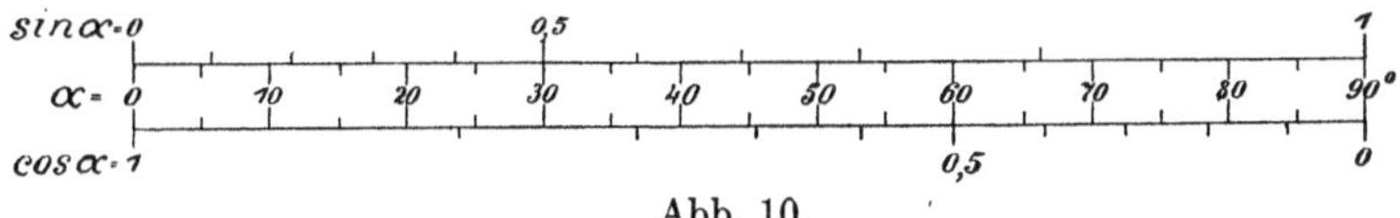

Abb. 10.

Beispiel. Die beiden Funktionen seien

$$y = \sin \alpha \quad \text{und} \quad y = \cos \alpha.$$

Wählt man für beide Tafeln als gleichmäßige Skala die nach α bezifferte, so ergibt sich die Abb. 10.

Beim Gebrauch einer Tafel mit zwei Punktskalen entlang einer Kurve — im einfachsten Fall entlang einer Geraden —

---

[1]) Vgl. Mehmke, R.: Z.V.d.I. Bd. 33, S. 583.

benutzt man für die beim Eingehen in die Tafel und beim Ablesen in der Tafel nach Augenmaß auszuführende Interpolation zweckmäßigerweise einen spitzen Gegenstand z. B. in Form einer Nadel. Zur Erhöhung der Übersichtlichkeit einer Tafel kann man die Striche der beiden Skalen in verschiedener Farbe zeichnen, oder die eine Skala durch eine leichte Bemalung hervorheben, oder auch beide Skalen durch Bemalen mit verschiedenen Farben unterscheiden.

§ 2. Lage und Form der Skalenträger.

Es ist nicht notwendig, daß die beiden Skalen einer Tafel einen gemeinsamen Träger haben; zeichnet man die Skalen getrennt, so kann man die Tafeln für mehrere Funktionen derselben Veränderlichen in einer Zeichnung vereinigen. Läßt man als Skalenträger nur bequem zu zeichnende Linien (Gerade und Kreis) zu, so kommen bei getrennten Skalen als Träger in Betracht: parallele Gerade, mittelpunktgleiche Kreise und Gerade durch denselben Punkt.

Bei parallelen Geraden als Skalenträgern benutzt man zur Ablesung den Zirkel oder eine Gerade, die entweder senkrecht zu den Skalenträgern liegt, oder durch einen festen Punkt geht.

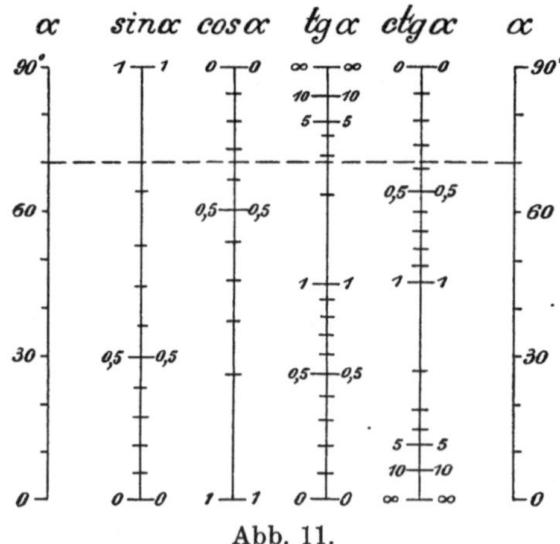

Abb. 11.

1. Beispiel. Es sollen Tafeln für die Funktionen

$$y = \sin \alpha, \qquad y = \cos \alpha,$$
$$y = \operatorname{tg} \alpha \quad \text{und} \quad y = \operatorname{ctg} \alpha$$

in einer Zeichnung vereinigt werden.

Wählt man parallele Skalenträger, so ergibt sich die Abb. 11; bei dieser ist angenommen, daß die zu einem gegebenen Winkel gehörigen Funktionswerte mittels einer Senkrechten zu den Trägern bestimmt werden. Eine solche Senkrechte kann man entweder mit Hilfe eines Fadens und der — wie in der Abb. 11 — doppelt gezeichneten α-Skala herstellen, oder man gibt sie als Gerade auf der Unterseite eines aus durchsichtigem Stoff gefertigten Lineals an, das in Form einer Reißschiene über die Zeichnung geführt werden kann. Die Ablesungen bei der Tafel der Abb. 11 können in bequemer Weise auch mit Hilfe des Stechzirkels vorgenommen werden.

2. **Beispiel.** Es ist eine Tafel zu zeichnen, der man für einen gegebenen Zentriwinkel die Länge des Bogens, der Sehne und der Bogenhöhe im Kreis mit dem Halbmesser gleich eins entnehmen kann.

In der Abb. 12 ist die verlangte Tafel mit parallelen Geraden als Skalenträgern dargestellt. Die zu einem gegebenen Winkel gehörigen Werte sind mit Hilfe einer durch den Punkt O gehenden Geraden zu bestimmen, die man z. B. mit Hilfe eines in O befestigten Fadens erhält.

Wählt man mittelpunktgleiche Kreise als Skalenträger, so liegen zusammengehörige Werte der in Betracht kommenden Größen je auf einer Geraden durch

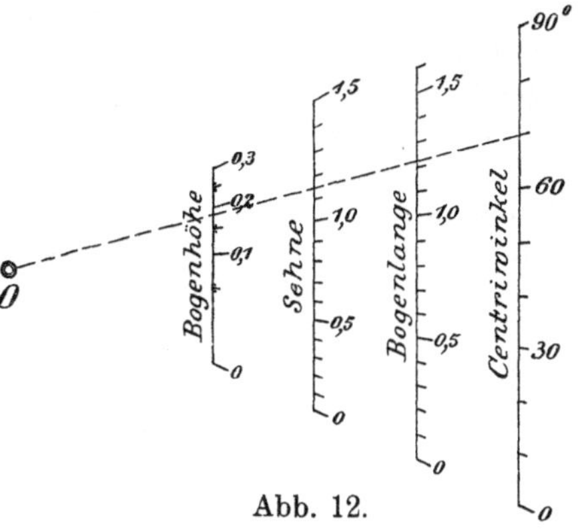

Abb. 12.

den gemeinsamen Mittelpunkt, die sich ebenfalls mit Hilfe eines im Mittelpunkt befestigten Fadens herstellen läßt.

Benutzt man als Skalenträger die Geraden eines Strahlenbüschels, so werden an diese die Skalen so angetragen, daß zusammengehörige Punkte auf einem Kreis um den gemein-

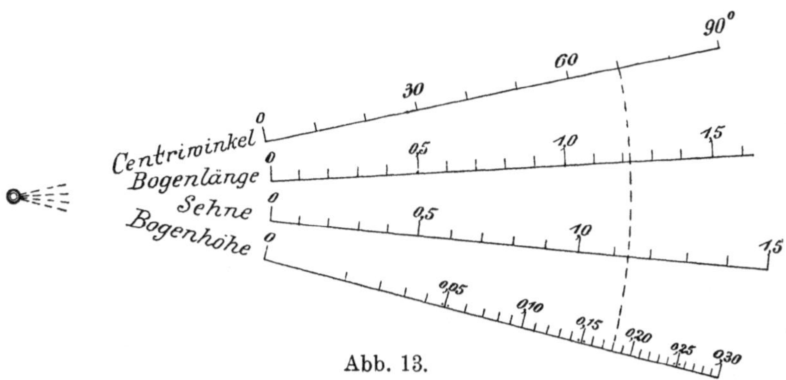

Abb. 13.

samen Schnittpunkt der Trägergeraden liegen. Beim Gebrauch einer solchen Tafel benutzt man den Zirkel, von dem die eine Spitze im Strahlenschnittpunkt feststeht, während mit der anderen Spitze der gegebene Wert der Veränderlichen eingestellt bzw. die gesuchten Funktionswerte abgelesen werden.

Beispiel. Die Abb. 13 enthält Tafeln für die zu gegebenen Zentriwinkeln gehörigen Bögen, Sehnen und Bogenhöhen für den Kreis mit dem Halbmesser eins.

§ 3. Tafelformen bei sehr langen Skalen.

Die Längen der Skalen einer Tafel sind von der mit der Tafel zu erreichenden Genauigkeit abhängig; mit Rücksicht hierauf ist es oft nicht mehr möglich, die Tafel zusammenhängend, an einem Stück — z. B. mit Benutzung einer Geraden als Skalenträger — darzustellen. Ist man gezwungen, eine Tafel in einzelne Teile zu zerlegen, so ist das Nächstliegende, daß man als Träger für die Skalen ein System von parallelen Geraden wählt[1]). Da die Maßeinheit für die gleichmäßige Skala nicht für die ganze Tafel dieselbe sein muß, so kann man sie bei den einzelnen, durch Zerlegung entstandenen Teilen einer Tafel derart wählen, daß die Genauigkeit bei der Ablesung an der ungleichmäßigen Skala überall ungefähr dieselbe ist.

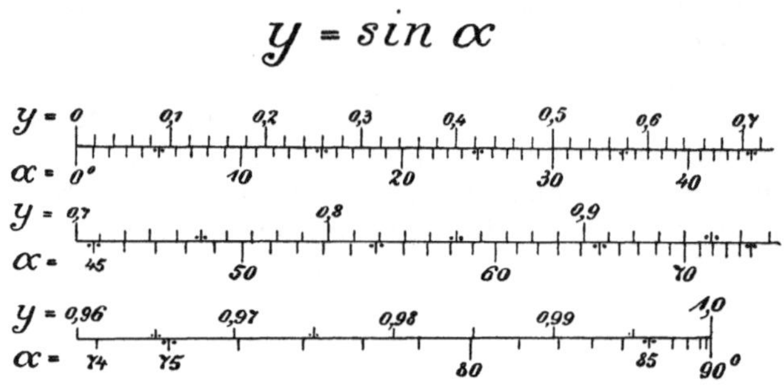

$$y = \sin \alpha$$

Abb. 14.

Beispiel. Für die Funktion $y = \sin \alpha$ soll eine Tafel gezeichnet werden, bei der man α und y an jeder Stelle ungefähr gleich genau ablesen kann.

In der Abb. 14 ist eine der gestellten Anforderung entsprechende Tafel gezeichnet; als gleichmäßige Skala wurde die nach y bezifferte gewählt.

Bei einer in einzelne Teile zerlegten Tafel kann man durch eine entsprechende Anordnung das Zeichnen der gleichmäßigen Skala umgehen, so daß der Träger nur eine, im allgemeinen ungleichmäßige Skala trägt; die Übersichtlichkeit der ganzen Tafel läßt sich dadurch wesentlich erhöhen. Beachtet man, daß für mehrere aufeinanderfolgende Werte der Veränderlichen die entsprechenden Funktionswerte z. B. in der ersten Ziffer übereinstimmen, und zerlegt man dementsprechend diese Werte in zwei Gruppen von Ziffern, so kann man die Zerlegung

---

[1]) Vgl. z. B. Tichy, A.: Graphische Logarithmentafeln. Wien 1897 (Beilage zur Z.öst.Ing.-V.).

der ganzen Tafel derart vornehmen, daß die einzelnen Teile der Tafel mit der ersten Ziffergruppe übereinstimmen und nach dieser beziffert sind; bei einer bestimmten Lage der Tafelteile und gleichmäßiger Funktionsskala kann dann die zweite Ziffergruppe durch eine außerhalb der eigentlichen Tafel zu zeichnende Hilfsskala in Verbindung mit z. B. einer beweglichen Ablesegeraden dargestellt werden. Der Grundgedanke einer solchen Anordnung der Tafel ist derselbe, der vielfach bei numerischen Tafeln Verwendung findet, bei denen man zu einem gegebenen Wert der Veränderlichen den zugehörigen Funktionswert in zwei, an verschiedenen Stellen der Tafel zu entnehmenden Ziffergruppen erhält, oder bei denen der zu einem gegebenen Funktionswert gesuchte Wert der Veränderlichen einen doppelten Eingang in die Tafel erfordert.

Zerlegt man die Funktionswerte in zwei Ziffergruppen, von denen die erste Gruppe nur eine Ziffer enthält, so zerfällt die ungleichmäßige Skala der Veränderlichen in z. B. zehn Teile, die der ersten Ziffer entsprechend mit den Zahlen 0, 1, 2, ..., 9 beziffert sind. Besteht die erste Ziffergruppe aus zwei Ziffern, so zerfällt die Skala der Veränderlichen in z. B. hundert Teile, die den zwei Ziffern entsprechend mit den Zahlen von 0 bis 99 zu beziffern sind.

Bei der einfachsten Art einer in der angedeuteten Weise entworfenen Tafel ist die ungleichmäßige, nach der Veränderlichen bezifferte Skala an z. B. zehn parallelen Geraden angetragen (Abb. 15); die Funktionsskala besteht entsprechend der Zerlegung in zwei Ziffergruppen aus zwei Teilen, von denen der eine Teil auf einer Senkrechten zu den Parallelen deren Bezifferung trägt, der zweite Teil ist auf einer Parallelen zu den zehn Parallelen als gleichmäßige, nach der zweiten Ziffergruppe bezifferte Skala angegeben.

In der Abb. 15 ist eine solche Tafel gezeichnet, der man die Quadratwurzel der Zahlen 1 bis 100 entnehmen kann. Für den Gebrauch kann eine der beiden Teilskalen I und II beweglich angeordnet werden. Soll die Skala I beweglich eingerichtet sein, so ist dies so auszuführen, daß ihre Trägergerade, mit deren Hilfe die Einstellungen bzw. Ablesungen gemacht werden, senkrecht zu den Parallelen der Hauptskala bewegt werden kann; man zeichnet zu diesem Zweck die Skala auf der Unterseite eines durchsichtigen Lineals, das — wie in der Abbildung angegeben — reißschienenartig ausgebildet ist. Soll die Skala II beweglich angeordnet werden, so kann man sie an der Kante einer Reißschiene anbringen, damit sie so über die Hauptskala geführt werden kann, daß ihr Anfangspunkt sich auf einer Senkrechten zu dieser bewegt. In bezug auf die Bequemlichkeit bei der Ablesung verdient die zuerst angegebene Anordnung mit beweglicher Skala I den Vorzug. Soll die Tafel in der Weise benutzt werden, daß an den Skalen I und II eingestellt und an der Hauptskala abgelesen wird, so zeichnet man — wie dies in der Abb. 15 geschehen ist — die Skala II zweimal und benutzt beim Gebrauch der Tafel einer Faden.

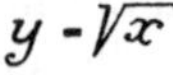

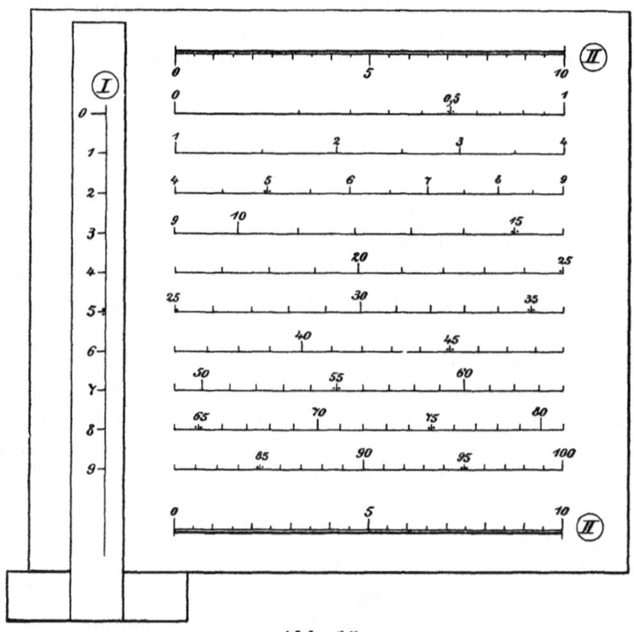

Abb. 15.

Die Benutzung der Tafel gestaltet sich besonders einfach bei Verwendung des Stechzirkels für das Eingehen und Ablesen.

Bei der in der Abb. 15 dargestellten Tafelform werden Punkte der Skala II parallel auf die Hauptskala projiziert; man kann diese Projektion auch zentral von einem Punkt aus vornehmen. Das letztere ist bei der Tafel der Abb. 16 beachtet, die zur Berechnung der zu einer Augenhöhe h gehörigen Kimmtiefe i nach der Gleichung

$$i = 106{,}7 \sqrt{h} \quad (h \text{ in Meter})$$

entworfen ist. Die parallelen Geraden sind bei dieser Tafel — ohne die Skala I besonders zu zeichnen — unmittelbar nach ganzen Minuten beziffert; die Skala II ist für die Ablesung der Sekunden eingerichtet. Für die Ablesungen an einer solchen Tafel benutzt man entweder einen in O befestigten Faden oder ein um O drehbares, mit einer Geraden versehenes durchsichtiges Lineal.

An Stelle der parallelen Geraden der zuletzt besprochenen Tafelform können auch mittelpunktgleiche Kreise treten; die Skala I wird dann auf einem um den Mittelpunkt der Kreise drehbaren durchsichtigen Lineal angebracht, ihr Träger ist zugleich Ablesegerade.

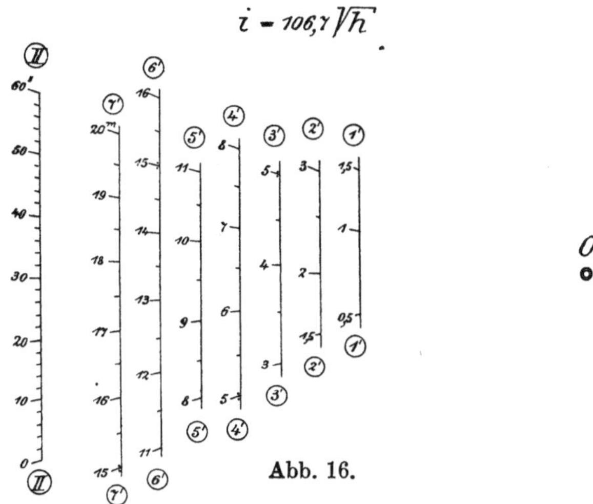

Abb. 16.

Nicht bei allen Funktionen dürfen — wie in der Abb. 15 — die einzelnen Teile der Hauptskala auf die Länge der Skala II abgeschnitten werden; es muß vielmehr mit Rücksicht auf die Interpolation bei jedem Teil ein Stück seines vorhergehenden und seines folgenden angegeben sein, wie dies in der Abb. 16 geschehen ist. Dieser Umstand bedingt bei mittelpunktgleichen Kreisen als Skalenträgern ein störend wirkendes Übereinandergreifen bei den in sich zurückkehrenden Skalen.

Als Skalenträger für die einzelnen Teile der Hauptskala und die Skala II kann man auch die Geraden eines Strahlenbüschels wählen; die Skala I hat dann bei einer $\left\{\begin{array}{l}\text{geringeren}\\\text{größeren}\end{array}\right\}$ Anzahl von Teilen $\left\{\begin{array}{l}\text{eine Gerade}\\\text{einen Kreis}\end{array}\right\}$ als Träger. Eine Tafel dieser Art ist die der Abb. 17; sie dient zur Umrechnung von Fußmaß in Metermaß. Die Skala I ist auf einem Kreis angetragen und von 10 zu 10 Meter beziffert. Die Benutzung der Tafel geschieht entweder mit Hilfe des Stechzirkels oder mit Hilfe eines um O drehbaren Lineals, an dessen Kante die Skala II angegeben ist[1]).

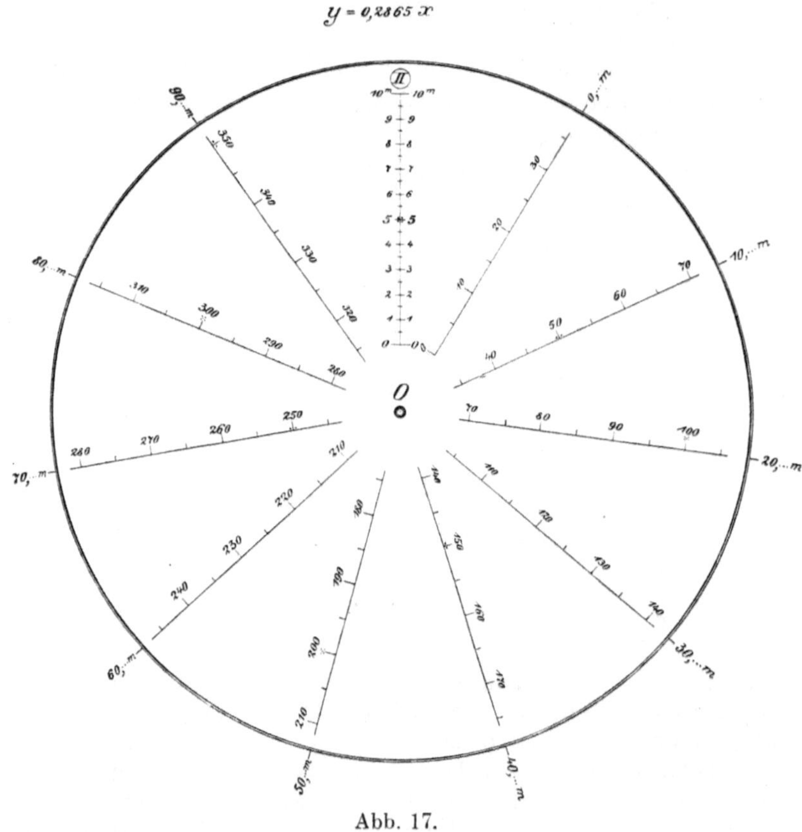

Abb. 17.

Bei den in den Abb. 15, 16 und 17 vorgeführten Tafelformen ist die Hauptskala in einzelne, unter sich äußerlich nicht zusammenhängende Teile zerlegt; eine derartige Zerlegung

---

[1]) Diese Ausführung zeigt eine von E. Leder entworfene „graphische Rechenscheibe" (graphische Logarithmentafel), die von der Industriellen Handelsgesellschaft in Berlin herausgegeben wird.

läßt sich dadurch umgehen, daß man als Träger für die Hauptskala z. B. eine spiralförmige Linie wählt. In der Abb. 18 ist
eine solche Tafel für die durch die Gleichung

$$r_m = 58'' \operatorname{ctg} h$$

bestimmte, von dem scheinbaren Höhenwinkel h abhängige
mittlere Refraktion r_m gezeichnet. Der spiralförmige Träger

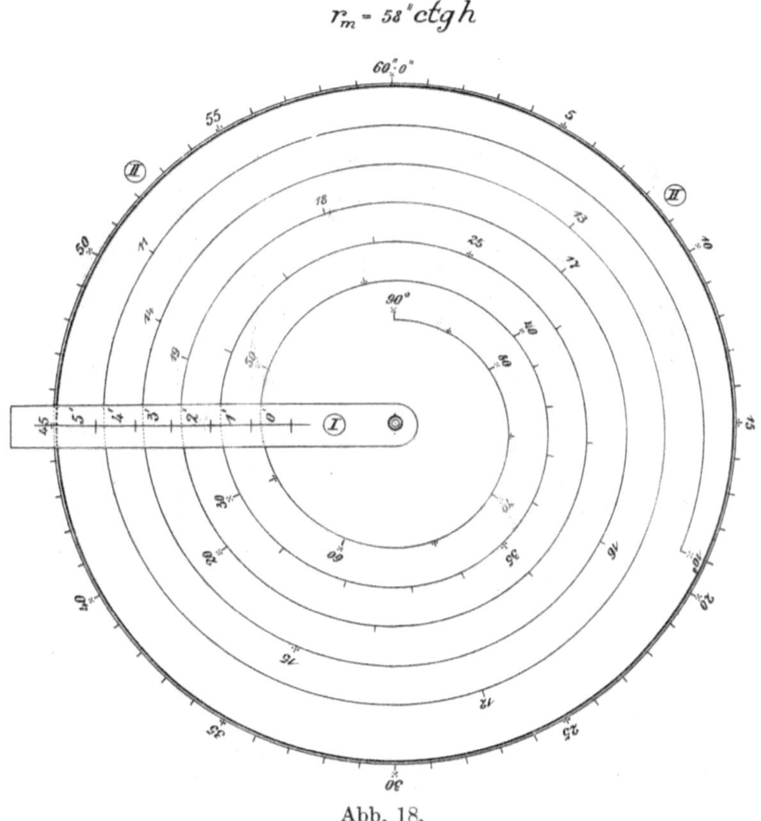

Abb. 18.

der nach h bezifferten Skala setzt sich — mit Rücksicht auf
die Ausführung der Zeichnung — aus lauter Halbkreisen zusammen. Die Skala II, an der man die einzelnen Sekunden
von r_m ablesen kann, hat als Träger einen Kreis; ein um den
Mittelpunkt dieses Kreises drehbares Lineal aus durchsichtigem

Stoff trägt die Skala I, bei der die Zwischenräume zwischen je zwei Strichen nach ganzen Minuten beziffert sind. Die Trägergerade der Skala I dient zum Einstellen und Ablesen von h und r_m. Die Striche der Skala I sind so angebracht, daß sie bei Einstellung auf die Null der Skala II mit dem Träger der Hauptskala zusammenfallen.

Eine weitere, durch die verlangte Genauigkeit bedingte Steigerung der Gesamtlänge der Hauptskala läßt sich z. B. bei der in der Abb. 17 angegebenen Tafel dadurch erreichen, daß

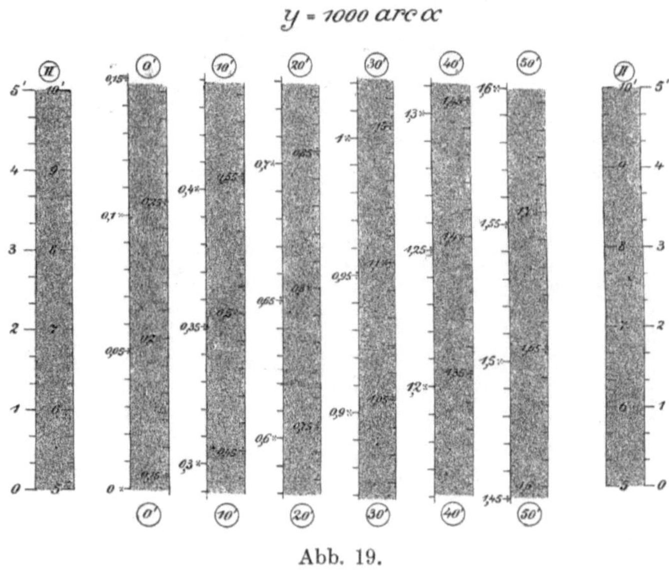

Abb. 19.

man die Skala nicht nur in 10, sondern in 100 Teile zerlegt; bei den in den Abb. 15, 16 und 18 dargestellten Tafelformen ist dieses Verfahren mit Rücksicht auf die Größe der Tafel nicht immer durchführbar.

Eine andere, die Größe der Tafel weniger beeinflussende Steigerung der ganzen Skalenlänge kann man durch eine Zerlegung der Skala II in zwei Stücke erreichen; dieser entspricht dann eine Zerlegung der einzelnen Teile der Hauptskala ebenfalls in je zwei Stücke. Zu jedem Teil der Skala II gehören dann je gleichviel Teile der Hauptskala. Diese Anordnung kann bei allen angegebenen Tafelformen angewendet werden; in der Abb. 19 ist sie für diejenige Tafelform dargestellt, bei der die Hauptskala auf parallelen Geraden angetragen ist. Als Beispiel wurde die Funktion

$$y = \text{arc } \alpha$$

gewählt mit den Grenzen 0 und 60′ für α. Die Zusammengehörigkeit zwischen den beiden Hälften der Skala II und den entsprechenden Teilen der Hauptskala muß besonders hervorgehoben werden; entweder durch Anwendung von zwei Farben oder — wie dies in der Abbildung geschehen ist — durch eine Bemalung. Bei dem benutzten Beispiel wurde die y-Skala als Hauptskala gewählt, so daß mit Hilfe der doppelt gezeichneten α-Skala die Einstellungen und Ablesungen mit einem Faden ausgeführt werden können; findet dabei eine Einstellung an der bemalten Hälfte der α-Skala statt, so muß auch an einem bemalten Teil der y-Skala abgelesen werden und umgekehrt. An Stelle eines Fadens kann man in einfacher Weise auch den Zirkel verwenden, man hat dann nur die Schnittpunkte irgendeiner Senkrechten zu den parallelen Trägern der Skalen I und II mit diesen Trägern — am besten etwas außerhalb der Skalen — anzugeben; diese Schnittpunkte dienen dann zum Einsetzen der einen Zirkelspitze.

§ 4. Vergleich zwischen Tafeln mit Kurvenskalen und Tafeln mit Punktskalen.

Ein Vergleich der beiden Arten von Tafeln für Funktionen einer Veränderlichen hat sich insbesondere zu erstrecken auf ihre Herstellung, ihre Platzbeanspruchung, ihre Übersichtlichkeit, ihren Gebrauch und die Möglichkeit einer Genauigkeitssteigerung.

Betrachtet man zum Vergleich die beiden Tafelarten in ihren einfachsten Formen, wie sie z. B. in den Abb. 2 und 6 zum Ausdruck kommen, so zeigt sich, daß die Tafel mit Punktskalen hinsichtlich der Herstellung und der Platzbeanspruchung den Vorzug verdient. In bezug auf die Übersichtlichkeit dürften beide Arten einander gleichkommen; doch ist zu beachten, daß man bei den Tafeln mit Punktskalen die Übersichtlichkeit durch Trennung der beiden Skalen nach einem der in den Abb. 11 bis 13 angegebenen Verfahren in einfacherer Weise erhöhen kann als dies bei den Tafeln mit Kurvenskalen möglich ist. Vergleicht man die verschiedenen Möglichkeiten beim Gebrauch der Tafeln, so findet man, daß auch in dieser Hinsicht die Tafeln mit Punktskalen den Vorzug verdienen. Die

Genauigkeit einer Tafel zu erhöhen ist bei den Tafeln mit Kurvenskalen nur dadurch möglich, daß man die ganze Tafel oder einen bestimmten Teil der Tafel in größerem Maßstabe aufzeichnet, ohne daß man dabei durch Einführung einer besonderen Anordnung Platz sparen könnte; bei den Tafeln mit Punktskalen dagegen gibt es verschiedene Möglichkeiten die Genauigkeit zu steigern, ohne daß der räumliche Umfang der Tafel für den Gebrauch unbequem wird.

Papierverzerrungen — wie sie z. B. bei einer Vervielfältigung durch Lichtpausen auftreten — sind bei den Tafeln mit Kurvenskalen und bei der einfachsten Form einer Tafel mit Punktskalen ohne Belang; bei den aus verschiedenen Teilen bestehenden Tafeln mit Punktskalen sind Papierverzerrungen nicht belanglos.

Tafeln für Funktionen von zwei Veränderlichen oder für Gleichungen mit drei Veränderlichen.

I. Tafeln mit bezifferten Kurven oder Tafeln mit Kurvenskalen.

§ 1. Einfachstes Verfahren zur Herstellung einer Tafel.

Eine Tafel der Funktion

$$z = f(x, y) \quad \ldots \ldots \ldots \ldots \quad (1)$$

von zwei Veränderlichen x und y erhält man dadurch, daß man x und y als rechtwinklige Koordinaten betrachtet; für einen bestimmten Wert von z kann dann die Gleichung (1) durch eine Kurve dargestellt werden. Legt man der Größe z der Reihe nach die runden Werte z_1, z_2, z_3 ... bei, so gehört zu jedem Wert eine bestimmte Kurve; man erhält so eine Schar von Kurven, die nach den betreffenden Werten von z zu beziffern sind. Führt man die Zeichnung der Kurven aus, so ergibt sich eine Tafel, in der jedem Punkt drei zusammengehörige, d. h. die Gleichung (1) befriedigende Werte von x, y und z entsprechen[1]). Um zu einem gegebenen Wertepaar (x_i, y_i) der Veränderlichen den zugehörigen Funktionswert z_i zu ermitteln, sucht man den durch x_i und y_i als Koordinaten bestimmten Punkt P_i auf (Abb. 20) und liest z_i an der durch die Kurvenschar dargestellten Kurvenskala ab. Zum bequemen Aufsuchen des Punktes P_i versieht man eine solche Tafel mit je einer nach x bzw. y bezifferten Parallelenschar zu den Koordinatenachsen[2]).

---

[1]) M. d'Ocagne bezeichnet diese Tafelart mit Rücksicht auf die rechtwinkligen oder Cartesischen Koordinaten als „abaques (nomogrammes) cartésiens".

[2]) Nach L. Lalanne findet sich die erste Tafel dieser Art — für $z = xy$ (Abb. 21) — bei L. E. Pouchet 1797.

Damit man die einzelnen Kurven aufzeichnen kann, muß jede Kurve punktweise berechnet werden; man löst zu diesem Zweck die gegebene Gleichung nach einer der beiden Veränderlichen auf und berechnet deren Werte bei jedem angenommenen Wert von z für eine Reihe von Werten der anderen Veränderlichen; dabei wird man zunächst die Auflösung der Gleichung nach derjenigen Veränderlichen vornehmen, nach der sich dies am bequemsten ausführen läßt.

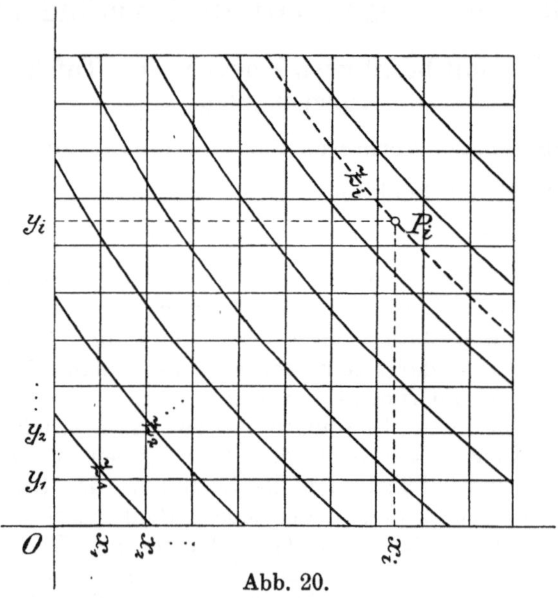

Abb. 20.

Bei der Zeichnung der Tafel hat man zu beachten, daß für die Abszissen und Ordinaten verschiedene Maßstäbe gewählt werden können.

Beispiel. Die gegebene Funktion sei

$$z = xy.$$

Bei punktweiser Berechnung z. B. der mit $z = 10$ und $z = 50$ bezifferten Kurven ergeben sich aus $y = \dfrac{z}{x}$ die folgenden Werte:

$$z = 10$$

$x =$	1	2	3	4	5	6	7	8	9	10
$y =$	10	5	3,33	2,50	2	1,67	1,43	1,25	1,11	1

$$z = 50$$

$x =$	5	6	7	8	9	10
$y =$	10	8,33	7,14	6,25	5,55	5

Die durch diese und die Werte der anderen Kurven bestimmte Multiplikationstafel ist in Abb. 21 mit derselben Maßeinheit für x und y gezeichnet; die Kurven dieser Tafel sind gleichseitige Hyperbeln.

Um die Übersichtlichkeit der Tafel zu erhöhen, hebt man einzelne der Parallelen zu den Koordinatenachsen und einzelne Kurven durch Anwendung einer anderen Strichart — wie in der Abb. 21 — oder einer anderen Farbe hervor.

Betrachtet man die Gleichung (1) als die Gleichung einer Fläche, so stellen die nach z bezifferten Kurven die in der Topographie als Höhenschichtlinien oder Höhenkurven bezeich-

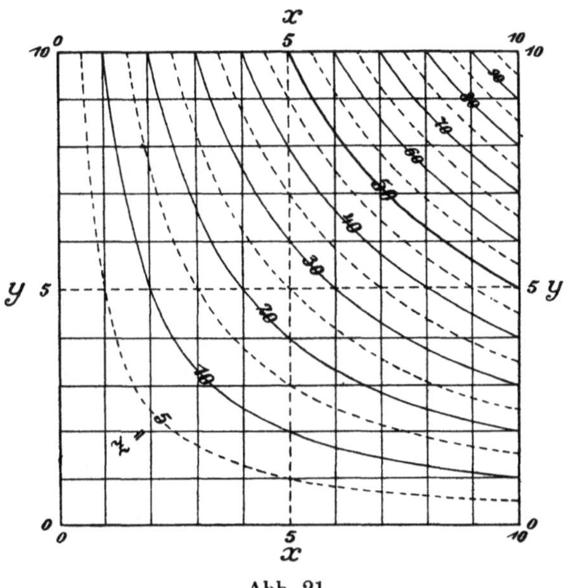

Abb. 21.

neten Linien der Fläche vor[1]). Es kann auch der Fall eintreten, daß man die z-Kurven in ähnlicher Weise wie Höhenkurven auf Grund einer Anzahl bezifferter Punkte dadurch bestimmen muß, daß man einzelne Kurvenpunkte durch Interpolation zwischen den gegebenen Punkten ermittelt. In dieser Weise hat man z. B. zu verfahren, wenn die Werte einer Funktion für verschiedene Werte der Veränderlichen durch Beobachtung ermittelt wurden.

---

[1]) Die Tafeln werden deshalb auch als „tables topographiques" (L. Lalanne) oder als „Schichtentafeln" (Ch. A. Vogler) bezeichnet.

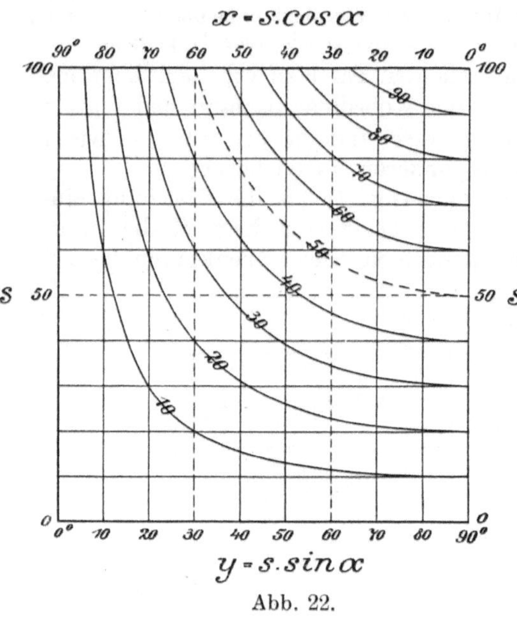

Abb. 22.

Es kommt vor, daß man bei der Bearbeitung einer Aufgabe die Werte von zwei verschiedenen Funktionen derselben beiden Veränderlichen braucht; man kann dann unter Umständen die den beiden Funktionen entsprechenden Tafeln in einer Zeichnung vereinigen. Man erreicht eine solche Vereinigung entweder durch doppelte Bezifferung der Parallelen zu einer der beiden Achsen oder durch Verwendung von zwei, verschieden bezifferten Kurvenscharen; diese beiden Möglichkeiten unterscheiden sich dadurch, daß man bei der ersteren für jede der beiden Funktionen einen Punkt bestimmen muß, bei der letzteren dagegen nur einen Punkt für beide Funktionen braucht.

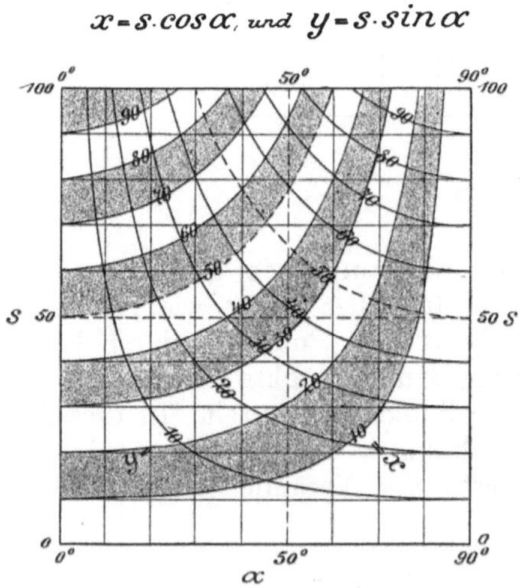

Abb. 23.

Beispiel. Zwei manchmal zusammen zu berechnende Funktionen sind

$$x = s \cos \alpha \quad \text{und} \quad y = s \sin \alpha.$$

Die Abb. 22 enthält für diese beiden Funktionen eine Tafel mit doppelter Bezifferung der dem Winkel α entsprechenden Parallelen und mit nur einer — nach x bzw. y bezifferten — Kurvenschar. In der Abb. 23 sind die den beiden gegebenen Funktionen entsprechenden Tafeln zu einer Tafel vereinigt, die zwei, nach x und y bezifferte Kurvenskalen enthält.

Bei Tafeln mit zwei Kurvenskalen unterscheidet man diese durch Anwendung von verschiedenen Farben oder — wie dies in der Abb. 23 bei den nach x

bezifferten **Kurven** geschehen ist — durch Bemalen einzelner
Flächenstreifen zwischen den Kurven der einen Skala.

Da die Gleichung

$$z = f(x, y) \quad \ldots \ldots \ldots \ldots \quad (1)$$

auch auf die Formen

$$x = f'(y, z) \quad \text{und} \quad y = f''(x, z)$$

gebracht werden kann, so lassen sich für sie im allgemeinen
drei verschiedene Tafeln herstellen, die sich zunächst in der
Bezifferung der zu zeichnenden Kurvenskala unterscheiden;
diese ist bei der ersten Form der Gleichung nach z und bei

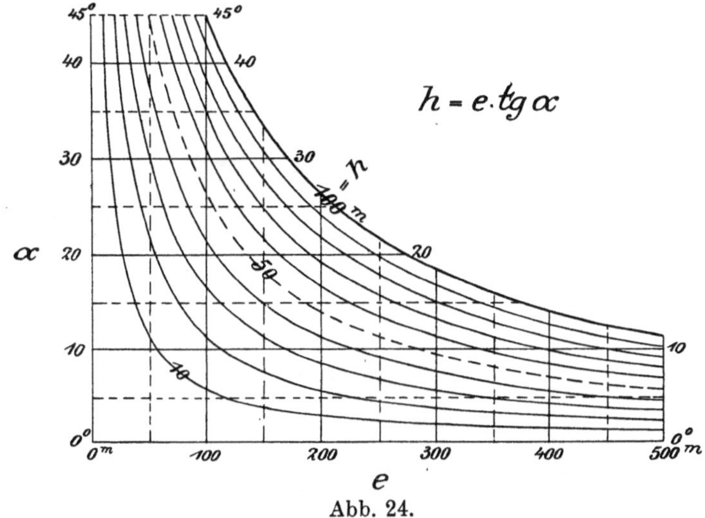

Abb. 24.

den beiden anderen Formen nach x bzw. y beziffert. Gelten
für zwei der drei Größen x, y und z bestimmte Grenzwerte
nach oben und unten, so bietet diejenige Tafelform, bei der
die Abszissen und Ordinaten nach diesen beziffert sind, einen
kleinen Vorteil, indem bei ihr innerhalb des durch die Grenzen
bestimmten Rechtecks eine volle Ausnutzung des Platzes stattfindet. Manchmal unterscheidet sich eine der drei möglichen
Tafeln von den beiden anderen dadurch vorteilhaft, daß bei
ihr die im Koordinatensystem zu zeichnenden Kurven Gerade
sind.

Beispiel. Die Grundgleichung bei der trigonometrischen Höhen-
messung lautet:

$$h = e \, \text{tg} \, \alpha.$$

Die Abb. 24, 25 und 26 enthalten drei Tafeln für diese Gleichung,
wobei für h die Grenzen 0 und 100 m und für α die Grenzen 0 und

$$h = e \cdot \operatorname{tg} \alpha$$

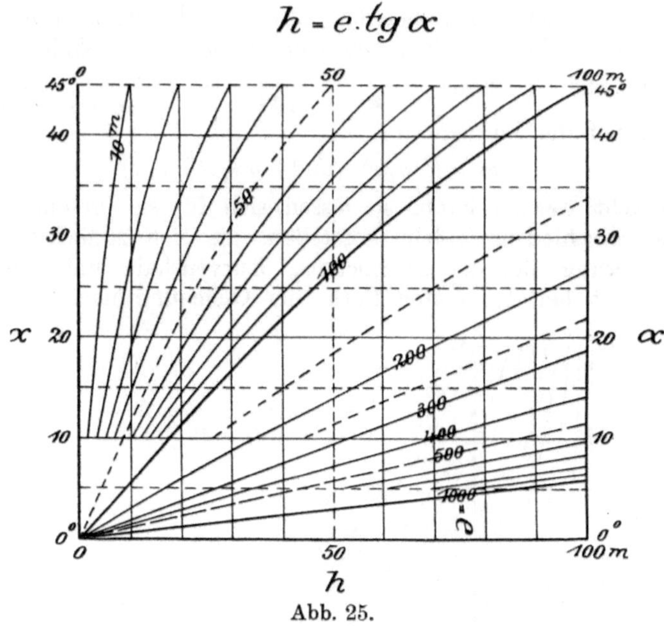

Abb. 25.

$$h = e \cdot \operatorname{tg} \alpha$$

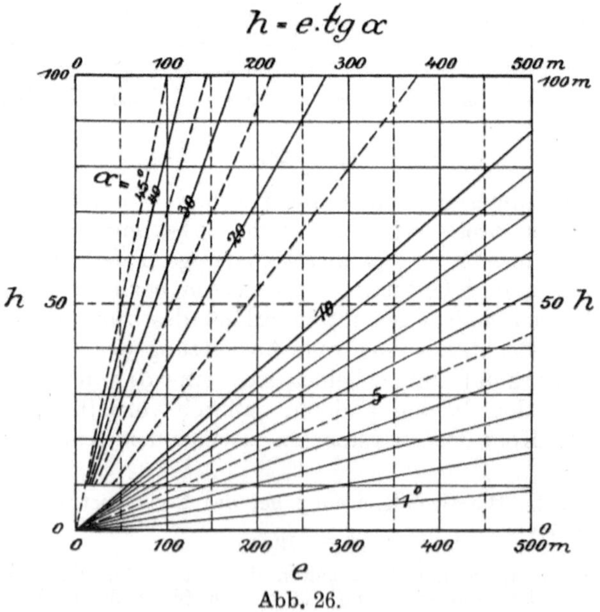

Abb. 26.

45^0 angenommen wurden. In der Abb. 24 ist — entsprechend der Gleichungsform $h = e\,\text{tg}\,\alpha$ — die Kurvenskala nach h beziffert; das durch die angenommenen Grenzwerte von α und von e bestimmte Rechteck ist nur zum Teil von der Kurvenskala bedeckt. Bei der Tafel der Abb. 25 sind — entsprechend der Gleichungsform $e = h\,\text{ctg}\,\alpha$ — die Kurven nach e beziffert; das durch die gegebenen Grenzwerte bestimmte Rechteck ist voll ausgenutzt. In der Tafel der Abb. 26 besteht die — der Gleichungsform $\text{tg}\,\alpha = \dfrac{h}{e}$ entsprechend — nach α bezifferte Kurven

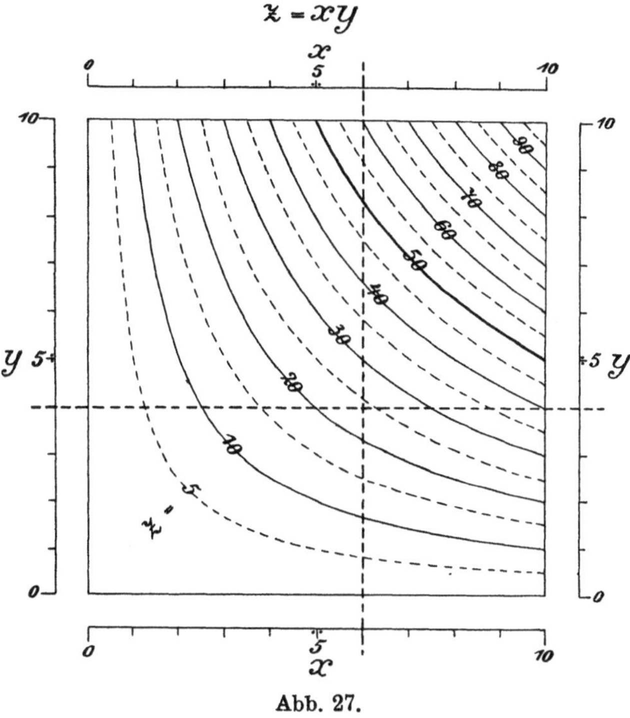

Abb. 27.

skala aus einer Geradenschar; der Maßstab für h wurde fünfmal größer gewählt als derjenige für e. Außer dem durch die bequem zu zeichnenden Geraden entstehenden Vorteil bietet die zuletzt angegebene Tafelform noch den weiteren Vorteil, daß der Bau der Tafel sich in einfachster Weise auf Grund der Gleichung $\text{tg}\,\alpha = \dfrac{h}{e}$ erklären läßt.

Beim Gebrauch einer Tafel hat man im einfachsten Fall mit den gegebenen Werten der beiden Veränderlichen zwischen den Parallelen zu den Koordinatenachsen mit Hilfe eines spitzen Gegenstandes (Bleistiftspitze, Nadel) in die Tafel einzugehen und sodann den zugehörigen Funktionswert zwischen den Kurven der Kurvenskala abzulesen; ist der Funktionswert und eine Veränderliche gegeben und die andere Veränderliche gesucht, so hat man mit den gegebenen Werten zwischen den Kurven und den Parallelen zur einen Achse einzugehen und zwischen den Parallelen zur anderen Achse abzulesen.

$$h = e \cdot tg \, \alpha$$

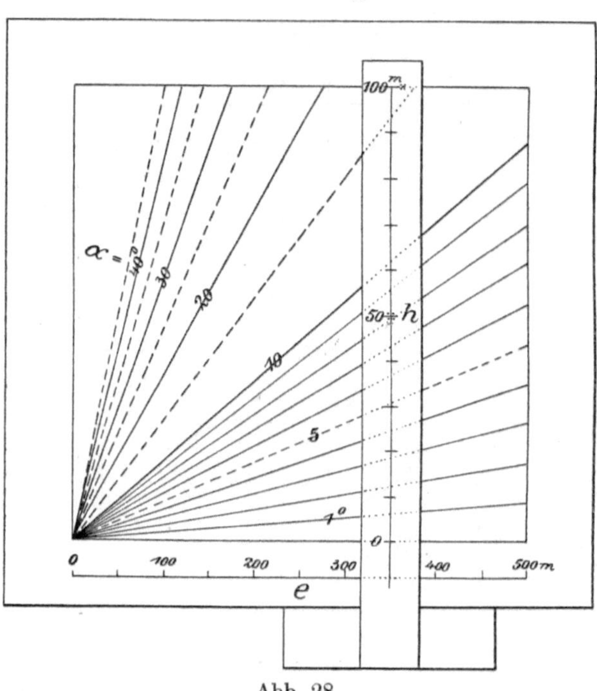

Abb. 28.

Die Zeichnung der Parallelen kann man auch ganz umgehen, wenn man sie durch eine entsprechende Vorrichtung ersetzt. Eine solche Vorrichtung ist in der Abb. 27 für die Gleichung $z = xy$ angegeben. Die Tafel enthält außer der nach z bezifferten Kurvenschar auf je zwei Parallelen zu den beiden Achsen die Schnittpunkte der beiden Parallelenscharen in Form von je zwei nach x bzw. y bezifferten Skalen. Für den Gebrauch der Tafel benutzt man ein auf einem durchsichtigen Stoff gezeichnetes, in der Abbildung durch gerissene

Linien angegebenes Achsenkreuz, das so auf die Tafel gelegt
werden muß, daß an den beiden x-Skalen und an den beiden
y-Skalen die gegebenen Werte der beiden Veränderlichen eingestellt sind; mit dem Achsenschnittpunkt liest man dann den
zugehörigen Funktionswert zwischen den z-Kurven ab. Die
Vorrichtung läßt sich auch für den Fall anwenden, daß der
Wert von z gegeben ist.

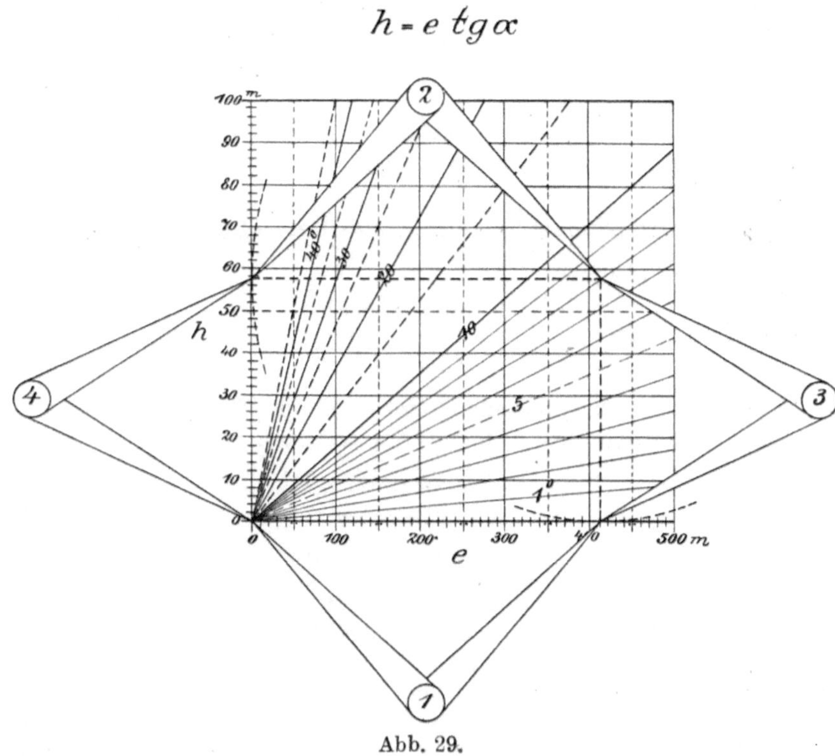

Abb. 29.

Eine andere, die Zeichnung der Parallelen zu den Koordinatenachsen ersetzende Vorrichtung ist in der Abb. 28 für
die Gleichung $h = e \, \mathrm{tg} \, \alpha$ angedeutet. Die Tafel enthält außer
der nach α bezifferten Kurvenskala auf einer Parallelen zu der
einen Koordinatenachse die Schnittpunkte der Parallelen zur
anderen Achse in Form einer nach e bezifferten Skala. Auf
einem durchsichtigen Stoff ist eine Gerade gezogen, die eine
durch die Parallelen zur Abszissenachse bestimmte h-Skala

trägt, und die mit Hilfe eines Anschlages senkrecht zur Abszissenachse, die Skala parallel zu dieser bewegt werden kann.

Die Ermittlung eines gesuchten Funktionswertes läßt sich mit Hilfe des Zirkels ausführen, wenn die Tafel so gebaut ist, daß entweder die Abszissen oder die Ordinaten die Bezifferung der zu bestimmenden Funktionswerte tragen; man hat dann nur die Parallelen für einzelne Hauptwerte zu zeichnen, und von den dazwischenliegenden Parallelen ihre Schnittpunkte mit den Achsen anzugeben. In der Abb. 29 ist in dieser Weise die Tafel für die Funktion $h = e \operatorname{tg} \alpha$ ausgebildet; die Benutzung des Zirkels geschieht in der in der Abbildung angegebenen Weise.

Zur Herstellung von Tafeln mit Kurvenskalen kann man auch sog. Millimeterpapier verwenden.

§ 2. Allgemeines Verfahren zur Herstellung einer Tafel.

Die Gleichung

$$z = f(x, y) \quad \ldots \ldots \ldots \ldots \quad (1)$$

oder in anderer Form

$$f(x, y, z) = 0 \quad \ldots \ldots \ldots \ldots \quad (1')$$

kann man sich entstanden denken durch Elimination der veränderlichen Größen ξ und η aus den drei Gleichungen

$$f_1(\xi, \eta, x) = 0 \quad \ldots \ldots \ldots \ldots \quad (2)$$
$$f_2(\xi, \eta, y) = 0 \quad \ldots \ldots \ldots \ldots \quad (3)$$
$$f_3(\xi, \eta, z) = 0 \quad \ldots \ldots \ldots \ldots \quad (4)$$

Betrachtet man die Veränderlichen ξ und η als laufende Koordinaten, so entspricht infolge der Veränderlichkeit von x, y und z jeder der drei Gleichungen eine Kurvenschar; es sind demnach durch die Gleichungen drei nach x bzw. y bzw. z bezifferte Kurvenskalen (Abb. 30) bestimmt[1]. Sind — wie angenommen — die drei Gleichungen (2), (3) und (4) so beschaffen, daß die Elimination von ξ und η aus ihnen die Gleichung $(1')$ ergibt, so gehören zu jedem Punkt P_i drei Kurven der drei Kurvenscharen, deren Werte x_i, y_i und z_i die Gleichung (1) oder $(1')$ befriedigen.

Von den drei Gleichungen (2), (3) und (4) können zwei be-

---

[1] Diese Art der Auffassung einer Tafel mit Kurvenskalen für eine Gleichung mit drei Veränderlichen stammt von J. Massau 1884. M. d'Ocagne heißt die Tafeln auch „Abaques à entrecroisement"; F. Schilling übersetzt dies mit „Rechentafeln mit Kurvenkreuzung".

liebig angenommen werden; die dritte Gleichung ist dann durch sie und die gegebene Gleichung (1) bestimmt. Mit Rücksicht auf die Herstellung der Tafel wird man die beiden beliebig anzunehmenden Gleichungen so wählen, daß die Kurven von allen drei Skalen sich in einfacher Weise — mit Lineal oder Zirkel — zeichnen lassen; es sollen deshalb zunächst diejenigen Formen der Gleichung (1) bestimmt werden, für welche die drei Kurvenscharen nur aus Geraden und Kreisen bestehen.

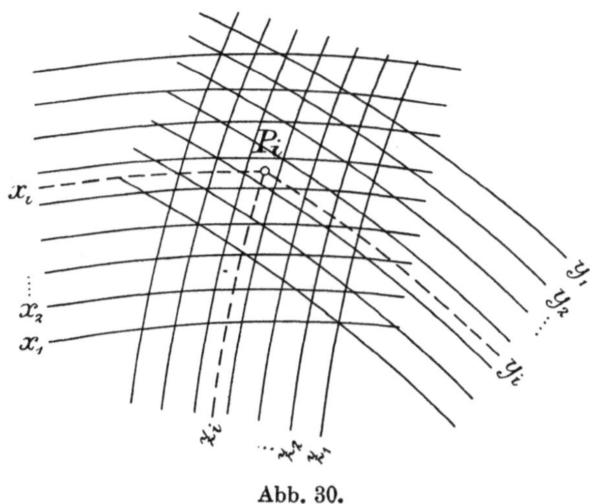

Abb. 30.

Soll die Tafel nur Gerade enthalten, so treten an die Stelle der Gleichungen (2), (3) und (4) im allgemeinsten Fall die Gleichungen

$$\varphi_1(x)\,\xi + \varphi_2(x)\,\eta + \varphi_3(x) = 0 \quad \ldots \ldots \ (5)$$

$$\psi_1(y)\,\xi + \psi_2(y)\,\eta + \psi_3(y) = 0 \quad \ldots \ldots \ (6)$$

$$\chi_1(z)\,\xi + \chi_2(z)\,\eta + \chi_3(z) = 0 \quad \ldots \ldots \ (7)$$

Eliminiert man aus ihnen die laufenden Koordinaten ξ und η, so erhält man in Determinantenform die Gleichung

$$\begin{vmatrix} \varphi_1(x) & \varphi_2(x) & \varphi_3(x) \\ \psi_1(y) & \psi_2(y) & \psi_3(y) \\ \chi_1(z) & \chi_2(z) & \chi_3(z) \end{vmatrix} = 0 \quad \ldots \ldots \ (8)$$

Diese Form muß die Gleichung (1) also haben, wenn die Kurven der drei Scharen Gerade sein sollen.

Soll die Tafel zwei Geradenscharen und eine Kreisschar enthalten, so haben im allgemeinsten Fall die Gleichungen (2), (3) und (4) die Formen

$$\varphi_1(x)\,\xi + \varphi_2(x)\,\eta + \varphi_3(x) = 0 \quad \ldots \ldots \quad (9)$$

$$\psi_1(y)\,\xi + \psi_2(y)\,\eta + \psi_3(y) = 0 \quad \ldots \ldots \quad (10)$$

$$\xi^2 + \eta^2 + \chi_1(z)\,\xi + \chi_2(z)\,\eta + \chi_3(z) = 0 \quad \ldots \ldots \quad (11)$$

Bestimmt man aus den beiden ersten dieser Gleichungen die Größen ξ und η, so erhält man bei Verwendung von Determinanten — abgesehen von den Vorzeichen —

$$\xi = \frac{\begin{vmatrix}\varphi_3(x)\,\varphi_2(x)\\\psi_3(y)\,\psi_2(y)\end{vmatrix}}{\begin{vmatrix}\varphi_1(x)\,\varphi_2(x)\\\psi_1(y)\,\psi_2(y)\end{vmatrix}} \quad \text{und} \quad \eta = \frac{\begin{vmatrix}\varphi_1(x)\,\varphi_3(x)\\\psi_1(y)\,\psi_3(y)\end{vmatrix}}{\begin{vmatrix}\varphi_1(x)\,\varphi_2(x)\\\psi_1(y)\,\psi_2(y)\end{vmatrix}}.$$

Setzt man diese Werte von ξ und η in die dritte Gleichung ein, so ergibt sich nach einiger Umformung

$$\begin{vmatrix}\varphi_3(x)\,\varphi_2(x)\\\psi_3(y)\,\psi_2(y)\end{vmatrix}^2 + \begin{vmatrix}\varphi_1(x)\,\varphi_3(x)\\\psi_1(y)\,\psi_3(y)\end{vmatrix}^2 + \begin{vmatrix}\varphi_3(x)\,\varphi_2(x)\\\psi_3(y)\,\psi_2(y)\end{vmatrix}\begin{vmatrix}\varphi_1(x)\,\varphi_2(x)\\\psi_1(y)\,\psi_2(y)\end{vmatrix}\chi_1(z)$$

$$+ \begin{vmatrix}\varphi_1(x)\,\varphi_3(x)\\\psi_1(y)\,\psi_3(y)\end{vmatrix}\begin{vmatrix}\varphi_1(x)\,\varphi_2(x)\\\psi_1(y)\,\psi_2(y)\end{vmatrix}\chi_2(z) + \begin{vmatrix}\varphi_1(x)\,\varphi_2(x)\\\psi_1(y)\,\psi_2(y)\end{vmatrix}^2 \chi_3(z) = 0 \quad (12)$$

Dies ist die Form der Gleichung (1), für welche die Tafel aus zwei Geradenscharen und einer Kreisschar besteht.

Soll die Tafel aus einer Geradenschar und zwei Kreisscharen bestehen, so treten im allgemeinsten Fall an die Stelle der Gleichungen (2), (3) und (4) die folgenden

$$\varphi_1(x)\,\xi + \varphi_2(x)\,\eta + \varphi_3(x) = 0 \quad \ldots \quad (13)$$

$$\xi^2 + \eta^2 + \psi_1(y)\,\xi + \psi_2(y)\,\eta + \psi_3(y) = 0 \quad \ldots \quad (14)$$

$$\xi^2 + \eta^2 + \chi_1(z)\,\xi + \chi_2(z)\,\eta + \chi_3(z) = 0 \quad \ldots \quad (15)$$

Eliminiert man aus den beiden Kreisgleichungen die quadratischen Glieder, so ergibt sich — wieder abgesehen von den Vorzeichen — die Gleichung

$$\{\psi_1(y) + \chi_1(z)\}\,\xi + \{\psi_2(y) + \chi_2(z)\}\,\eta + \{\psi_3(y) + \chi_3(z)\} = 0.$$

Bestimmt man aus dieser Gleichung und der Gleichung (13) die Größen ξ und η, so findet man

$$\xi = \frac{\begin{vmatrix} \varphi_3(x) & \varphi_2(x) \\ \{\psi_3(y) + \chi_3(z)\} & \{\psi_2(y) + \chi_2(z)\} \end{vmatrix}}{\begin{vmatrix} \varphi_1(x) & \varphi_2(x) \\ \{\psi_1(y) + \chi_1(z)\} & \{\psi_2(y) + \chi_2(z)\} \end{vmatrix}}$$

und

$$\eta = \frac{\begin{vmatrix} \varphi_1(x) & \varphi_3(x) \\ \{\psi_1(y) + \chi_1(z)\} & \{\psi_3(y) + \chi_3(z)\} \end{vmatrix}}{\begin{vmatrix} \varphi_1(x) & \varphi_2(x) \\ \{\psi_1(y) + \chi_1(z)\} & \{\psi_2(y) + \chi_2(z)\} \end{vmatrix}} \, .$$

Setzt man zur Elimination von ξ und η die dafür gefundenen Werte in eine der beiden Kreisgleichungen z. B. (14) ein, so erhält man

$$\begin{vmatrix} \varphi_3(x) & \varphi_2(x) \\ \{\psi_3(y) + \chi_3(z)\} & \{\psi_2(y) + \chi_2(z)\} \end{vmatrix}^2$$
$$+ \begin{vmatrix} \varphi_1(x) & \varphi_3(x) \\ \{\psi_1(y) + \chi_1(z)\} & \{\psi_3(y) + \chi_3(z)\} \end{vmatrix}^2$$
$$+ \begin{vmatrix} \varphi_3(x) & \varphi_2(x) \\ \{\psi_3(y) + \chi_3(z)\} & \{\psi_2(y) + \chi_2(z)\} \end{vmatrix} \begin{vmatrix} \varphi_1(x) & \varphi_2(x) \\ \{\psi_1(y) + \chi_1(z)\} & \{\psi_2(y) + \chi_2(z)\} \end{vmatrix} \psi_1(y)$$
$$+ \begin{vmatrix} \varphi_1(x) & \varphi_3(x) \\ \{\psi_1(y) + \chi_1(z)\} & \{\psi_3(y) + \chi_3(z)\} \end{vmatrix} \begin{vmatrix} \varphi_1(x) & \varphi_2(x) \\ \{\psi_1(y) + \chi_1(z)\} & \{\psi_2(y) + \chi_2(z)\} \end{vmatrix} \psi_2(y)$$
$$+ \begin{vmatrix} \varphi_1(x) & \varphi_2(x) \\ \{\psi_1(y) + \chi_1(z)\} & \{\psi_2(y) + \chi_2(z)\} \end{vmatrix}^2 \psi_3(y) = 0 \, . \quad (16)$$

Auf diese Form muß man die Gleichung (1) bringen können, wenn die Tafel aus zwei Kreisscharen und einer Geradenschar bestehen soll.

In ähnlicher Weise kann man auch diejenige Form der Gleichung (1) ermitteln, für welche die Tafel aus drei Kreisscharen besteht; es wird hier darauf verzichtet, weil diese Tafelform vom praktischen Standpunkt aus von geringerer Bedeutung ist.

§ 3. Tafeln mit drei Scharen gerader Linien.

Soll die Tafel für eine gegebene Gleichung nur Gerade enthalten, so muß die Gleichung sich auf die Form bringen lassen

$$\begin{vmatrix} \varphi_1(x) & \varphi_2(x) & \varphi_3(x) \\ \psi_1(y) & \psi_2(y) & \psi_3(y) \\ \chi_1(z) & \chi_2(z) & \chi_3(z) \end{vmatrix} = 0 \quad . \quad . \quad . \quad . \quad . \quad (1)$$

Die Gleichungen der drei Geradenscharen sind dann

$$\varphi_1(x)\,\xi + \varphi_2(x)\,\eta + \varphi_3(x) = 0 \quad \ldots \ldots \quad (2)$$

$$\psi_1(y)\,\xi + \psi_2(y)\,\eta + \psi_3(y) = 0 \quad \ldots \ldots \quad (3)$$

$$\chi_1(z)\,\xi + \chi_2(z)\,\eta + \chi_3(z) = 0 \quad \ldots \ldots \quad (4)$$

Von geraden Linien kommen zunächst solche in Betracht, die sich im Koordinatensystem in bequemer Weise zeichnen lassen; es sind dies Parallelen zu den Achsen, Gerade durch den Ursprung oder einen Punkt auf den Achsen und Parallelen zu einer Mediane.

Wählt man zuerst den einfachsten Fall, in welchem z. B. die nach x und y bezifferten Scharen Parallelen zu den Koordinatenachsen sind, so lauten die Gleichungen der drei Scharen von Geraden

$$\xi \qquad\qquad -x = 0 \quad \ldots \ldots \ldots \quad (5)$$

$$\eta \qquad\qquad -y = 0 \quad \ldots \ldots \ldots \quad (6)$$

$$\chi_1(z)\,\xi + \chi_2(z)\,\eta + \chi_3(z) = 0 \quad \ldots \ldots \ldots \quad (7)$$

An die Stelle der Gleichung (1) tritt dann die folgende

$$\chi_1(z)\,x + \chi_2(z)\,y + \chi_3(z) = 0 \quad \ldots \ldots \quad (8)$$

Da man in dieser in bezug auf x und y linearen Gleichung vermöge der beiden Gleichungen (5) und (6) die Größen x und y als laufende Koordinaten auffassen darf, so sieht man, daß sie durch eine nach z bezifferte Geradenschar dargestellt werden kann. Ist demnach eine Gleichung mit drei Veränderlichen linear in bezug auf zwei der Veränderlichen, so läßt sie sich darstellen durch drei Scharen von Geraden, von denen zwei parallel zu den Koordinatenachsen verlaufen.

Beispiel. Die allgemeine Form der Gleichung zweiten Grades ist

$$x^2 + p\,x + q = 0.$$

Soll für diese Gleichung eine Tafel hergestellt werden, der man für gegebene Werte von p und q die Wurzeln der Gleichung entnehmen kann, so ist zu beachten, daß die Gleichung in bezug auf die beiden Veränderlichen p und q linear ist; die Gleichung kann deshalb durch drei Geradenscharen dargestellt werden, von denen die nach p und q bezifferten parallel zu den Koordinatenachsen sind. Die einzelnen Geraden der nach x bezifferten Schar lassen sich am besten mit Hilfe ihrer Achsenabschnitte aufzeichnen; setzt man zu diesem Zweck $\begin{Bmatrix} q = 0 \\ p = 0 \end{Bmatrix}$, so wird $\begin{Bmatrix} p = -x \\ q = -x^2 \end{Bmatrix}$.

Einige zusammengehörige Werte für die Unbekannte x und die Achsenabschnitte sind die folgenden:

$$x = +1 \quad +2 \quad +3 \quad + 4 \quad + 5 \;\big|\; -1 \quad -2 \quad -3 \quad - 4 \quad - 5$$
$$p = -1 \quad -2 \quad -3 \quad - 4 \quad - 5 \;\big|\; +1 \quad +2 \quad +3 \quad + 4 \quad + 5$$
$$q = -1 \quad -4 \quad -9 \quad -16 \quad -25 \;\big|\; -1 \quad -4 \quad -9 \quad -16 \quad -25$$

Die durch diese Werte bestimmte Tafel ist in der Abb. 31 gezeichnet[1]), bei der für p ein doppelt so großer Maßstab als für q gewählt wurde.

Hat die gegebene Gleichung die Form

$$\chi_1(z)\,\varphi(x) + \chi_2(z)\,\psi(y) + \chi_3(z) = 0 \;.\;\;.\;\;.\;\;.\;\;.\;(8')$$

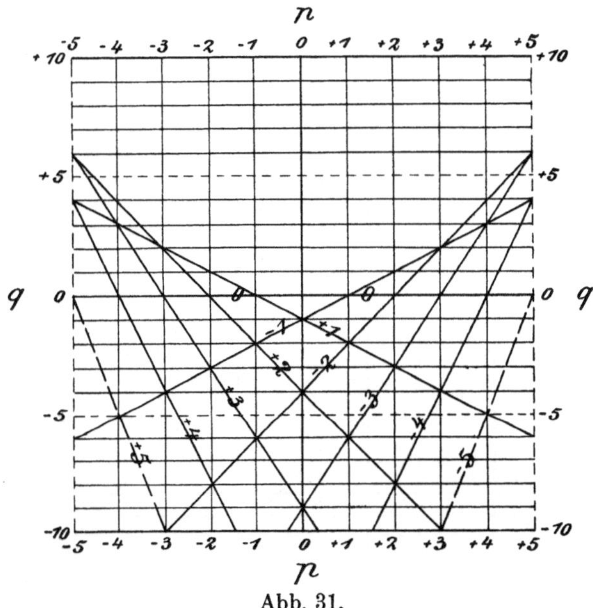

Abb. 31.

so kann man sie ebenfalls durch zwei Scharen von Parallelen zu den Achsen und eine weitere Geradenschar darstellen; man hat dabei nur zu beachten, daß die Gleichung linear in bezug auf $\varphi(x)$ und $\psi(y)$ ist. Die Gleichungen der beiden Parallelenscharen lauten dann:

$$\xi - \varphi(x) = 0 \;.\;\;.\;\;.\;\;.\;(5') \quad \text{und} \quad \eta - \psi(y) = 0 \;.\;\;.\;\;.\;\;.\;(6')$$

Die zu den Gleichungen (8) und (8') gehörigen Tafeln unterscheiden sich dadurch, daß die Parallelen zu den Achsen auf

---

[1]) Diese Tafel zur Auflösung quadratischer Gleichungen wurde von L. Lalanne angegeben.

diesen bei der ersteren Gleichungsform gleichmäßige, bei der letzteren dagegen ungleichmäßige Skalen bestimmen.

Beispiel.

$$a = \sqrt{b^2 + c^2}.$$

Schreibt man diese Gleichung in der Form

$$b^2 + c^2 - a^2 = 0$$

und vergleicht sie dann mit der Gleichung einer Parallelen zur zweiten Mediane

$$\xi + \eta - m = 0,$$

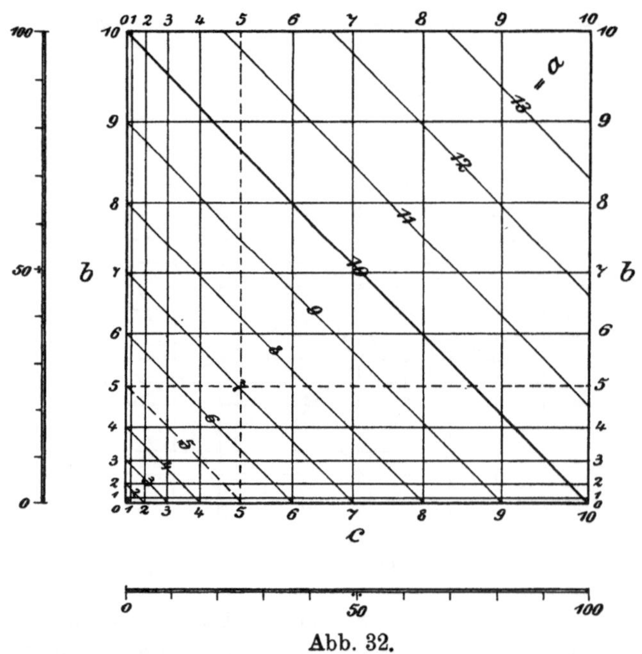

Abb. 32.

so sieht man, daß die gegebene Gleichung dargestellt werden kann durch zwei nach b und c bezifferte Scharen von Parallelen zu den Achsen und eine nach a bezifferte Schar von Parallelen zur zweiten Mediane (Abb. 32). Die Parallelen zu den Achsen sind bestimmt durch die den Gleichungen (5′) und (6′) entsprechenden Gleichungen

$$\xi - c^2 = 0 \quad \text{und} \quad \eta - b^2 = 0.$$

Die a-Geraden erhält man auf Grund ihrer Gleichung

$$\xi + \eta - a^2 = 0,$$

z. B. mit Hilfe ihrer Achsenabschnitte.

Auf die in der Gleichung (8′) angegebene Form lassen sich auch Gleichungen bringen von der Form

$$\varphi(x)^{\chi_1(z)}\,\psi(y)^{\chi_2(z)} = \chi_3(z) \quad \cdots \cdots \cdots \quad (9)$$

Logarithmiert man diese Gleichung, so geht sie über in die Gleichung

$$\chi_1(z)\log\varphi(x) + \chi_2(z)\log\psi(y) = \log\chi_3(z), \quad \cdots \quad (9')$$

die in bezug auf $\log\varphi(x)$ und $\log\psi(y)$ linear ist; sie — und damit die Gleichung (9) — läßt sich demnach darstellen durch

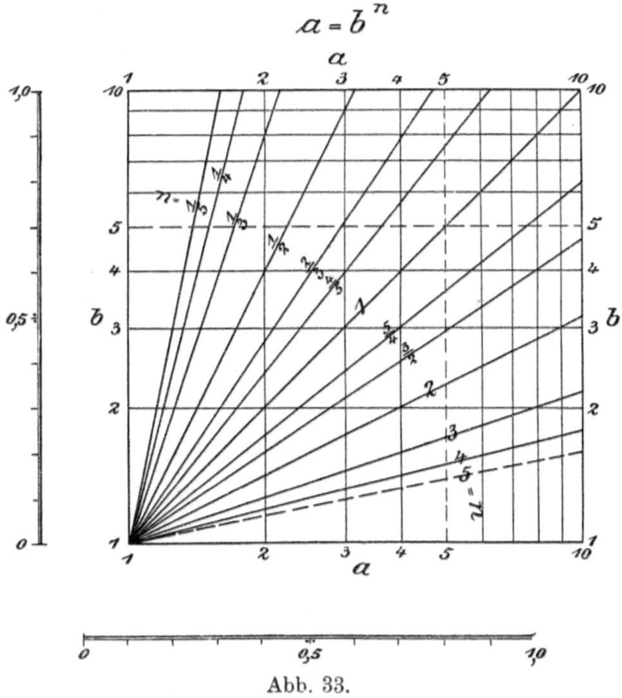

Abb. 33.

drei Geradenscharen, von denen zwei Parallelen zu den Achsen sind mit den Gleichungen

$$\xi - \log\varphi(x) = 0 \quad \text{und} \quad \eta - \log\psi(y) = 0$$

und von denen die dritte die Gleichung hat

$$\chi_1(z)\,\xi + \chi_2(z)\,\eta = \log\chi_3(z).^{1)}$$

____

[1]) Eine solche, durch die Gleichungen

$$\xi = \log\varphi(x) \quad \text{und} \quad \eta = \log\psi(y)$$

bedingte punktweise Transformation bezeichnet L. Lalanne als Anamorphose.

Beispiel. Ist eine Tafel zu entwerfen für die Funktion

$$a = b^n,$$

so logarithmiert man die gegebene Gleichung; sie geht dann über in

$$\log a - n \log b = 0.$$

Betrachtet man in dieser Gleichung $\log a$ und $\log b$ als laufende Koordinaten, so sieht man, daß sie dargestellt werden kann durch eine nach n bezifferte Geradenschar durch den Ursprung. Die Tafel (Abb. 33) kann — wenn n und a oder b gegeben sind — zum Radizieren und Potenzieren benutzt werden; ist n zu gegebenen Werten von a und b zu bestimmen, so dient die Tafel zur Auflösung der dann vorliegenden Exponentialgleichung. Durch nochmaliges Logarithmieren der Gleichung kann man die Tafel in eine Form überführen, bei der an Stelle der Ursprungsgeraden parallele Geraden treten.

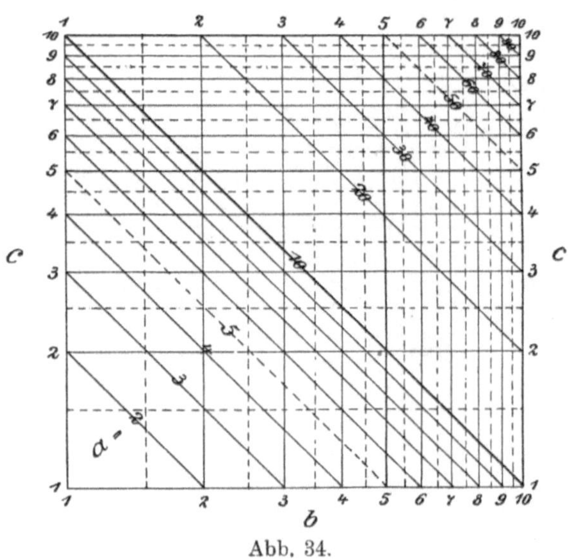

Abb. 34.

Vielfach kommt die Gleichung (9) in der einfacheren Form vor

$$\varphi(x)\,\psi(y) = \chi(z),$$

die durch Logarithmieren übergeht in

$$\log \varphi(x) + \log \psi(y) = \log \chi(z).$$

1. Beispiel. Die einfachste hierher gehörige Tafel ist die Multiplikationstafel, der die Gleichung zugrunde liegt

$$a = b\,c.$$

Bringt man diese Gleichung durch Logarithmieren auf lineare Form, so
ergibt sich
$$\log a = \log b + \log c.$$

Faßt man hier $\log b$ und $\log c$ als laufende Koordinaten auf, so
zeigt sich, daß durch die Gleichung eine nach a bezifferte Schar von
Parallelen zur zweiten Mediane (Abb. 34) bestimmt ist, die man z. B.
mit Hilfe der Achsenabschnitte aufzeichnen kann[1]).

2. Beispiel. Bei tachymetrischen Messungen hat man häufig auf
Grund der Gleichung
$$c = E \sin^2 \alpha$$
für gegebene Werte von E und α die zugehörigen Werte von c zu berechnen. Logarithmiert man die Gleichung, so geht sie über in
$$\log c = \log E + 2 \log \sin \alpha .$$

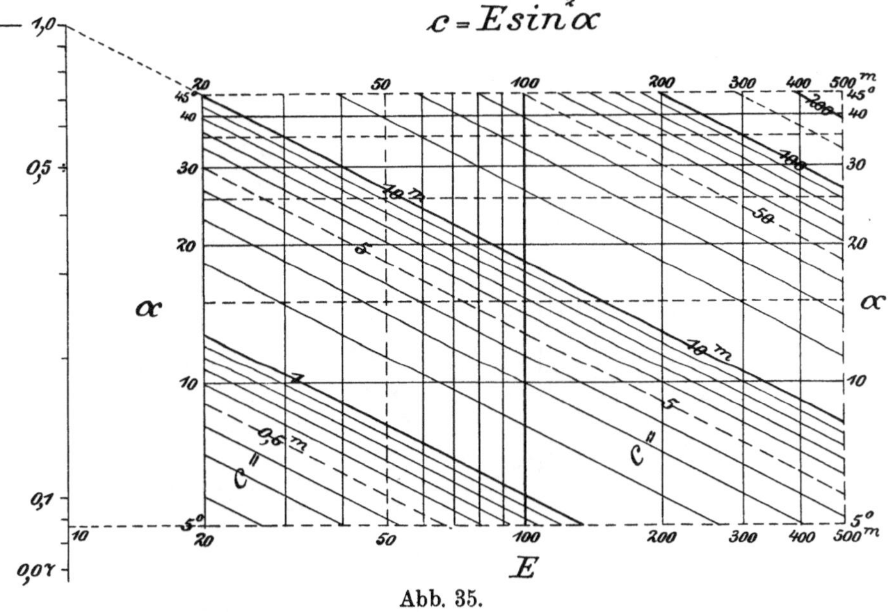

Abb. 35.

Diese Gleichung ist linear in bezug auf $\log E$ und $\log \sin \alpha$, sie kann
deshalb — abgesehen von den beiden nach E und α bezifferten Scharen
von Parallelen zu den Achsen — dargestellt werden durch eine nach c
bezifferte Parallelenschar mit der Gleichung
$$\xi + 2\eta = \log c,$$
wobei die einzelnen Parallelen z. B. mit Benutzung ihrer Achsenabschnitte
in die Zeichnung eingetragen werden können. Die Tafel ist in der
Abb. 35 gezeichnet, in der O den Ursprung des Koordinatensystems bedeutet. Die nach α bezifferten Parallelen lassen sich mit Hilfe der Werte

---

[1]) Diese Form einer Multiplikationstafel wurde erstmals von L. Lalanne
angewendet.

$$\alpha = 5^0 \qquad 10^0 \qquad 20^0 \qquad 30^0 \qquad 40^0 \qquad 45^0$$
$$\sin\alpha = 0{,}087 \quad 0{,}174 \quad 0{,}342 \quad 0{,}500 \quad 0{,}643 \quad 0{,}707$$

aufzeichnen; die hierfür erforderliche logarithmische Hilfsskala ist in der Abbildung seitlich angegeben.

Bei Tafeln für Gleichungen von der in der Gleichung (9) bzw. (9') angegebenen Form werden infolge der logarithmischen Skalen bei den Parallelenscharen die Abstände der Parallelen z. B. mit zunehmendem Wert der Veränderlichen immer kleiner;

$$c = E \sin^2 \alpha$$

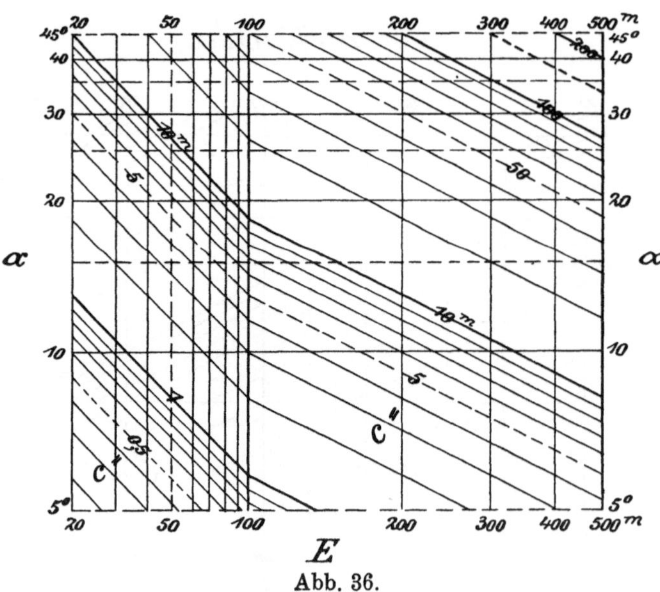

Abb. 36.

diesem Umstand kann man — wenn es die von der Tafel verlangte Genauigkeit erfordert — dadurch Rechnung tragen, daß man bei einer der beiden Koordinaten oder bei beiden einen Wechsel im Maßstab eintreten läßt.

1. Beispiel. Die Abb. 36 enthält für die schon in der Abb. 35 dargestellte Gleichung

$$c = E \sin^2 \alpha$$

eine Tafel, bei der für E von 100 bis 500 m ein doppelt so großer Maßstab gewählt wurde als von 20 bis 100 m; durch diesen Wechsel im Maßstab von E wird bei den nach c bezifferten Parallelen von der auf $E = 100$ m sich beziehenden Geraden an eine Richtungsänderung hervorgerufen.

2. Beispiel. Für die bereits durch die Abb. 33 dargestellte Gleichung

$$a = b^n$$

ist in der Abb. 37 eine Tafel gezeichnet, bei der für a und b von 5 bis 10 je ein doppelt so großer Maßstab gewählt wurde als für die vorhergehenden Werte; dieser Wechsel im Maßstab sowohl bei a als auch bei b ruft bei den nach n bezifferten Ursprungsgeraden zum Teil eine einmalige, zum Teil eine zweimalige Änderung der Richtung hervor. Die angenommenen Maßstabwechsel verursachen Verschiebungen des Koordinatenursprungs; die vier in Betracht kommenden Lagen des Ursprungs,

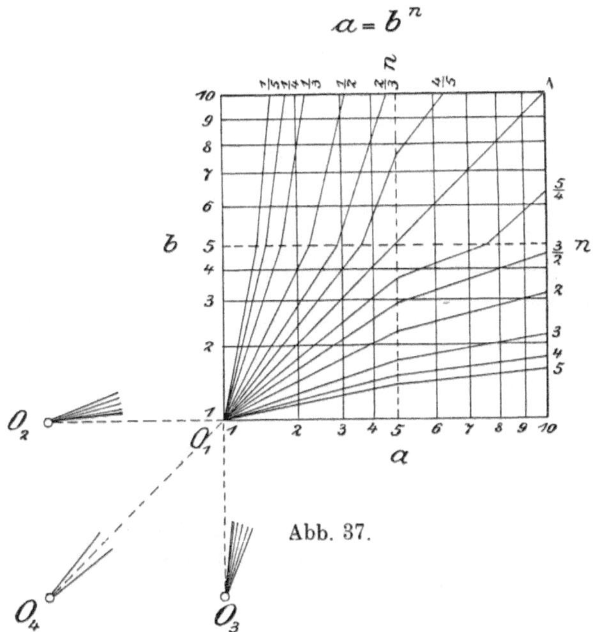

Abb. 37.

die bei der Aufzeichnung der Geraden Verwendung finden, sind in der Abbildung angegeben.

Logarithmische Skalen haben wie jede ungleichmäßige Skala den Nachteil, daß das Eingehen in eine solche Skala nicht ganz so bequem ist wie bei einer gleichmäßigen Skala.

Zur Herstellung von Tafeln mit logarithmischen Skalen kann man auch die von der Firma Carl Schleicher und Schüll (Düren, Rhld.) in den Handel gebrachten „Logarithmen-Papiere" verwenden[1].

Im vorstehenden wurde zunächst nur diejenige Form einer Tafel mit drei Scharen gerader Linien behandelt, bei der zwei

---

[1] Vgl. P. Schreiber, Gründzüge einer Flächen-Nomographie.

Scharen Parallelen zu den Koordinatenachsen sind; im folgenden soll für die wohl am meisten vorkommende Gleichungsform

$$\varphi(x)\,\psi(y) = \chi(z) \quad\dots\dots\dots\dots \text{(10)}$$

gezeigt werden, daß auch noch andere Tafelformen möglich sind.

Wählt man für die beiden beliebig anzunehmenden Geradenscharen nach x bezifferte Parallelen zur Ordinatenachse und nach z bezifferte Parallelen zur ersten Mediane, denen die Gleichungen

$$\xi - \varphi(x) = 0 \quad \text{und} \quad \xi - \eta - \chi(z) = 0$$

zukommen, so erhält man durch Elimination von x und z aus diesen Gleichungen und der gegebenen Gleichung (10) für die dritte nach y bezifferte Kurvenschar die Gleichung

$$\frac{\eta}{\xi} - \{1 - \psi(y)\} = 0.$$

Die dritte Kurvenschar besteht demnach aus Geraden durch den Ursprung.

Wählt man für die beiden beliebig anzunehmenden Geradenscharen nach x bezifferte Parallelen zur Ordinatenachse und nach z bezifferte Ursprungsgeraden mit den Gleichungen

$$\xi - \varphi(x) = 0 \quad \text{und} \quad \frac{\xi}{\eta} - \chi(z) = 0,$$

so ergibt die Elimination von x und z aus diesen beiden Gleichungen und der gegebenen Gleichung (10) für die nach y bezifferten Kurven eine Schar von Parallelen zur Abszissenachse mit der Gleichung

$$\eta - \frac{1}{\psi(y)} = 0.$$

Werden für die beiden beliebig anzunehmenden Geradenscharen nach x bezifferte Parallelen zur ersten Mediane und nach z bezifferte Parallelen zur Ordinatenachse mit den Gleichungen

$$\xi - \eta - \varphi(x) = 0 \quad \text{und} \quad \xi - \chi(z) = 0$$

gewählt, so findet man durch Elimination von x und z aus den beiden letzten Gleichungen und der gegebenen Gleichung (10) für die nach y bezifferten Kurven eine Schar von Ursprungsgeraden mit der Gleichung

$$\frac{\eta}{\xi} - \frac{\psi(y) - 1}{\psi(y)} = 0.$$

§ 4. Tafeln mit zwei Scharen gerader Linien und einer Kreisschar.

Soll die Tafel für eine gegebene Gleichung außer zwei Geradenscharen eine Kreisschar enthalten, so muß die Gleichung sich auf die Form (Gleichung 12, Seite 32) bringen lassen

$$\begin{vmatrix} \varphi_3(x)\,\varphi_2(x) \\ \psi_3(y)\,\psi_2(y) \end{vmatrix}^2 + \begin{vmatrix} \varphi_1(x)\,\varphi_3(x) \\ \psi_1(y)\,\psi_3(y) \end{vmatrix}^2 + \begin{vmatrix} \varphi_3(x)\,\varphi_2(x) \\ \psi_3(y)\,\psi_2(y) \end{vmatrix}\begin{vmatrix} \varphi_1(x)\,\varphi_2(x) \\ \psi_1(y)\,\psi_2(y) \end{vmatrix}\chi_1(z)$$

$$+ \begin{vmatrix} \varphi_1(x)\,\varphi_3(x) \\ \psi_1(y)\,\psi_3(y) \end{vmatrix}\begin{vmatrix} \varphi_1(x)\,\varphi_2(x) \\ \psi_1(y)\,\psi_2(y) \end{vmatrix}\chi_2(z) + \begin{vmatrix} \varphi_1(x)\,\varphi_2(x) \\ \psi_1(y)\,\psi_2(y) \end{vmatrix}^2 \chi_3(z) = 0 \quad (1)$$

Die Gleichungen der beiden Geradenscharen und der Kreisschar sind dann

$$\varphi_1(x)\,\xi + \varphi_2(x)\,\eta + \varphi_3(x) = 0 \quad \ldots \ldots \quad (2)$$

$$\psi_1(y)\,\xi + \psi_2(y)\,\eta + \psi_3(y) = 0 \quad \ldots \ldots \quad (3)$$

$$\xi^2 + \eta^2 + \chi_1(z)\,\xi + \chi_2(z)\,\eta + \chi_3(z) = 0 \quad \ldots \ldots \quad (4)$$

Wählt man im einfachsten Fall für die beiden Geradenscharen Parallelen zu den Koordinatenachsen, so lauten die Gleichungen der drei Kurvenscharen

$$\xi \qquad\qquad - x \quad = 0 \quad \ldots \ldots \quad (5)$$

$$\eta - y \quad = 0 \quad \ldots \ldots \quad (6)$$

$$\xi^2 + \eta^2 + \chi_1(z)\,\xi + \chi_2(z)\,\eta + \chi_3(z) = 0 \quad \ldots \ldots \quad (7)$$

Eliminiert man aus diesen drei Gleichungen die laufenden Koordinaten ξ und η, so erhält man an Stelle der Gleichung (1) die folgende

$$x^2 + y^2 + \chi_1(z)\,x + \chi_2(z)\,y + \chi_3(z) = 0 \quad \ldots \quad (8)$$

Da man in dieser Gleichung mit Rücksicht auf die Gleichungen (5) und (6) die Größen x und y als laufende Koordinaten auffassen darf, so sieht man ihr sofort an, daß sie durch eine Kreisschar dargestellt werden kann.

Beispiel. Für die Gleichung

$$a = \sqrt{b^2 + c^2}$$

kann man eine Tafel mit einer nach a bezifferten Kreisschar herstellen; man sieht dies, wenn man sie in der Form schreibt

$$b^2 + c^2 - a^2 = 0.$$

Faßt man in dieser Gleichung b und c als laufende Koordinaten auf, so ist durch sie eine Schar mittelpunktgleicher Kreise bestimmt mit dem Mittelpunkt im Ursprung. Die Zeichnung der Kreise (Abb. 38) kann man umgehen, wenn man ihre Halbmesser an einer Geraden — z. B. der ersten Mediane — angibt, und bei Benutzung der Tafel den jeweiligen Kreis — ohne ihn zu zeichnen — mit Hilfe des Stechzirkels herstellt; eine solche Einrichtung der Tafel empfiehlt sich besonders für den Fall, daß a gegeben ist.

Hat die Gleichung, für die eine Tafel hergestellt werden soll, an Stelle der in (8) gegebenen Form die etwas allgemeinere

$$\varphi^2(x) + \psi^2(y) + \chi_1(z)\,\varphi(x) + \chi_2(z)\,\psi(y) + \chi_3(z) = 0 , \quad . \quad (8')$$

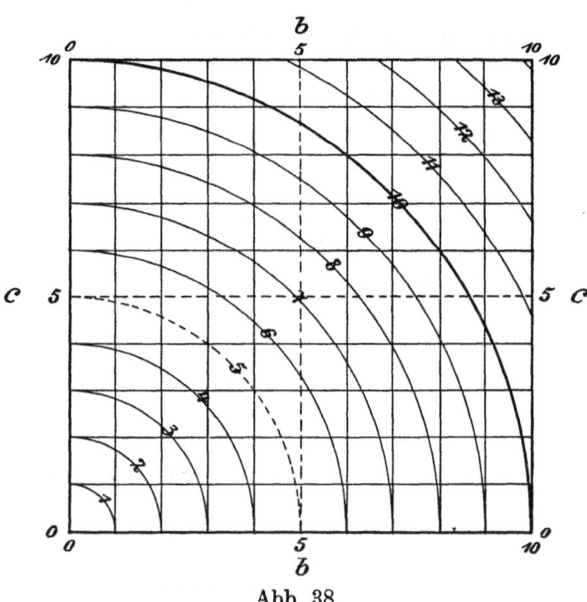

Abb. 38.

so kann sie ebenfalls durch zwei Scharen von Parallelen zu den Achsen und eine Kreisschar dargestellt werden; da die Gleichungen der beiden Geradenscharen dann sind

$$\xi - \varphi(x) = 0 \quad . \quad . \quad (5') \qquad \text{und} \qquad \eta - \psi(y) = 0 , \quad . \quad . \quad (6')$$

so können in der Gleichung (8') $\varphi(x)$ und $\psi(y)$ als laufende Koordinaten angesehen werden, womit die Gleichung als solche einer Kreisschar zu erkennen ist. Die durch die Gleichungen (5') und (6') bestimmten Parallelenscharen ergeben auf den Achsen ungleichmäßige Skalen.

Beispiel. Logarithmiert man die einer gewöhnlichen Multiplikationstafel zugrunde liegende Gleichung

$$a = bc,$$

so geht sie über in

$$\log a = \log b + \log c.$$

Schreibt man diese Gleichung in der Form

$$\left(\sqrt{\log b}\right)^2 + \left(\sqrt{\log c}\right)^2 - \left(\sqrt{\log a}\right)^2 = 0,$$

so sieht man, daß sie durch eine Kreisschar mit den laufenden Koordinaten

$$\xi = \sqrt{\log b} \quad \text{und} \quad \eta = \sqrt{\log c}$$

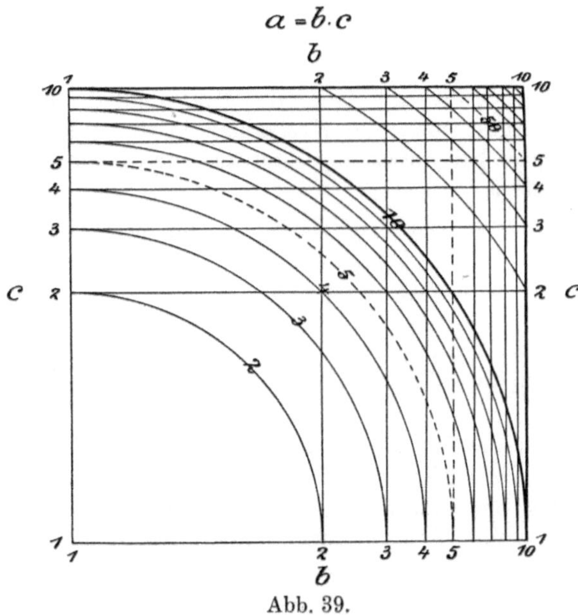

Abb. 39.

dargestellt werden kann[1]. Die Aufzeichnung der Tafel (Abb. 39) läßt sich mit Hilfe der folgenden Werte ausführen:

$x =$	1	2	3	4	5	6	7	8	9	10
$\sqrt{\log x} =$	0	0,55	0,69	0,78	0,84	0,88	0,92	0,95	0,98	1

Auch bei dieser Tafel kann man — wie bei allen Tafeln, in denen mittelpunktgleiche Kreise um den Ursprung auftreten — die Kreisschar in der Zeichnung nur durch ihre Halbmesserskala andeuten, wenn man bei Benutzung der Tafel den Stechzirkel verwendet.

---

[1] Eine Multiplikationstafel von dieser Form findet sich bei F. R. Helmert. Zur Herstellung graphischer Tabellen mit zwei Eingängen (Z. Vermessungsw. 1876).

Das zuletzt behandelte Beispiel zeigt zugleich, daß und wie man allgemein Gleichungen von der Form

$$\varphi(x)\,\psi(y) = \chi(z)$$

durch zwei Parallelenscharen zu den Koordinatenachsen und eine Kreisschar darstellen kann.

Auch Gleichungen von der Form

$$m x^2 + n y^2 = z^2 \quad (m \text{ und } n \text{ unveränderliche Größen}),$$

denen zunächst eine Schar mittelpunktgleicher Ellipsen entspricht, lassen sich durch eine Kreisschar darstellen; man erkennt dies, wenn man die Gleichung in der Form schreibt

$$\left(x\sqrt{m}\right)^2 + \left(y\sqrt{n}\right)^2 = z^2$$

und $x\sqrt{m}$ bzw. $y\sqrt{n}$ als laufende Koordinaten betrachtet. Geometrisch erhält man die Kreisschar aus den Ellipsen dadurch, daß man bei diesen den Maßstab der einen Achse entsprechend ändert.

Beispiel. Es sei eine Tafel herzustellen für die Gleichung

$$z^2 = 3\,x^2 + 4\,y^2.$$

Schreibt man die Gleichung in der Form

$$\left(x\sqrt{3}\right)^2 + (2\,y)^2 - z^2 = 0,$$

so zeigt sich, daß man sie darstellen kann durch zwei Scharen von Parallelen zu den Koordinatenachsen mit den Gleichungen

$$\xi - x\sqrt{3} = 0 \quad \text{und} \quad \eta - 2\,y = 0$$

und eine nach z bezifferte Schar mittelpunktgleicher Kreise mit dem Ursprung als Mittelpunkt (Abb. 40).

Es wurden bis jetzt für die beiden Geradenscharen Parallelen zu den beiden Achsen angenommen; wählt man z. B. für die nach x bezifferte Schar Parallelen zur Ordinatenachse und für die nach y bezifferte Ursprungsstrahlen, so lauten die Gleichungen der drei Kurvenscharen

$$\xi \qquad\qquad - \varphi(x) = 0 \quad . \ . \ . \ . \quad (9)$$

$$\frac{\eta}{\xi} - \psi(y) = 0 \quad . \ . \ . \ . \quad (10)$$

$$\xi^2 + \eta^2 + \chi_1(z)\,\xi + \chi_2(z)\,\eta + \chi_3(z) = 0 \quad . \ . \ . \ . \quad (11)$$

Eliminiert man aus diesen drei Gleichungen die laufenden Koordinaten ξ und η, so erhält man die Gleichung

$$\varphi^2(x) + \varphi^2(x)\,\psi^2(y) + \varphi(x)\,\chi_1(z) + \varphi(x)\,\psi(y)\,\chi_2(z) + \chi_3(z) = 0$$

oder

$$\varphi^2(x)\,\{1 + \psi^2(y)\} + \varphi(x)\,\{\chi_1(z) + \psi(y)\,\chi_2(z)\} + \chi_3(z) = 0 \quad . \quad (12)$$

Jede Gleichung, die sich auf diese Form bringen läßt, kann dargestellt werden durch eine Kreisschar in Verbindung mit einer Schar von Parallelen zu einer Achse und einer Geradenschar durch den Ursprung. Zieht man bei den Kreisen — in ähnlicher Weise wie bei den Geraden — die Grenzen enger, indem man zunächst solche Kreise zu verwenden sucht, die sich besonders einfach im Koordinatensystem zeichnen lassen, so kommen insbesondere in Betracht Kreise um den Ursprung

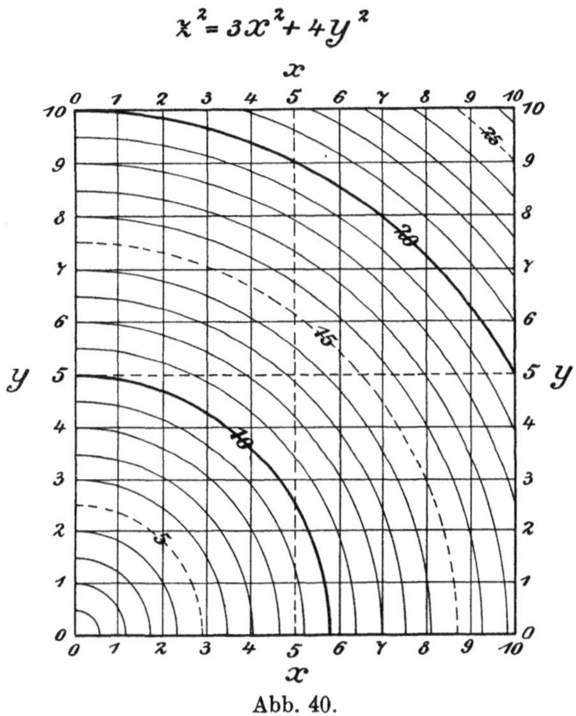

Abb. 40.

und Kreise durch den Ursprung mit den Mittelpunkten auf einer Achse.

Mittelpunktgleiche, nach z bezifferte Kreise um den Ursprung haben die Gleichung

$$\xi^2 + \eta^2 - \chi(z) = 0 \quad \ldots \ldots \ldots \quad (11')$$

Um die Form derjenigen Gleichungen zu ermitteln, die sich durch solche Kreise in Verbindung mit den durch die Gleichungen (9) und (10) bestimmten Geradenscharen darstellen lassen, eliminiert man ξ und η aus den Gleichungen (9), (10) und (11′); dabei erhält man

$$\varphi^2(x) + \varphi^2(x)\,\psi^2(y) - \chi(z) = 0$$

oder

$$\varphi^2(x)\{1 + \psi^2(y)\} - \chi(z) = 0 \quad \ldots \ldots \quad (12')$$

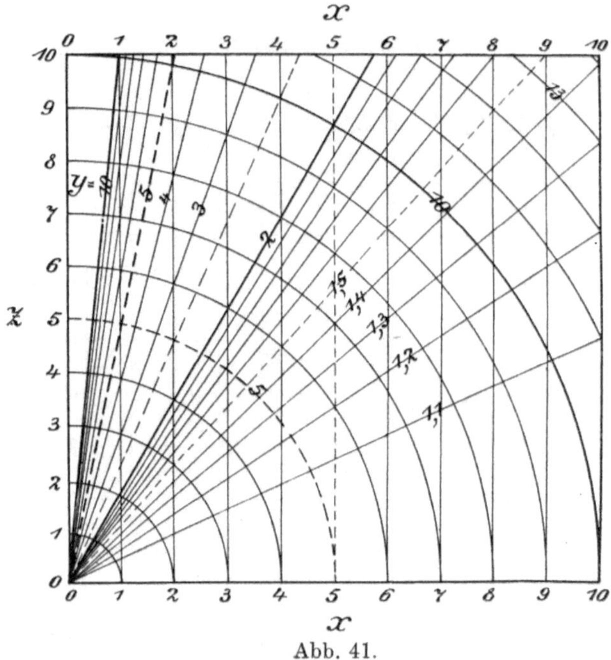

Beispiel. Die einfachste hierher gehörige Gleichung ist wieder

$$z = xy \quad \text{oder} \quad xy - z = 0\,.$$

Die beiden Geradenscharen und die Kreisschar lassen sich für diese Gleichung aufzeichnen auf Grund der Gleichungen

$$\xi - x = 0$$
$$\frac{\eta}{\xi} - \sqrt{y^2 - 1} = 0$$
$$\xi^2 + \eta^2 - z^2 = 0\,.$$

Die Kreise (Abb. 41) kann man bei einer solchen Tafel weglassen, wenn man an passender Stelle eine Skala für die Halbmesser angibt und beim Gebrauch der Tafel den Zirkel verwendet. Man kann auch die

Zeichnung der Ursprungsgeraden umgehen, wenn man sie und die Kreise durch eine auf einem durchsichtigen Stoff gezeichnete, um den Ursprung drehbare Gerade ersetzt, die eine nach z bezifferte Skala trägt, und die mit Hilfe einer z. B. auf einem Kreis um den Ursprung angegebenen y-Skala eingestellt werden kann; man hat dann nur eine Kurvenschar zu zeichnen.

Durch den Ursprung gehende Kreise mit den Mittelpunkten z. B. auf der Abszissenachse haben die Gleichung

$$\xi^2 + \eta^2 - \chi(z)\,\xi = 0 \quad \ldots \ldots \quad (11'')$$

$$z = x \cdot y$$

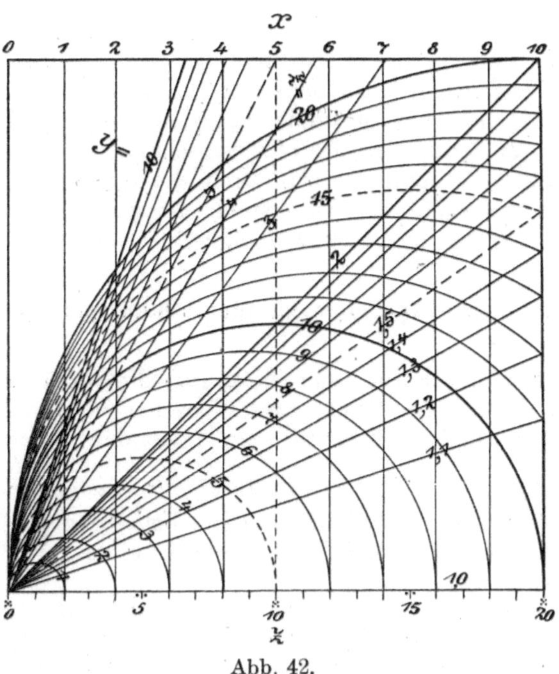

Abb. 42.

Eliminiert man aus dieser Gleichung und den beiden Gleichungen (9) und (10) die laufenden Koordinaten ξ und η, so erhält man für diejenigen Gleichungen, die sich durch Kreise der Gleichung (11'') zusammen mit den durch die Gleichungen (9) und (10) bestimmten Geradenscharen darstellen lassen, die Form

$$\varphi^2(x) + \varphi^2(x)\,\psi^2(y) - \varphi(x)\,\chi(z) = 0$$

oder

$$\varphi(x)\{1 + \psi^2(y)\} - \chi(z) = 0 \quad \ldots \quad (12'')$$

Beispiel. Bei der einfachsten Gleichung von dieser Form, nämlich

$$z = xy \quad \text{oder} \quad xy - z = 0$$

haben die drei Kurvenscharen die Gleichungen

$$\xi - x = 0$$

$$\frac{\eta}{\xi} - \sqrt{y - 1} = 0$$

$$\xi^2 + \eta^2 - z\,\xi = 0\,.$$

Für den Fall, daß der Wert von z gegeben ist, kann man bei einer Tafel wie der vorliegenden (Abb. 42) die Zeichnung der Kreise umgehen, wenn man — wie dies in der Abbildung geschehen ist — an der Abszissenachse eine Skala für ihre Mittelpunkte angibt, und bei Benutzung der Tafel den Zirkel verwendet.

Bei den im vorstehenden behandelten Tafeln ist es — unter Umständen mit gewissen Bedingungen — möglich, die auftretende Kreisschar in der Zeichnung nur durch eine Punktskala anzudeuten; die Tafel gewinnt dadurch an Übersichtlichkeit, indem sie an Stelle der drei Kurvenscharen deren nur noch zwei enthält. Außerdem wird durch die bei Weglassung der Kreisschar mit Hilfe der Zirkelspitze auszuführenden Einstellungen bzw. Ablesungen die Genauigkeit erhöht.

§ 5. Tafeln mit einer Schar gerader Linien und zwei Kreisscharen.

Die allgemeine Form einer Gleichung, die durch zwei Kreisscharen in Verbindung mit einer Geradenschar dargestellt werden kann, wurde in § 2 abgeleitet; im folgenden sollen für die Gleichung

$$\varphi(x)\,\psi(y) - \chi(z) = 0 \quad \ldots \ldots \ldots \quad (1)$$

einige Tafelformen behandelt werden, bei denen die Geraden und die Kreise im Koordinatensystem in einfacher Weise gezeichnet werden können.

Wählt man für die Geradenschar Parallelen zur Ordinatenachse, für die eine Kreisschar Kreise durch den Ursprung mit den Mittelpunkten auf der Abszissenachse und für die andere Kreisschar Kreise um den Ursprung, so sind die Gleichungen der drei Kurvenscharen die folgenden

$$\xi - \varphi(x) = 0$$

$$\xi^2 + \eta^2 - \psi(y)\,\xi = 0$$

$$\xi^2 + \eta^2 - \chi(z) = 0\,.$$

Die Elimination der laufenden Koordinaten ξ und η aus den drei Gleichungen ergibt die Gleichung (1).

Beispiel. Eine bei der Berechnung von rechtwinkligen sphärischen Dreiecken auftretende Gleichung lautet

$$\operatorname{tg}\beta = \frac{\operatorname{tg} b}{\sin c} \quad \text{oder} \quad \sin c\,\operatorname{tg}\beta - \operatorname{tg} b = 0\,.$$

Eine Tafel für diese Gleichung ist bestimmt durch die drei Gleichungen

$$\xi - \sin c = 0$$
$$\xi^2 + \eta^2 - \xi\,\operatorname{tg}\beta = 0$$
$$\xi^2 + \eta^2 - \operatorname{tg} b = 0\,.$$

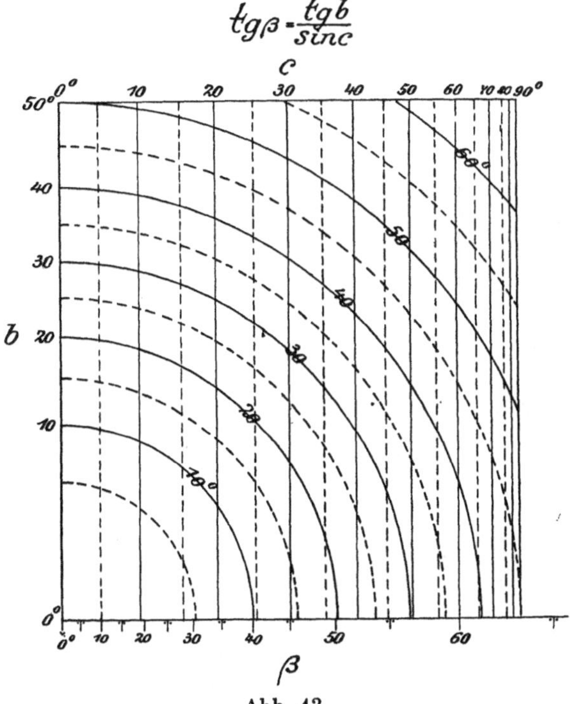

Abb. 43.

In der Abb. 43 ist die Tafel gezeichnet, bei der die Halbmesser der mittelpunktgleichen Kreise gleich $\sqrt{\operatorname{tg} b}$ sind. Wird die Tafel ausschließlich für den Fall benutzt, bei dem der Wert von β gegeben ist, so kann man in der Zeichnung die Kreise durch den Ursprung weglassen, wenn man — vgl. die Abbildung — auf der Abszissenachse eine nach β bezifferte Skala für ihre Mittelpunkte angibt und bei Benutzung der Tafel den jeweiligen Kreis — ohne ihn zu zeichnen — mit Hilfe des Zirkels herstellt. Werden die nach β bezifferten Kreise gezeichnet, so kann man für jeden Fall die Kreise um den Ursprung bei Verwendung des Zirkels nur durch ihre Halbmesserskala andeuten.

4*

Werden für die Geradenschar Parallelen zur zweiten Mediane gewählt, für die eine Kreisschar Kreise durch den Ursprung mit den Mittelpunkten auf der ersten Mediane und für die andere Kreisschar Kreise um den Ursprung, so kommen diesen drei Scharen die folgenden Gleichungen zu

$$\xi + \eta - \varphi(x) = 0$$
$$\xi^2 + \eta^2 - (\xi + \eta)\,\psi(y) = 0$$
$$\xi^2 + \eta^2 - \chi(z) = 0\,.$$

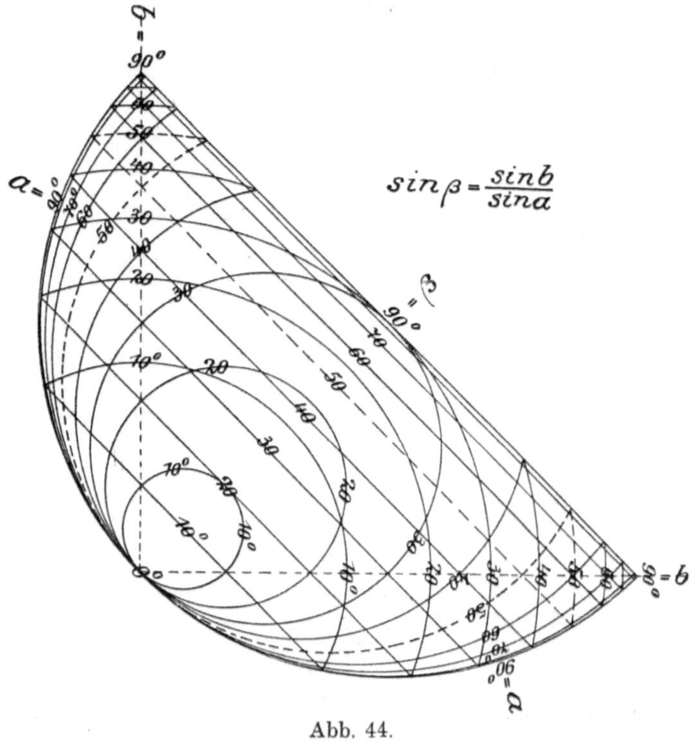

Abb. 44.

Eliminiert man aus diesen Gleichungen ξ und η, so erhält man die Gleichung (1).

Beispiel. Eine andere, bei der Berechnung von rechtwinkligen sphärischen Dreiecken vorkommende Gleichung ist

$$\sin\beta = \frac{\sin b}{\sin a} \qquad \text{oder} \qquad \sin\beta \sin a - \sin b = 0\,.$$

Durch die drei Gleichungen
$$\xi + \eta - \sin \beta = 0$$
$$\xi^2 + \eta^2 - (\xi + \eta) \sin a = 0$$
$$\xi^2 + \eta^2 - \sin b = 0$$

ist die in der Abb. 44 gezeichnete Tafel bestimmt. Auch bei dieser Tafel kann man eine der beiden Kreisscharen weglassen, und zwar die nach b bezifferte für jeden Fall, die andere dagegen nur dann, wenn stets der Wert von a gegeben ist.

Eine andere Tafelform für die Gleichung (1) ist bestimmt durch die drei Gleichungen

$$\frac{\xi}{\eta} - \varphi(x) = 0$$
$$\xi^2 + \eta^2 - \psi(y)\,\xi = 0$$
$$\xi^2 + \eta^2 - \chi(z)\,\eta = 0,$$

$$\cos\beta = \frac{tg\,c}{tg\,a}$$

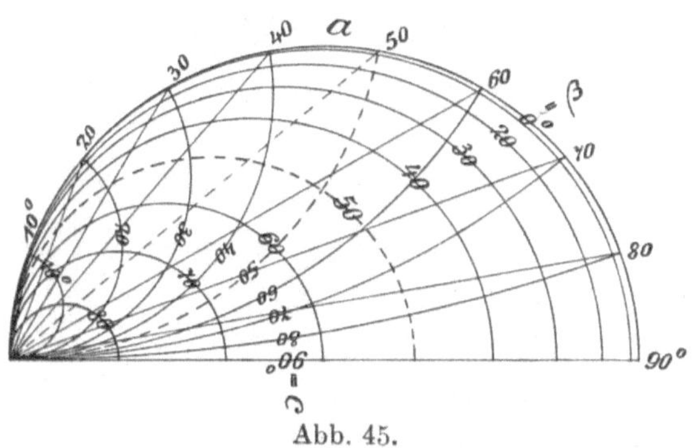

Abb. 45.

von denen die erste eine Geradenschar durch den Ursprung vorstellt, und die beiden anderen zwei Scharen von Kreisen durch den Ursprung mit den Mittelpunkten auf den Koordinatenachsen.

Beispiel. Eine ebenfalls bei der Berechnung von rechtwinkligen sphärischen Dreiecken eine Rolle spielende Gleichung ist die folgende

$$\cos \beta = \frac{tg\,c}{tg\,a} \qquad \text{oder} \qquad tg\,a \cos\beta - tg\,c = 0.$$

Bei ihr lauten die Gleichungen der drei Kurvenscharen

$$\frac{\xi}{\eta} - tg\,a = 0$$
$$\xi^2 + \eta^2 - \xi \cos\beta = 0$$
$$\xi^2 + \eta^2 - \eta\ tg\,c = 0.$$

Die Tafel ist in der Abb. 45 gezeichnet.

Wählt man für die Gleichungen der drei Kurvenscharen die folgenden

$$\frac{\eta}{\xi} - \frac{\sqrt{1 - \psi^2(y)}}{\psi(y)} = 0$$

$$\xi^2 + \eta^2 - \chi^2(z) = 0$$

$$\xi^2 + \eta^2 - \varphi(x)\,\xi = 0,$$

so besteht die dadurch bestimmte Tafel für die Gleichung (1) aus einer Geradenschar durch den Ursprung, einer Schar mittel-

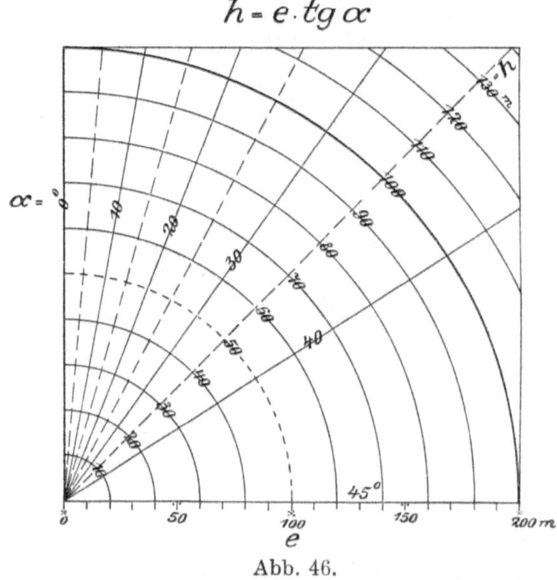

Abb. 46.

punktgleicher Kreise um den Ursprung und einer Schar von Kreisen durch den Ursprung mit den Mittelpunkten auf der Abszissenachse.

Beispiel. Für die schon oben benutzte Gleichung

$$h = e\,\mathrm{tg}\,\alpha \qquad \text{oder} \qquad e\,\mathrm{tg}\,\alpha - h = 0$$

haben die drei Kurvenscharen die Gleichungen

$$\frac{\eta}{\xi} - \frac{\sqrt{1 - \mathrm{tg}^2\,\alpha}}{\mathrm{tg}\,\alpha} = 0$$

$$\xi^2 + \eta^2 - h^2 = 0$$

$$\xi^2 + \eta^2 - e\,\xi = 0$$

Die entsprechende Tafel ist in der Abb. 46 angegeben, bei der die nach e bezifferten Kreise nicht gezeichnet sind; ihre Mittelpunktskala ist an der Abszissenachse angetragen.

Für Tafeln mit drei Geradenscharen wurde im § 3 gezeigt, wie man von einer bestimmten Stelle an die Genauigkeit durch

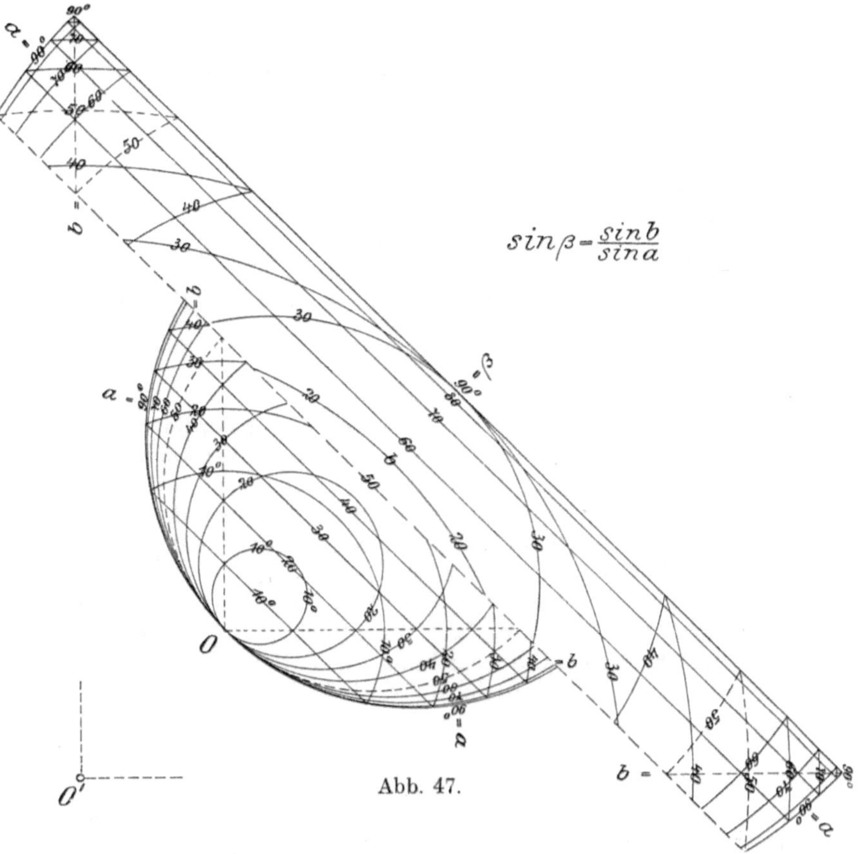

Abb. 47.

einen Wechsel im Maßstab der Koordinaten steigern kann; daß dies unter Umständen auch bei einer Kreisscharen enthaltenden Tafel in einfacher Weise möglich ist, zeigt die in der Abb. 47 gezeichnete Tafel. Die der Tafel zugrunde liegende Gleichung ist dieselbe wie die der Abb. 44, nämlich

$$\sin \beta = \frac{\sin b}{\sin a}.$$

Der Wechsel im Maßstab tritt bei der Tafel der Abb. 47 bei der mit $\beta = 50^0$ bezifferten Geraden ein. Der Maßstab für den zwischen $\beta = 50^0$ und $\beta = 90^0$ liegenden Teil der Tafel wurde doppelt so groß gewählt als derjenige für den zwischen $\beta = 0^0$ und $\beta = 50^0$ liegenden Teil; für den zuerst genannten Tafelteil liegt der Koordinatenursprung in O', für den anderen in O.

§ 6. Tafeln mit beweglichen Skalen.

Die in einer Tafel darzustellende Gleichung sei

$$F(x, y, z) = 0 \quad \dots \dots \dots \dots \quad (1)$$

Kann man sie auf die Form bringen

$$f_1(x, z) - f_2(x, y, z) = 0, \quad \dots \dots \dots \quad (2)$$

und setzt man $\quad z = \xi \quad$ und $\quad f_1(x, z) = \eta,$

so treten an die Stelle der einen Gleichung (1) die zwei Gleichungen

$$\eta = f_1(x, \xi) \quad \dots \dots \dots \dots \quad (3)$$

und

$$\eta = f_2(x, y, \xi) \quad \dots \dots \dots \dots \quad (4)$$

Betrachtet man ξ und η als rechtwinklige Koordinaten, und zeichnet man die beiden, einem gegebenen Wertepaar von x und y entsprechenden, durch die Gleichungen (3) und (4) bestimmten Kurven auf, so stellen die Abszissen der Schnittpunkte der beiden Kurven die im Sinne der Gleichung (1) zu x und y gehörigen Werte von ξ bzw. z vor.

Mit Rücksicht auf die Veränderlichkeit von x entspricht der Gleichung (3) eine einfach unendliche, nach x bezifferte Schar von Kurven. Die Gleichung (4) enthält zwei Veränderliche x und y; es entspricht ihr deshalb eine zweifach unendliche Schar von doppelt, nach x und y bezifferten Kurven.

Eine solche, durch die Gleichung (2) angedeutete Zerlegung der Gleichung (1) in die zwei Gleichungen (3) und (4) läßt sich am einfachsten dann zur Herstellung einer graphischen Tafel verwerten[1]), wenn die Gleichung (4) so beschaffen ist, daß jede Kurve der durch sie bestimmten Kurvenschar sich durch entsprechende Verschiebung der Kurve

$$\eta = f_2(\xi) \quad \dots \dots \dots \dots \quad (5)$$

im Koordinatensystem ergibt; man erhält dann die zu gegebenen Werten von x und y gehörige Kurve dadurch, daß man die

---

[1]) Eine andere Möglichkeit wird später bei den Tafeln mit beweglichen Teilen für Gleichungen mit vier Veränderlichen besprochen werden.

einmal auf einem durchsichtigen Stoff gezeichnete Kurve (5) den Werten x und y entsprechend auf das für die Zeichnung der Kurvenschar (3) benutzte Koordinatensystem legt; die Abszissen der Schnittpunkte dieser Kurve mit der dem gegebenen Wert von x entsprechenden Kurve der nach x bezifferten Kurvenschar (3) stellen dann die gesuchten Werte der dritten Veränderlichen z vor.

Kann man die Gleichung (1) auf die Form bringen

$$f_1(x, z) - f_2(y, z) = 0, \quad \ldots \ldots \ldots \quad (2')$$

so tritt an die Stelle der Gleichung (4) die folgende

$$\eta = f_2(y, \xi) \quad \ldots \ldots \ldots \ldots \quad (4')$$

Da diese Gleichung wie die Gleichung (3) nur eine Veränderliche enthält, so entspricht ihr ebenfalls eine einfach unendliche Kurvenschar, deren einzelne Kurven mit Hilfe einer auf einem durchsichtigen Stoff gezeichneten Kurve dargestellt werden können, wenn die Gleichung (4') so beschaffen ist, daß jede Kurve der Schar sich durch entsprechende Verschiebung der Kurve

$$\eta = f_2(\xi) \quad \ldots \ldots \ldots \ldots \quad (5)$$

im Koordinatensystem ergibt.

Die in der Gleichung (2') gegebene Form bedeutet im Vergleich mit derjenigen der Gleichung (2) insofern eine Vereinfachung, als bei ihr die Einstellung der auf einem durchsichtigen Stoff gezeichneten Kurve (5) mit Hilfe von nur einer Größe vorzunehmen ist.

Zu der Zerlegung von $F(x, y, z)$ entsprechend der Gleichung (2) ist noch zu bemerken, daß im allgemeinen verschiedene Zerlegungen dieser Art möglich sind.

Eine Tafel der angegebenen Art kann auch für den Fall benutzt werden, daß der Wert von z gegeben und der einer anderen Veränderlichen gesucht ist.

Beispiel[1]). Die quadratische Gleichung

$$x^2 + ax + b = 0$$

kann man in den vier verschiedenen Formen

$$(x^2 + ax) + b = 0$$
$$(x + a) + \frac{b}{x} = 0$$
$$(x^2 + b) + ax = 0$$
$$x^2 + (ax + b) = 0$$

schreiben; diesen entsprechen die im folgenden angegebenen Tafelformen.

---

[1]) Vgl. C. Reuschle, Graphisch-mechanischer Apparat zur Auflösung numerischer Gleichungen, Stuttgart 1885. Der Apparat dient zur Auflösung quadratischer und kubischer Gleichungen.

a) Setzt man in der Gleichung

$$(x^2 + ax) + b = 0$$

$$x = \xi \quad \text{und} \quad x^2 + ax = \eta,$$

so erhält man an ihrer Stelle die beiden Gleichungen

$$\eta = \xi^2 + a\xi$$

und

$$\eta + b = 0.$$

Der ersten Gleichung entspricht eine nach a bezifferte Parabelschar, der zweiten eine nach b bezifferte Geradenschar. Da einerseits die einzelnen

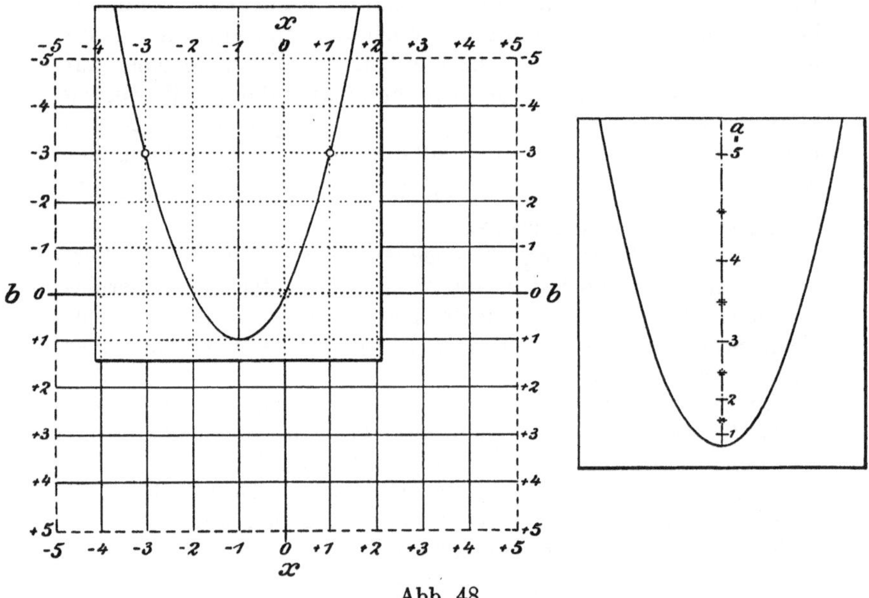

Abb. 48.

Kurven der ersten Kurvenschar kongruent zueinander sind, und da andererseits die zweite Kurvenschar bequemer zu zeichnen ist, so zeichnet man die nach runden Werten von b bezifferten Geraden der Geradenschar auf (Abb. 48); von der Parabelschar zeichnet man dagegen nur eine — durch die Gleichung $\eta = \xi^2$ bestimmte — Parabel auf einem durchsichtigen Stoff. Für die Einstellung der beweglichen Parabel auf a hat man zu beachten, daß ihre Achse parallel zur Ordinatenachse liegt, daß sie durch den Ursprung geht und von der Abszissenachse das Stück $(-a)$ abschneidet, und daß der Parabelscheitel die Koordinaten $\left(-\dfrac{a}{2}, -\dfrac{a^2}{4}\right)$ hat; die Einstellung geschieht deshalb entweder mit Hilfe des Abschnittes auf der Abszissenachse, für den man dann an dieser eine besondere Skala angibt, oder mit Hilfe der Ordinate des Parabelscheitels, für die man eine Skala auf der Parabelachse angeben kann (vgl. die Nebenabbildung).

In der Abbildung ist die Parabel entsprechend der Gleichung

$$x^2 + 2x - 3 = 0$$

für $a = 2$ gezeichnet; für die Schnittpunkte der Parabel mit der mit $b = -3$ bezifferten Geraden liest man mit Hilfe der nach x bezifferten Parallelen zur Ordinatenachse die Werte $x_1 = +1$ und $x_2 = -3$ ab.

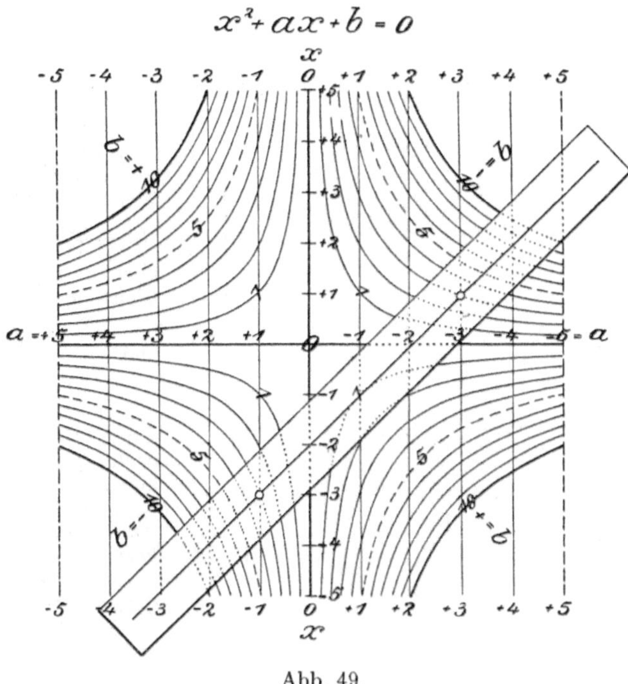

Abb. 49.

b) Setzt man in der Gleichung

$$(x + a) + \frac{b}{x} = 0$$

$$x = \xi \quad \text{und} \quad x + a = \eta,$$

so treten an ihre Stelle die beiden Gleichungen

$$\eta = \xi + a$$

und

$$\xi \eta + b = 0,$$

von denen die erste eine nach a bezifferte Geradenschar und die zweite eine nach b bezifferte Hyperbelschar vorstellt. Da die einzelnen Kurven der Hyperbelschar nicht kongruent zueinander sind, so ist die Zeichnung der ganzen Schar erforderlich (Abb. 49); die Geradenschar dagegen kann man durch eine auf einem durchsichtigen Stoff angegebene Gerade ersetzen. Beim Einstellen der Geraden hat man zu beachten, daß sie auf den Achsen die Stücke $\xi = -a$ und $\eta = +a$ abschneiden; die a-Skalen auf den beiden Achsen sind in der Abb. 49 entsprechend beziffert.

Die in der Abbildung angegebene Gerade entspricht der Gleichung

$$x^2 - 2x - 3 = 0;$$

ihre Schnittpunkte mit der mit -3 bezifferten Hyperbel ergeben die Werte

$$x_1 = -1$$

und

$$x_2 = +3.$$

c) Mit $x = \xi$ und $x^2 + b = \eta$ geht die Gleichung

$$(x^2 + b) + ax = 0$$

über in die beiden Gleichungen

$$\eta = \xi^2 + b$$

und

$$\eta + a\xi = 0,$$

von denen die erste durch eine Schar nach b bezifferter kongruenter Parabeln, und die zweite durch eine nach a bezifferte Schar von Ursprungs-Geraden dargestellt werden kann. Von der Geradenschar zeichnet man die nach runden Werten von a bezifferten Geraden; von der Parabelschar dagegen zeichnet man nur die durch die Gleichung

$$\eta = \xi^2$$

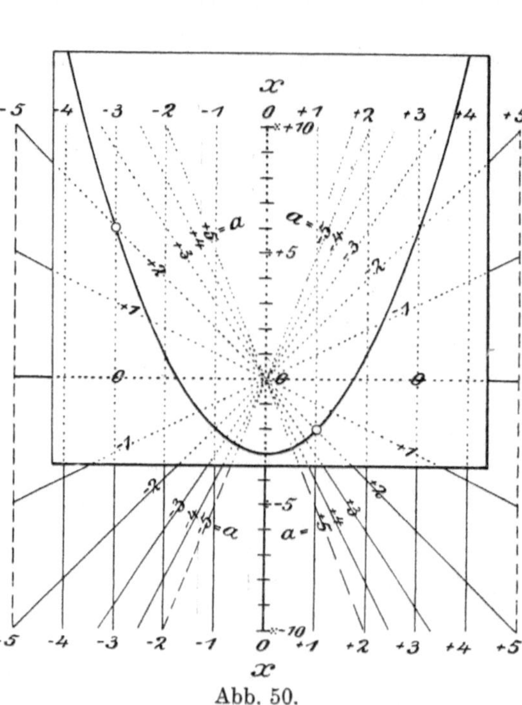

Abb. 50.

bestimmte Parabel auf einem durchsichtigen Stoff (Abb. 50). Die Einstellung der beweglichen Parabel über der Geradenschar geschieht mit Hilfe der an der Ordinatenachse angegebenen b-Skala derart, daß die Parabelachse mit der Ordinatenachse zusammenfällt.

Die in der Abbildung angegebene Parabel bezieht sich auf die Gleichung

$$x^2 + 2x - 3 = 0.$$

Bei der Abbildung wurde für die Ordinaten ein halb so großer Maßstab gewählt als für die Abszissen.

d) Setzt man endlich in der Gleichung

$$x^2 + (ax + b) = 0$$
$$x = \xi \quad \text{und} \quad x^2 = \eta,$$

so erhält man die zwei Gleichungen

$$\eta = \xi^2$$

und

$$\eta + a\xi + b = 0,$$

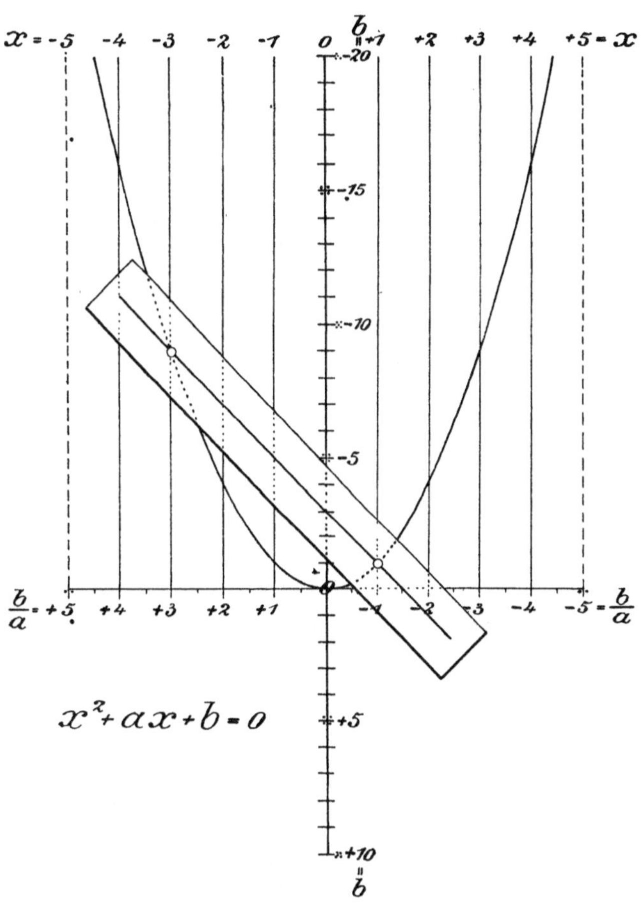

Abb. 51.

von denen die erste eine Parabel und die zweite eine zweifach unendliche Schar von Geraden vorstellt. Der feste Tafelteil besteht hier aus
nur einer Kurve, der durch die erste Gleichung bestimmten Parabel
(Abb. 51); der bewegliche Teil der Tafel ist dann eine auf einem durchsichtigen Stoff angegebene Gerade. Die Einstellung der beweglichen

Geraden auf gegebene Werte von a und b geschieht z. B. mit Hilfe ihrer Achsenabschnitte; man versieht dann die Koordinatenachsen mit nach $\frac{b}{a}$ bzw. b bezifferten Skalen. Die Ablesung der gesuchten Werte von x geschieht auch hier mit Hilfe einer Schar von Parallelen zur Ordinatenachse.

Die in der Abbildung eingezeichnete Lage der Geraden bezieht sich auf das Zahlenbeispiel $x^2 + 2x - 3 = 0$.

Von den vier, im vorstehenden behandelten Tafelformen verdienen hinsichtlich der Herstellung der Tafeln die an erster und letzter Stelle (Abb. 48 und 51) angegebenen gegenüber den beiden anderen den Vorzug.

Bei der in Abb. 51 gezeichneten Tafel würde es genügen, wenn man von den nach x bezifferten Parallelen zur Ordinatenachse nur die Schnittpunkte mit der festen Parabel angeben würde; die Kurve wäre dann der Träger einer nach x bezifferten Punktskala.

II. Tafeln mit bezifferten Punkten oder Tafeln mit Punktskalen.

§ 1. Allgemeines Verfahren zur Herstellung einer Tafel.

In ihrer allgemeinsten Form besteht eine Tafel mit Punktskalen für die Gleichung

$$z = f(x, y) \qquad \qquad (1)$$

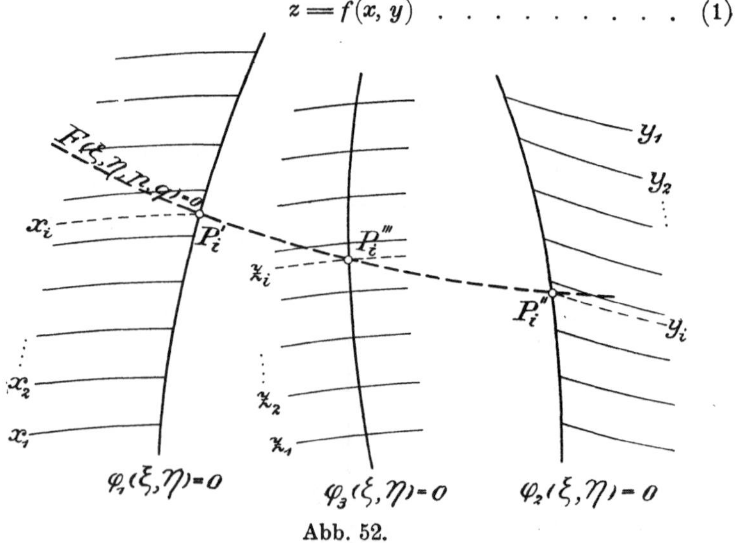

Abb. 52.

aus den drei auf den Kurven $\varphi_1(\xi, \eta) = 0$, $\varphi_2(\xi, \eta) = 0$ und $\varphi_3(\xi, \eta) = 0$ (Abb. 52) als Skalenträgern angetragenen Skalen für x, y und z; zusammengehörige Punkte — P_i', P_i'' und P_i''' — der drei Skalen sind dabei bestimmt durch eine Kurve

$F(\xi, \eta, p, q) = 0$, deren Gleichung infolge ihrer zweifach unendlich vielen Lagen zwei Parameter p und q enthält.

Die drei Punktskalen kann man sich entstanden denken als Schnittpunkte der drei Kurven $\varphi_1(\xi, \eta) = 0$, $\varphi_2(\xi, \eta) = 0$ und $\varphi_3(\xi, \eta) = 0$ mit je einer der Kurvenscharen $f_1(\xi, \eta, x) = 0$ bzw. $f_2(\xi, \eta, y) = 0$ bzw. $f_3(\xi, \eta, z) = 0$.

Aus den drei Paaren von Gleichungen

$$\left. \begin{array}{l} f_1(\xi, \eta, x) = 0 \\ \varphi_1(\xi, \eta) = 0 \end{array} \right\} \ (2') \qquad \left. \begin{array}{l} f_2(\xi, \eta, y) = 0 \\ \varphi_2(\xi, \eta) = 0 \end{array} \right\} \ (2'') \qquad \left. \begin{array}{l} f_3(\xi, \eta, z) = 0 \\ \varphi_3(\xi, \eta) = 0 \end{array} \right\} \ (2''')$$

erhält man für die Koordinaten der Punkte der drei Skalen

$$\left. \begin{array}{l} \xi = g_1(x) \\ \eta = h_1(x) \end{array} \right\} \ (\underline{2}') \quad \text{und} \quad \left. \begin{array}{l} \xi = g_2(y) \\ \eta = h_2(y) \end{array} \right\} \ (\underline{2}'') \quad \text{und} \quad \left. \begin{array}{l} \xi = g_3(z) \\ \eta = h_3(z) \end{array} \right\} \ (\underline{2}''')$$

Die Bedingungen dafür, daß die im folgenden als **Ablesekurve** bezeichnete Kurve[1]

$$F(\xi, \eta, p, q) = 0 \ . \ . \ . \ . \ . \ . \ . \ . \ (3)$$

durch je einen Punkt der drei Skalen geht, lauten

$$F(g_1(x), h_1(x), p, q) = 0$$
$$F(g_2(y), h_2(y), p, q) = 0$$

und
$$F(g_3(z), h_3(z), p, q) = 0$$

oder in abgekürzter Form

$$F_1(x, p, q) = 0 \ . \ . \ . \ . \ . \ . \ . \ . \ (4)$$
$$F_2(y, p, q) = 0 \ . \ . \ . \ . \ . \ . \ . \ . \ (5)$$

und
$$F_3(z, p, q) = 0 \ . \ . \ . \ . \ . \ . \ . \ . \ (6)$$

Soll die Ablesekurve durch je drei, in bezug auf die Gleichung (1) zusammengehörige Punkte der drei Skalen gehen, so muß die Elimination der beiden Parameter p und q aus den Gleichungen (4), (5) und (6) die Gleichung

$$z = f(x, y) \ . \ . \ . \ . \ . \ . \ . \ . \ . \ (1)$$

ergeben.

Mit Rücksicht auf den Gebrauch einer Tafel ist es von Wichtigkeit, daß die Ablesekurve in einfacher Weise darstellbar

---

[1] Die hier als „Ablesekurve" bezeichnete Kurve führt auch die Bezeichnungen „rapporteur" (G. Blum), „indicateur" (Ch. Lallemand), „index" (M. d'Ocagne), „Zeiger" (R. Mehmke).

ist; als Ablesekurve kommen demnach in Betracht zunächst die Gerade[1]) und sodann der Kreis[2]).

Soll die Ablesekurve eine Gerade sein, so hat sie eine Gleichung von der Form

$$p\,\xi + q\,\eta + 1 = 0 \quad\dots\dots\dots \quad (3')$$

Die Elimination der laufenden Koordinaten ξ und η aus der Gleichung $(3')$ und jedem der drei Gleichungspaare (2) ergibt an Stelle der Gleichungen (4), (5) und (6) die folgenden

$$p\,g_1(x) + q\,h_1(x) + 1 = 0 \quad\dots\dots\dots \quad (4')$$
$$p\,g_2(y) + q\,h_2(y) + 1 = 0 \quad\dots\dots\dots \quad (5')$$
$$p\,g_3(z) + q\,h_3(z) + 1 = 0 \quad\dots\dots\dots \quad (6')$$

Eliminiert man aus diesen drei Gleichungen die beiden Parameter p und q, so erhält man in Determinantenform die Gleichung

$$\begin{vmatrix} g_1(x) & h_1(x) & 1 \\ g_2(y) & h_2(y) & 1 \\ g_3(z) & h_3(z) & 1 \end{vmatrix} = 0 \quad\dots\dots\dots \quad (1')$$

Alle Gleichungen, die sich auf diese Form bringen lassen, können in einer Tafel mit drei Punktskalen dargestellt werden, bei der je drei zusammengehörige Punkte auf einer Geraden liegen.

In ähnlicher Weise kann man auch diejenige Gleichungsform bestimmen, für welche zusammengehörige Punkte je auf einem Kreis liegen.

Wenn es auch bei der Herstellung einer Tafel mit Rücksicht auf die Zeichnung von nur drei Kurven nicht von großer Bedeutung ist, ob die Skalenträger bequem zu zeichnende Kurven sind oder nicht, so wird man doch denjenigen Tafelformen den Vorzug geben, bei denen die Skalenträger gerade

---

[1]) Tafeln mit einer Geraden als Ablesekurve bezeichnet M. d'Ocagne als „abaques à points alignés" oder „abaques à alignement"; R. Mehmke benutzt die Bezeichnung „Tafeln mit fluchtrechten Punkten" oder „Fluchttafeln"; F. Schilling spricht von „kollinearen Rechentafeln".

Nach R. Mehmke stammt die erste Tafel dieser Art von A. F. Möbius 1841. Der allgemeine, diesen Tafeln zugrunde liegende Gedanke wurde von A. Adler 1886 und von M. d'Ocagne 1890 ausgesprochen.

[2]) Auf die Verwendung von nicht geradlinigen Ablesekurven haben zuerst hingewiesen A. Adler und E. Goedseels.

Tafeln mit Ablesekurven in Form von Kreisen mit veränderlichem Halbmesser hat zuerst N. Gercevanoff angewendet; er bezeichnet sie als „nomogrammes à points équidistants".

Linien oder Kreise sind; in den folgenden Paragraphen werden deshalb insbesondere die Formen derjenigen Gleichungen aufgestellt werden, für welche die Skalenträger einfach zu zeichnende Kurven sind.

§ 2. Tafeln mit einer Geraden als Ablesekurve und drei geradlinigen parallelen Skalenträgern.

Sind die Träger der drei, den Veränderlichen x, y und z entsprechenden Skalen parallele Geraden, und wählt man als Träger für die z-Skala die Ordinatenachse, so sind die drei Punktskalen bestimmt durch die drei Gleichungspaare

$$\left.\begin{array}{l} \eta = \varphi(x) \\ \xi = a \end{array}\right\} (2') \qquad \left.\begin{array}{l} \eta = \psi(y) \\ \xi = -b \end{array}\right\} (2'') \qquad \left.\begin{array}{l} \eta = \chi(z) \\ \xi = 0 \end{array}\right\} (2''')$$

Soll die Ablesekurve eine Gerade sein, so lautet deren Gleichung

$$\eta = m\,\xi + q \quad \ldots \ldots \ldots \ldots (3)$$

Eliminiert man aus der Gleichung (3) und jedem der drei Gleichungspaare (2) die laufenden Koordinaten ξ und η, so ergeben sich die Gleichungen

$$\varphi(x) = \quad am + q \quad \ldots \ldots \ldots (4)$$

$$\psi(y) = -\,bm + q \quad \ldots \ldots \ldots (5)$$

$$\chi(z) = \qquad\quad q \quad \ldots \ldots \ldots (6)$$

Durch Elimination der beiden Parameter m und q aus den drei Gleichungen (4), (5) und (6) erhält man die Gleichung[1]

$$b\,\varphi(x) + a\,\psi(y) - (a+b)\,\chi(z) = 0 \quad \ldots \ldots (1)$$

Alle Gleichungen von dieser — in bezug auf $\varphi(x)$, $\psi(y)$ und $\chi(z)$ linearen — Form können durch drei Punktskalen mit geradlinigen und parallelen Trägern in Verbindung mit einer Geraden als Ablesekurve dargestellt werden. Die schematische Form einer solchen Tafel zeigt die Abb. 53.

Beispiel.

$$z = \sqrt{x^2 + y^2}.$$

Um diese Gleichung mit der Gleichung (1) vergleichen zu können, schreibt man sie in der Form

$$x^2 + y^2 - 2\frac{z^2}{2} = 0.$$

---

[1] Man kann diese Gleichung auch in einfachster Weise auf Grund einer Proportion aus der Abb. 53 ablesen.

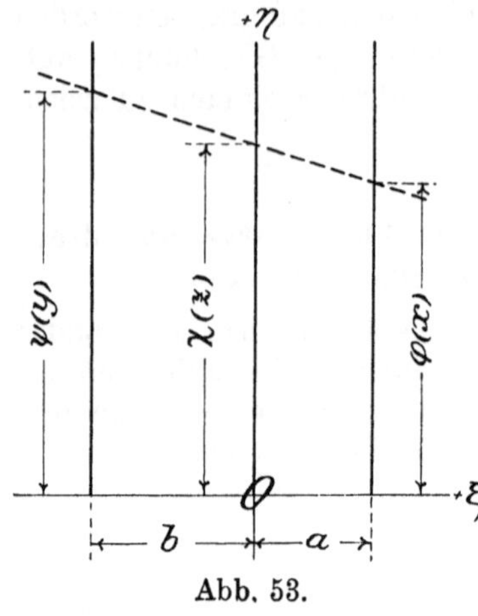

Abb. 53.

Man sieht dann, daß $a = b = 1$ ist, und daß die drei Skalen entsprechend den Gleichungen (2) bestimmt sind durch die Gleichungen

$$\left.\begin{array}{l} \eta = x^2 \\ \xi = 1 \end{array}\right\} \qquad \left.\begin{array}{l} \eta = y^2 \\ \xi = -1 \end{array}\right\} \qquad \left.\begin{array}{l} \eta = \dfrac{z^2}{2} \\ \xi = 0 \end{array}\right\}.$$

Bei der Aufzeichnung der Tafel (Abb. 54) hat man zu beachten, daß für die Abszissen und die Ordinaten verschiedene Maßstäbe gewählt werden dürfen. Das in der Abbildung angegebene Zahlenbeispiel bezieht sich auf die Werte $x = 8$, $y = 6$, und damit $z = 10$.

Als Ablesegerade benutzt man entweder einen Faden oder eine auf der Unterseite eines durchsichtigen Stoffes (Zelluloid, Pauspapier) angegebene Gerade; man kann die Ablesegerade auch mit der Kante eines gewöhnlichen Lineals herstellen, wenn man vorher die beiden durch die gegebenen Werte von zwei Veränderlichen bestimmte Skalenpunkte durch eingesteckte Nadeln bezeichnet, und auch den dem gesuchten Wert der dritten Veränderlichen entsprechenden Skalenpunkt mit einer Nadel festhält.

Auf die in (1) angegebene Gleichungsform lassen sich insbesondere Gleichungen bringen von der Form

$$\varphi(x)^{\overset{b}{}} \psi(y)^{\overset{a}{}} = \chi(z)^{\overset{n}{}} \quad . \quad (1')$$

Logarithmiert man diese Gleichung, so geht sie über in

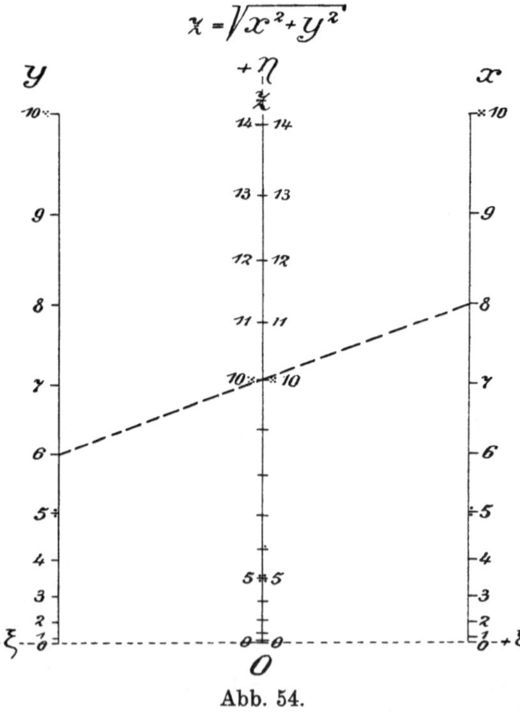

Abb. 54.

$$\log \overset{b}{\varphi}(x) + \log \overset{a}{\psi}(y) = \log \overset{n}{\chi}(z)$$

oder

$$b \log \varphi(x) + a \log \psi(y) = n \log \chi(z).$$

Zum Vergleich mit (1) kann man diese beiden Gleichungen auch folgendermaßen schreiben:

$$\log \overset{b}{\varphi}(x) + \log \overset{a}{\psi}(y) - 2 \frac{\log \overset{n}{\chi}(z)}{2} = 0$$

und

$$b \log \varphi(x) + a \log \psi(y) - (a+b) \frac{n \log \chi(z)}{a+b} = 0.$$

Diesen beiden Gleichungen entsprechend kann man für die Gleichungen (1') zwei verschiedene Tafeln herstellen.

1. Beispiel. Das einfachste, der Gleichung (1') entsprechende Beispiel ist die Gleichung

$$z = xy,$$

für die man durch Logarithmieren erhält

$$\log x + \log y - \log z = 0$$

oder in der Form der Gleichung (1)

$$\log x + \log y - 2 \frac{\log z}{2} = 0.$$

Die drei Skalen der Tafel (Abb. 55) sind bestimmt durch die Gleichungen

$$\eta = \log x \left.\right\} \quad \eta = \log y \left.\right\}$$
$$\xi = 1 \qquad \xi = -1$$

$$\eta = \frac{\log z}{2} \left.\right\}$$
$$\xi = 0$$

2. Beispiel. Eine bei tachymetrischen Messungen auftretende, bereits in den Abb. 35 und 36 dargestellte Gleichung ist

$$c = E \sin^2 \alpha.$$

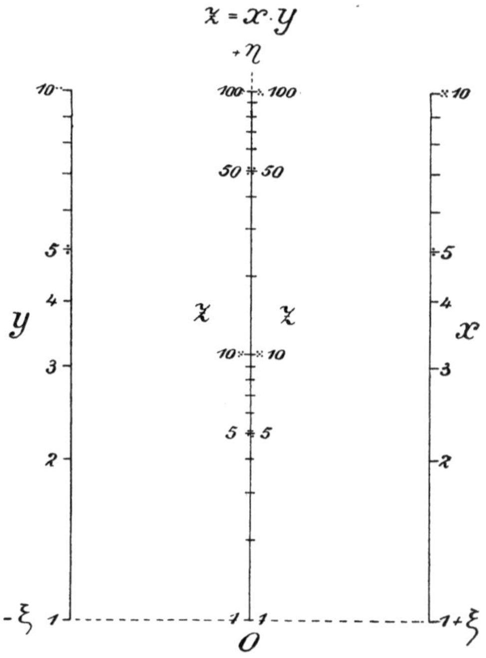

Abb. 55.

Durch Logarithmieren kann man sie auf eine der beiden Formen bringen

$$\log E + \log \sin^2 \alpha - \log c = 0$$

und

$$\log E + 2 \log \sin \alpha - \log c = 0$$

oder entsprechend der Gleichung (1)

$$\log E + \log \sin^2 \alpha - 2\,\frac{\log c}{2} = 0$$

und

$$\log E + 2 \log \sin \alpha - 3\,\frac{\log c}{3} = 0 .$$

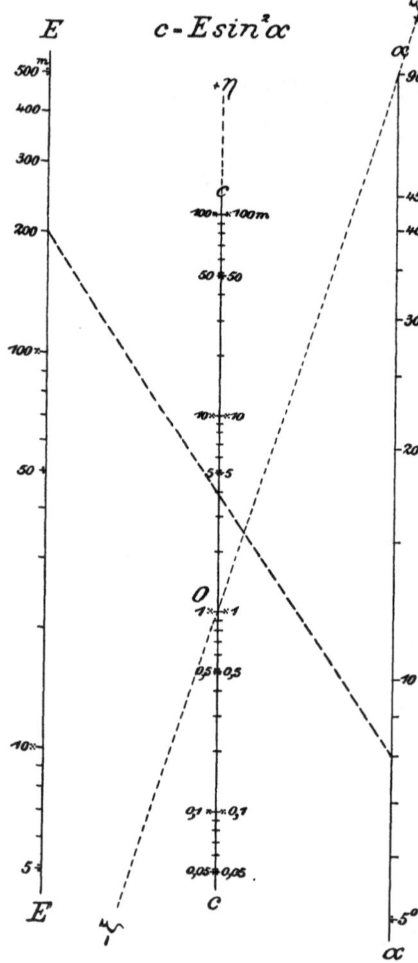

Abb. 56.

Bei der durch die erste Form bestimmten Tafel lassen sich die Skalen zeichnen auf Grund der drei Gleichungspaare

$$\eta = \log E \atop \xi = -1 \Big\} \qquad \eta = \log \sin^2 \alpha \atop \xi = +1 \Big\}$$

$$\eta = \frac{\log c}{2} \atop \xi = 0 \Big\} .$$

In der der zweiten Gleichungsform entsprechenden Tafel sind die drei Skalen bestimmt durch die Gleichungen

$$\eta = \log E \atop \xi = -2 \Big\} \qquad \eta = \log \sin \alpha \atop \xi = +1 \Big\}$$

$$\eta = \frac{\log c}{3} \atop \xi = 0 \Big\} .$$

Bei den die beiden Tafelformen darstellenden Abb. 56 und 57 wurde mit Rücksicht auf die Gestalt der Tafel je ein schiefwinkliges Koordinatensystem gewählt; der Ursprung O sowie die positiven Richtungen der Koordinatenachsen sind in beiden Abbildungen angegeben.

Das in beiden Abbildungen eingezeichnete Zahlenbeispiel bezieht sich auf die Werte $E = 200$ m und $\alpha = 8^0$, für die man $c = 3,9$ m abliest.

Bei einer Tafel der angegebenen Art für die Gleichung (1) müssen die drei auftretenden Skalen nicht in demselben Maßstab gezeichnet werden; es ist dies von Bedeutung, da unter Umständen eine Verschiedenheit der Maßstäbe erwünscht ist. Bei zwei von den drei Skalen kann man die Änderung des

Maßstabes beliebig vornehmen, über den Maßstab der dritten
Skala ist dann verfügt; eine Maßstabänderung kann man daher
nach Bedürfnis vornehmen entweder bei der x- und y-Skala
oder bei der z-Skala und einer der beiden anderen Skalen.
Im ersteren Fall nimmt die Gleichung (1) die Form an

$$\frac{b}{\mu_1}\,\mu_1\,\varphi\,(x) + \frac{a}{\mu_2}\,\mu_2\,\psi\,(y) - \left(\frac{a}{\mu_2} + \frac{b}{\mu_1}\right)\frac{\mu_1\,\mu_2\,(a+b)}{\mu_1\,a + \mu_2\,b}\,\chi\,(z) = 0\,;$$

im letzteren Fall geht sie über in

$$\frac{b}{\mu_1}\,\mu_1\,\varphi\,(x) + \left(\frac{a+b}{\mu_2} - \frac{b}{\mu_1}\right)\frac{\mu_1\,\mu_2\,a}{\mu_1\,a + (\mu_1 - \mu_2)\,b}\,\psi\,(y)$$

$$- \frac{a+b}{\mu_2}\,\mu_2\,\chi\,(z) = 0\,.$$

Für die erste dieser
beiden Gleichungen treten
an die Stelle der drei Gleichungspaare (2) die fol-
genden

$$\left.\begin{aligned}\eta - \mu_1\,\varphi\,(x) &= 0\\[4pt]\xi - \frac{a}{\mu_2}\quad &= 0\end{aligned}\right\}$$

$$\left.\begin{aligned}\eta - \mu_2\,\psi\,(y) &= 0\\[4pt]\xi + \frac{b}{\mu_1}\quad &= 0\end{aligned}\right\}$$

$$\left.\begin{aligned}\eta - \frac{\mu_1\,\mu_2\,(a+b)}{\mu_1\,a + \mu_2\,b}\,\chi\,(z) &= 0\\[4pt]\xi &= 0\end{aligned}\right\}$$

und für die zweite

$$\left.\begin{aligned}\eta - \mu_1\,\varphi\,(x)\quad &= 0\\[4pt]\xi - \left(\frac{a+b}{\mu_2} - \frac{b}{\mu_1}\right) &= 0\end{aligned}\right\}$$

$$\left.\begin{aligned}\eta - \frac{\mu_1\,\mu_2\,a}{\mu_1\,a + (\mu_1 - \mu_2)\,b}\,\psi\,(y) &= 0\\[4pt]\xi + \frac{b}{\mu_1}\qquad\qquad &= 0\end{aligned}\right\}$$

$$\left.\begin{aligned}\eta - \mu_2\,\chi\,(z) &= 0\\[4pt]\xi &= 0\end{aligned}\right\}.$$

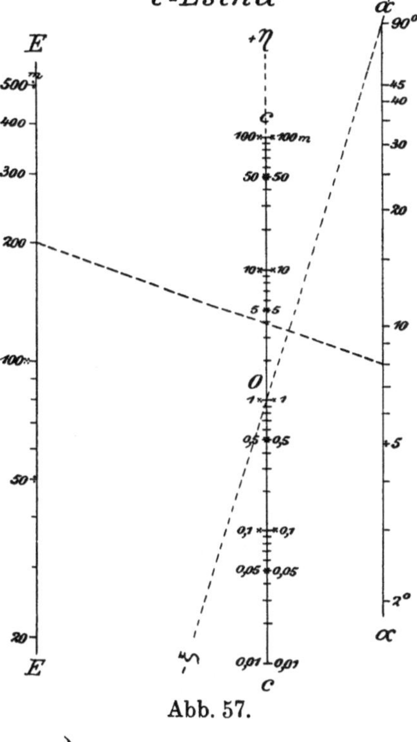

Abb. 57.

Beispiel. Logarithmiert man die Gleichung

$$y = s \sin \varphi ,$$

so nimmt sie zunächst die Form an

$$\log s + \log \sin \varphi - \log y = 0 .$$

Soll aus irgendeinem Grunde die s-Skala in einem mehrmals größeren Maßstab als die φ-Skala aufgezeichnet werden, so kann man z. B. schreiben

$$\frac{1}{2} \cdot 2 \log s + 2 \cdot \frac{1}{2} \log \sin \varphi - 2{,}5 \cdot \frac{2 \log y}{5} = 0 .$$

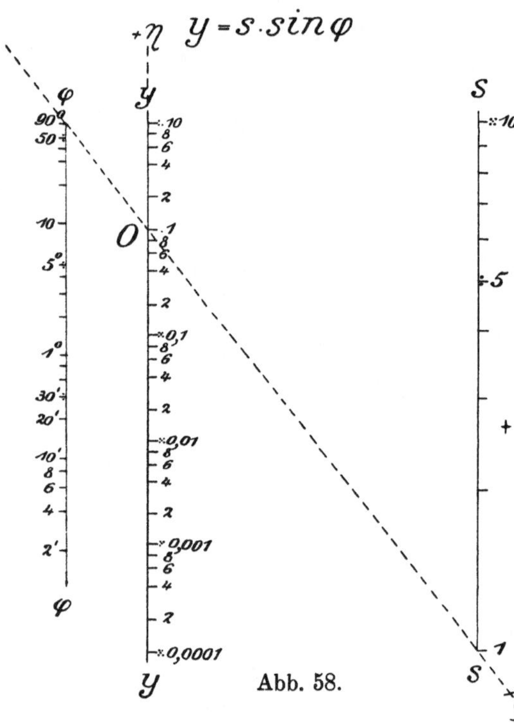

Abb. 58.

Für diese Gleichung sind die Skalen der Tafel bestimmt durch die drei Paare von Gleichungen

$$\left.\begin{aligned} \eta &= 2 \log s \\ \xi &= 2 \end{aligned}\right\}$$

$$\left.\begin{aligned} \eta &= \frac{1}{2} \log \sin \varphi \\ \xi &= -\frac{1}{2} \end{aligned}\right\}$$

$$\left.\begin{aligned} \eta &= \frac{2 \log y}{5} \\ \xi &= 0 \end{aligned}\right\} .$$

In der Abb. 58 ist diese Tafel gezeichnet, wobei mit Rücksicht auf eine günstige Gestalt ein schiefwinkliges Koordinatensystem gewählt wurde.

Soll aus einem bestimmten Grunde die y-Skala in einem möglichst großen Maßstab gezeichnet werden, so kann man die logarithmierte · Gleichung z. B. in der Form schreiben

$$\log s - \left(-\frac{1}{2}\right) 2 \log \sin \varphi - \frac{1}{2} 2 \log y = 0 .$$

Die Skalen der Tafel sind bei dieser Gleichung bestimmt durch die drei Gleichungspaare

$$\left.\begin{aligned} \eta &= \log s \\ \xi &= \frac{1}{2} \end{aligned}\right\} \qquad \left.\begin{aligned} \eta &= -2 \log \sin \varphi \\ \xi &= 1 \end{aligned}\right\} \qquad \left.\begin{aligned} \eta &= 2 \log y \\ \xi &= 0 \end{aligned}\right\} .$$

Die Tafel ist in der Abb. 59 gezeichnet, bei der ein rechtwinkliges Koordinatensystem benutzt werden konnte.

Wenn es die Ablesegenauigkeit einer Tafel erfordert, so kann man unter Umständen einen Wechsel im Maßstab bei einer Skala oder bei allen drei Skalen vornehmen.

Beispiel. Bei der in der Abb. 54 für die Funktion

$$z^2 = x^2 + y^2$$

gezeichneten Tafel zeigt sich, daß am Anfang der Skalen die Abstände der Skalenpunkte sehr klein sind; in der Abb. 60 ist für diese Funktion

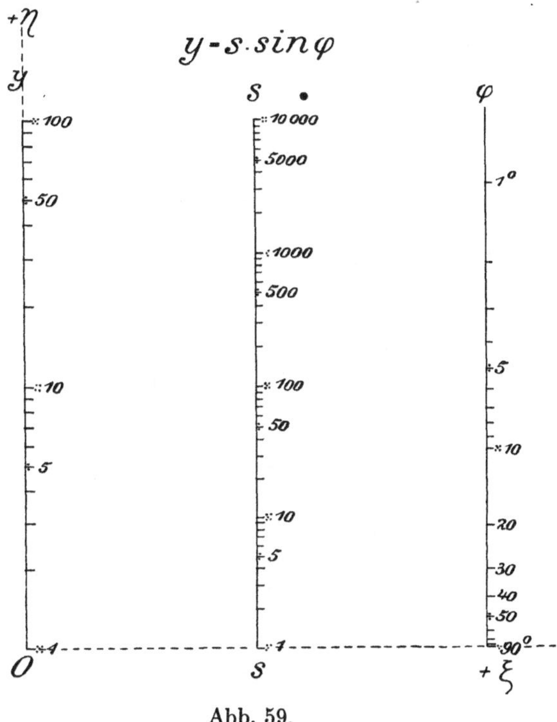

Abb. 59.

eine Tafel angegeben, bei der jenem Umstande Rechnung getragen wurde, indem bei der x- und y-Skala je für den ersten, bis zum Punkt 5 reichenden Teil ein dreimal so großer Maßstab gewählt wurde als für den übrigen Teil. Von den mit 5 bezifferten Punkten an entspricht die Tafel ganz derjenigen der Abb. 54; der Koordinatenursprung für diesen Tafelteil ist O_1.

Führt man den Wechsel im Maßstab nur bei der x-Skala aus, so nimmt die Gleichung die Form an

$$\frac{1}{3}\, 3\, x^2 + y^2 - \frac{4}{3}\, \frac{3\, z^2}{4} = 0\, ;$$

die drei Skalen sind dann bestimmt durch die drei Gleichungspaare

$$\left.\begin{aligned}\eta &= 3\,x^2\\ \xi &= 1\end{aligned}\right\} \qquad \left.\begin{aligned}\eta &= y^2\\ \xi &= -\tfrac{1}{3}\end{aligned}\right\} \qquad \left.\begin{aligned}\eta &= \frac{3\,z^2}{4}\\ \xi &= 0\end{aligned}\right\}.$$

Da der Maßstab für die Ordinaten ein anderer sein kann als für die Abszissen, so wählt man den Ursprung O_2 derart, daß die y-Skala und die Trägergerade der x-Skala dieselben sind wie bei dem vom Ursprung O_1 aus gezeichneten Teil der Tafel.

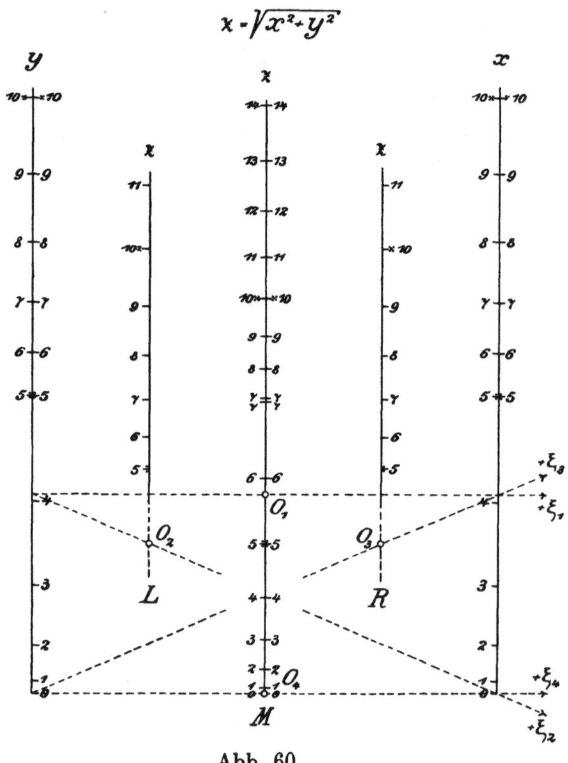

Abb. 60.

Einem Wechsel im Maßstab nur bei der y-Skala entspricht die Gleichungsform

$$x^2 + \frac{1}{3}\,3\,y^2 - \frac{4}{3}\,\frac{3\,z^2}{4} = 0;$$

die drei die Skalen bestimmenden Gleichungspaare sind dabei

$$\left.\begin{aligned}\eta &= x^2\\ \xi &= \tfrac{1}{3}\end{aligned}\right\} \qquad \left.\begin{aligned}\eta &= 3\,y^2\\ \xi &= -1\end{aligned}\right\} \qquad \left.\begin{aligned}\eta &= \frac{3\,z^2}{4}\\ \xi &= 0\end{aligned}\right\}.$$

Wählt man den Ursprung wieder derart, daß die x-Skala und die Trägergerade der y-Skala von dem von O_1 aus gezeichneten Tafelteil bei-
behalten werden können, so kommt der Ursprung in den Punkt O_3 zu
liegen.

Dem Maßstabwechsel bei der x- und y-Skala endlich genügt die
Gleichung

$$\frac{1}{3}\,3\,x^2 + \frac{1}{3}\,3\,y^2 - \frac{2}{3}\,\frac{3\,z^2}{2} = 0,$$

welche wieder die in der
Abb. 54 dargestellte Form
zeigt. Der dieser Gleichung
entsprechende Koordinatenursprung ist O_4.

Bei der Benutzung der
Tafel muß man je nach
der Lage der gegebenen
Werte von x und y den
gesuchten Wert von z an
einer der drei, mit M, R
und L bezeichneten Skalen
ablesen. Liegt x zwischen
0 und 5 und y zwischen
$\begin{Bmatrix} 0 \text{ und } 5 \\ 5 \text{ und } 10 \end{Bmatrix}$, so hat man

z an der Skala $\begin{Bmatrix} M \\ L \end{Bmatrix}$ abzulesen; liegt dagegen x
zwischen 5 und 10 und y
zwischen $\begin{Bmatrix} 0 \text{ und } 5 \\ 5 \text{ und } 10 \end{Bmatrix}$, so
findet man den Wert von z
an der Skala $\begin{Bmatrix} R \\ M \end{Bmatrix}$. Für
den Gebrauch kann man
zur Erhöhung der Über-
sichtlichkeit der Tafel eine
übereinstimmende Bema-
lung der zusammengehöri-
gen Skalen vornehmen; in
der Abbildung wurde die Zu-
sammengehörigkeit durch die Ausdehnung der Skalenstriche angedeutet.

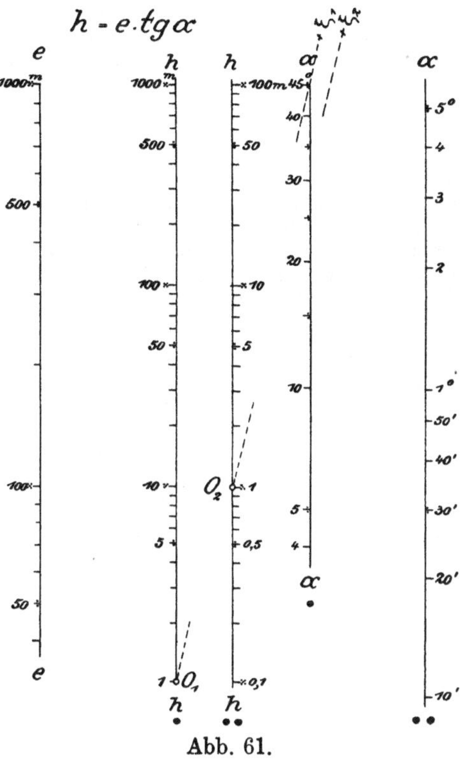

Abb. 61.

Manchmal tritt der Fall ein, daß die Grenzen für die eine
Veränderliche eine sehr lange Skala für diese erfordern; man
kann dann die lange Skala einmal oder mehrmals abbrechen,
und die dadurch entstehenden einzelnen Tafelstücke aneinander
zeichnen, wobei man unter jedesmaliger Verlegung des Koordinatenursprungs die kurze Skala für die andere Veränderliche
nur einmal angibt. Da die Aufzeichnung der einzelnen Skalen-
stücke einer solchen Tafel von dem jeweiligen Ursprung aus
Schwierigkeiten begegnet, so führt man sie in der Weise aus,

daß man für runde Werte der Veränderlichen die entsprechenden Funktionswerte berechnet[1]).

Beispiel. Eine Funktion der angegebenen Art ist die schon mehrfach benutzte

$$h = e \, \text{tg} \, \alpha$$

oder

$$\log e + \log \text{tg} \, \alpha - \log h = 0,$$

bei der eine im Vergleich zur e-Skala lange Skala für α auftritt. In der Abb. 61 ist für die vorliegende Gleichung eine Tafel gezeichnet, bei der die α-Skala und damit auch die h-Skala abgebrochen wurde. Die zusammengehörigen Stücke der α- und der h-Skala wurden durch beigesetzte Punkte kenntlich gemacht; besser kann man die Zusammengehörigkeit durch Anwendung verschiedener Farben bei der Zeichnung oder durch entsprechende Bemalung der Skalen andeuten. Man könnte auch, wenn damit ein Vorteil für die Rechnung verbunden ist, für die beiden Stücke der α-Skala und damit für die beiden Stücke der h-Skala verschiedene Maßstäbe wählen. Wählt man — wie dies bei der Tafel der Abb. 61 geschehen ist — für die ganze α-Skala denselben Maßstab, so könnte man auch für die beiden Stücke der α-Skala und damit auch der h-Skala dieselben Trägergeraden wählen und die Skalen zu beiden Seiten der Geraden angeben.

§ 3. Tafeln mit einer Geraden als Ablesekurve und geradlinigen Skalenträgern, von denen zwei parallel sind.

Wählt man bei geradlinigen Skalenträgern, von denen zwei parallel sein sollen, für die beiden parallelen Träger die z- und die x-Skala, und nimmt man als Träger für die letztere die Ordinatenachse an, so sind die drei Punktskalen bestimmt durch die drei Gleichungspaare

$$\left. \begin{array}{l} \eta = \varphi(x) \\ \xi = 0 \end{array} \right\} (2') \qquad \left. \begin{array}{l} \xi = \psi(y) \\ \eta = b\xi + c \end{array} \right\} (2'') \qquad \left. \begin{array}{l} \eta = -\chi(z) \\ \xi = a \end{array} \right\} . (2''')$$

Soll die Ablesekurve eine Gerade sein, so hat sie die Gleichung

$$\eta = m\xi + q \ldots \ldots \ldots \ldots (3)$$

Die Elimination der laufenden Koordinaten ξ und η aus der Gleichung (3) und jedem der drei Gleichungspaare (2) ergibt die Gleichungen

$$\varphi(x) = \qquad q \ldots \ldots \ldots (4)$$

$$b\psi(y) + c = m\psi(y) + q \ldots \ldots (5)$$

$$-\chi(z) = am \quad + q \ldots \ldots (6)$$

---

[1]) Ist die verlangte Genauigkeit sehr groß, so muß man die Tafel in einzelne Teile zerlegen, die man auf verschiedenen Seiten anordnet; vgl. P. Werkmeister, Graphische Tachymetertafel. Konrad Wittwer, Stuttgart.

Eliminiert man aus diesen drei Gleichungen die beiden Parameter m und q, so erhält man die Gleichung

$$a\,\varphi(x) - \psi(y)\{\varphi(x) + \chi(z) + ab\} - ac = 0 \quad . \quad . \quad (1)$$

Für alle Gleichungen von dieser Form kann man eine aus drei Punktskalen mit geradlinigen Trägern der angegebenen Art bestehende Tafel herstellen, bei der zusammengehörige Skalenpunkte je auf einer Geraden liegen.

Wählt man als Trägergerade für die y-Skala die Abszissenachse (Abb. 62), so sind die Skalen festgelegt durch die Gleichungen

$$\left.\begin{array}{l} \eta = \varphi(x) \\ \xi = 0 \end{array}\right\} \qquad \left.\begin{array}{l} \xi = \psi(y) \\ \eta = 0 \end{array}\right\}$$

$$\left.\begin{array}{l} \eta = -\chi(z) \\ \xi = a \end{array}\right\}.$$

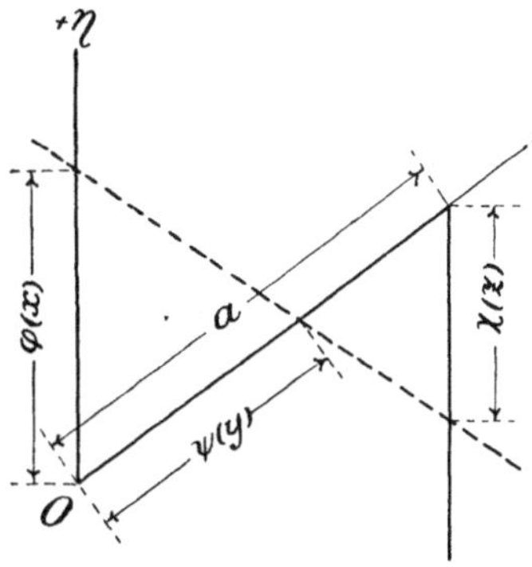

An die Stelle der Gleichung (1) tritt dann die Gleichung[1]

Abb. 62.

$$a\,\varphi(x) - \psi(y)\{\varphi(x) + \chi(z)\} = 0 . \quad . \quad . \quad . \quad . \quad (1')$$

Auf diese Form kann man insbesondere die Gleichung

$$z = xy \quad . \quad . \quad . \quad . \quad . \quad . \quad . \quad . \quad . \quad (7)$$

bringen; sie lautet dann

$$x - \frac{1}{1+y}\{x+z\} = 0. \quad . \quad . \quad . \quad . \quad . \quad (7')$$

Für diese lassen sich die drei Skalen herstellen auf Grund der Gleichungen

$$\left.\begin{array}{l} \eta = x \\ \xi = 0 \end{array}\right\} \qquad \left.\begin{array}{l} \xi = \dfrac{1}{1+y} \\ \eta = 0 \end{array}\right\} \qquad \left.\begin{array}{l} \eta = -z \\ \xi = 1 \end{array}\right\}.$$

Beispiel. Eine schon oben benutzte, in der sphärischen Trigonometrie eine Rolle spielende Gleichung ist

$$\sin b = \sin a \sin \beta.$$

Vergleicht man sie mit der Gleichung (7), so sieht man, daß bei ihr die Skalen bestimmt sind durch die Gleichungspaare

---

[1] Man kann diese Gleichung auch in einfachster Weise auf Grund einer Proportion aus der Abb. 62 ablesen.

$$\left.\begin{aligned} \eta &= \sin a \\ \xi &= 0 \end{aligned}\right\} \qquad \left.\begin{aligned} \xi &= \frac{1}{1+\sin\beta} \\ \eta &= 0 \end{aligned}\right\} \qquad \left.\begin{aligned} \eta &= -\sin b \\ \xi &= 1 \end{aligned}\right\}.$$

Die Tafel ist unter Zugrundelegung eines rechtwinkligen Koordinatensystems mit dem Ursprung O in der Abb. 63 dargestellt, bei der für die Abszissen ein zweimal so großer Maßstab gewählt wurde als für die Ordinaten.

Wenn es die Form der Skalen erfordert, so kann man auch für die auf dem nicht parallelen Träger anzutragende Skala und eine der beiden anderen Skalen einen vom Maßstab der dritten Skala abweichenden Maßstab wählen; man schreibt zu

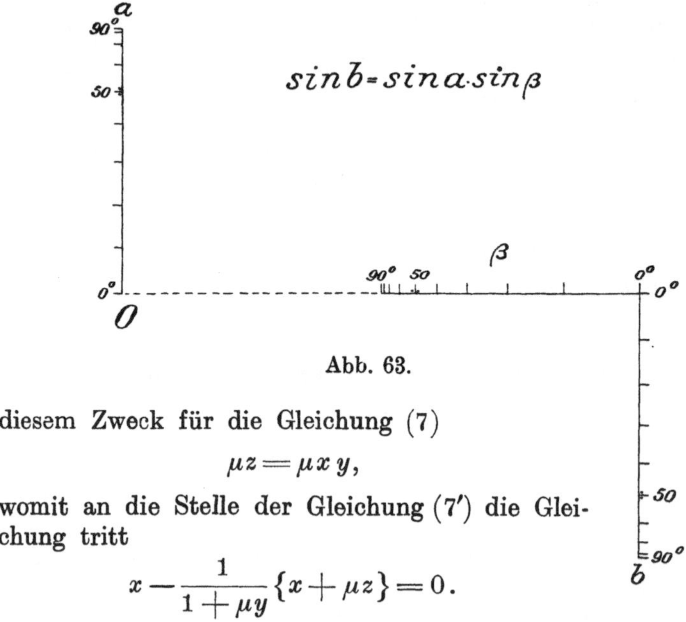

Abb. 63.

diesem Zweck für die Gleichung (7)

$$\mu z = \mu x y,$$

womit an die Stelle der Gleichung (7′) die Gleichung tritt

$$x - \frac{1}{1+\mu y}\{x+\mu z\} = 0.$$

Die für die Herstellung der Skalen erforderlichen Gleichungen lauten dann

$$\left.\begin{aligned} \eta &= x \\ \xi &= 0 \end{aligned}\right\} \qquad \left.\begin{aligned} \xi &= \frac{1}{1+\mu y} \\ \eta &= 0 \end{aligned}\right\} \qquad \left.\begin{aligned} \eta &= -\mu z \\ \xi &= 1 \end{aligned}\right\}.$$

Beispiel. Schreibt man die Gleichung

$$c = E \sin^2 \alpha$$

in der Form

$$\mu c = \mu E \sin^2 \alpha,$$

so zeigt sich, daß für sie
die Skalen bestimmt sind
durch die Gleichungspaare

$$\left.\begin{array}{l} \eta = \sin^2\alpha \\ \xi = 0 \end{array}\right\}$$

$$\left.\begin{array}{l} \xi = \dfrac{1}{1+\mu E} \\ \eta = 0 \end{array}\right\}$$

$$\left.\begin{array}{l} \eta = -\mu c \\ \xi = 1 \end{array}\right\}.$$

Wählt man $\mu = \dfrac{1}{100}$, so
erhält man die in der
Abb. 64 in einem recht-
winkligen Koordinaten-
system gezeichnete Tafel.

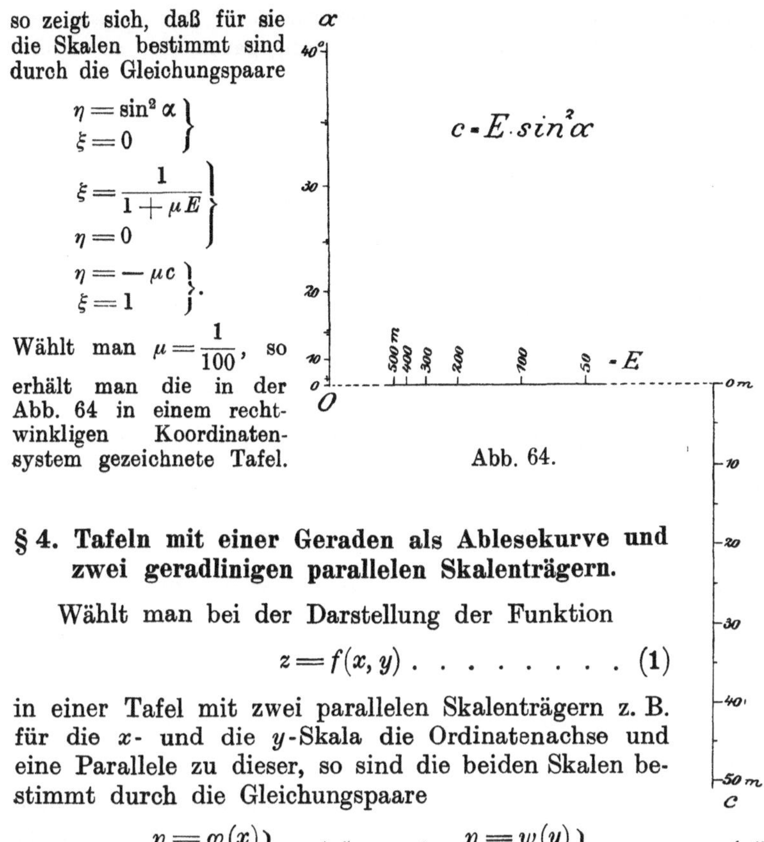

Abb. 64.

§ 4. Tafeln mit einer Geraden als Ablesekurve und zwei geradlinigen parallelen Skalenträgern.

Wählt man bei der Darstellung der Funktion

$$z = f(x, y) \quad \ldots \ldots \ldots \quad (1)$$

in einer Tafel mit zwei parallelen Skalenträgern z. B.
für die x- und die y-Skala die Ordinatenachse und
eine Parallele zu dieser, so sind die beiden Skalen bestimmt durch die Gleichungspaare

$$\left.\begin{array}{l} \eta = \varphi(x) \\ \xi = 0 \end{array}\right\} \cdot (2') \quad \text{und} \quad \left.\begin{array}{l} \eta = \psi(y) \\ \xi = 1 \end{array}\right\} \ldots \ldots (2'')$$

Die dritte Skala sei bestimmt durch die beiden Gleichungen

$$\left.\begin{array}{l} f_3(\xi, \eta, z) = 0 \\ \varphi_3(\xi, \eta) = 0 \end{array}\right\}$$

aus denen sich ergeben möge

$$\left.\begin{array}{l} \xi = g_3(z) \\ \eta = h_3(z) \end{array}\right\} \cdot \ldots \ldots \ldots \ldots (2''')$$

wobei man rückwärts die Gleichung $\varphi_3(\xi, \eta) = 0$ des Skalenträgers durch Elimination der Veränderlichen z aus den Gleichungen $(2''')$ erhält.

Soll die Ablesekurve eine Gerade sein, so hat sie die
Gleichung

$$\eta = m\xi + q \cdot \ldots \ldots \ldots \ldots (3)$$

Eliminiert man die laufenden Koordinaten ξ und η aus der Gleichung (3) und jedem der Gleichungspaare (2), so erhält man die Gleichungen

$$\varphi(x) = \qquad\qquad q \quad\dots\dots\dots \quad (4)$$

$$\psi(y) = m \qquad + q \quad\dots\dots\dots \quad (5)$$

$$h_3(z) = m g_3(z) + q \quad\dots\dots\dots \quad (6)$$

Die Elimination der beiden Parameter m und q aus den drei Gleichungen (4), (5) und (6) ergibt für diejenige Form der Gleichung (1), die sich in einer Tafel mit geradliniger Ablesekurve und zwei parallelen Skalenträgern darstellen läßt, die folgende

$$\varphi(x)\,g_3(z) - \psi(y)\,g_3(z) - \varphi(x) + h_3(z) = 0$$

oder
$$\varphi(x)\left\{ g_3(z) - 1 \right\} - \psi(y)\,g_3(z) + h_3(z) = 0$$

oder in allgemeinerer Form

$$\varphi(x) + \psi(y)\,\chi_1(z) + \chi_2(z) = 0 \quad\dots\dots \quad (1')$$

Für diese Gleichung treten an Stelle der Gleichungen (2''') die folgenden

$$\left.\begin{aligned} \xi &= \frac{\chi_1(z)}{1 + \chi_1(z)} \\[2mm] \eta &= -\frac{\chi_2(z)}{1 + \chi_1(z)} \end{aligned}\right\}.$$

Die schematische Form einer solchen Tafel zeigt die Abb. 65.

1. Beispiel. Die allgemeine Form der Gleichung zweiten Grades ist

$$x^2 + a x + b = 0.$$

Schreibt man diese Gleichung in der Form
$$b + a x + x^2 = 0$$

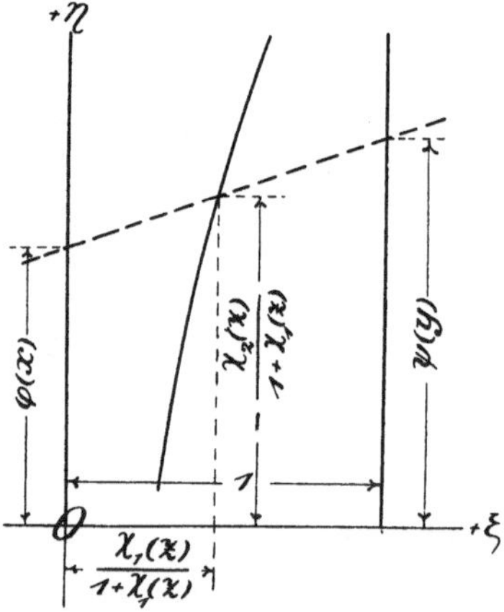

Abb. 65.

und vergleicht sie dann mit der Gleichung (1'), so sieht man, daß für sie auf den parallelen Skalenträgern die nach b und a bezifferten Skalen anzutragen sind; die den Gleichungen (2) entsprechenden, zur Herstellung der Skalen erforderlichen Gleichungen lauten dann

$$\left.\begin{aligned}\eta &= b \\[2mm] \xi &= 0\end{aligned}\right\} \qquad \left.\begin{aligned}\eta &= a \\[2mm] \xi &= 1\end{aligned}\right\} \qquad \left.\begin{aligned}\xi &= \frac{x}{1+x} \\[2mm] \eta &= -\frac{x^2}{1+x}\end{aligned}\right\}.$$

Die Elimination von x aus dem die x-Skala bestimmenden Gleichungspaar ergibt für die Gleichung des Trägers dieser Skala die Gleichung einer Hyperbel, nämlich

$$\xi^2 - \xi\eta + \eta = 0.$$

Die so bestimmte Tafel ist in der Abb. 66[1]) mit Benutzung eines rechtwinkligen Koordinatensystems mit dem Ursprung O gezeichnet; für die

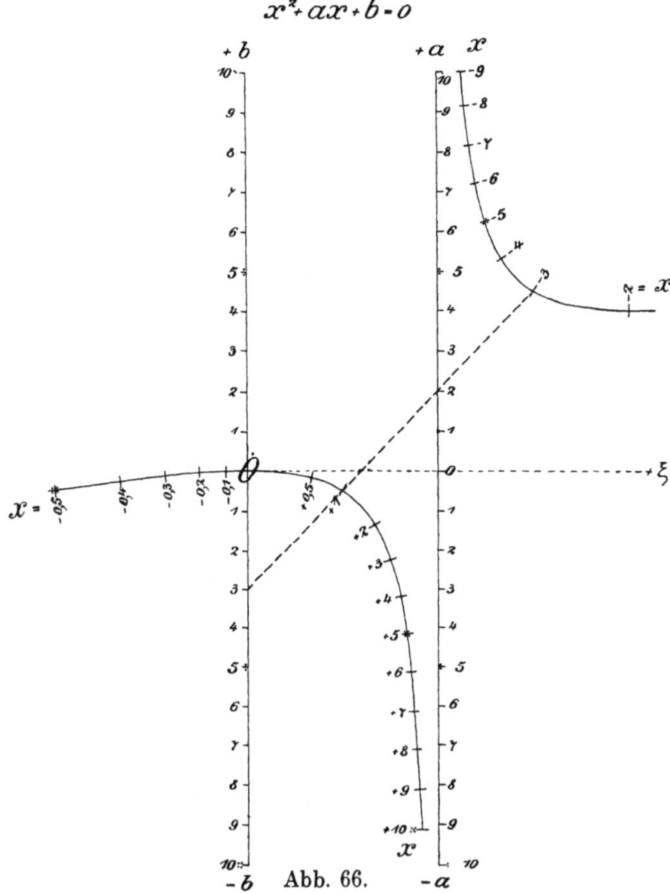

Abszissen wurde dabei ein fünfmal größerer Maßstab gewählt als für die Ordinaten. Die eingezeichnete Ablesegerade bezieht sich auf das Beispiel

$$x^2 + 2x - 3 = 0,$$

für das man mit $a = +2$ und $b = -3$ findet $x_1 = +1$ und $x_2 = -3$.

---

[1]) Diese Tafel zur Auflösung von quadratischen Gleichungen stammt von **M. d'Ocagne**.

2. **Beispiel.** Eine typische goniometrische Gleichung ist

$$\sin \varphi + b \cos \varphi + a = 0.$$

Soll für diese in der Form mit der Gleichung (1') übereinstimmende Gleichung eine Tafel hergestellt werden, so hat man auf den parallelen Trägern die a- und die b-Skala anzutragen; als Gleichungen zur Herstellung der Skalen hat man dann

$$\left.\begin{aligned} \eta &= a \\ \xi &= 0 \end{aligned}\right\} \qquad \left.\begin{aligned} \eta &= b \\ \xi &= 1 \end{aligned}\right\} \qquad \left.\begin{aligned} \xi &= \frac{\cos \varphi}{1 + \cos \varphi} \\ \eta &= -\frac{\sin \varphi}{1 + \cos \varphi} \end{aligned}\right\}.$$

Abb. 67.

Eliminiert man aus den beiden letzten Gleichungen die Veränderliche φ, so findet man, daß der Träger der φ-Skala eine Parabel ist mit der Gleichung

$$\eta^2 + 2\xi - 1 = 0.$$

In der Abb. 67 ist die Tafel unter Zugrundelegung eines rechtwinkligen Koordinatensystems gezeichnet, wobei für die Abszissen ein doppelt so großer Maßstab gewählt wurde als für die Ordinaten.

Wie man unter Umständen bei einer Tafel der vorliegenden Art einen Wechsel im Maßstab der nicht geraden Skala eintreten lassen kann, zeigt die in der Abb. 68 angegebene, ebenfalls auf die Gleichung

$$\sin \varphi + b \cos \varphi + a = 0$$

sich beziehende Tafel; bei dieser wurde bei den zwischen 0 und 90 Grad bzw. 270 und 360 Grad liegenden Werten des Winkels φ für die Ab-

szissen ein zweimal so großer Maßstab gewählt als bei den übrigen
Werten. Die a-Skala ist für beide Tafelteile gemeinsam; die zweite
b-Skala und der zu ihr gehörige Teil der nach φ bezifferten Skala sind
durch eine leichte Bemalung gekennzeichnet.

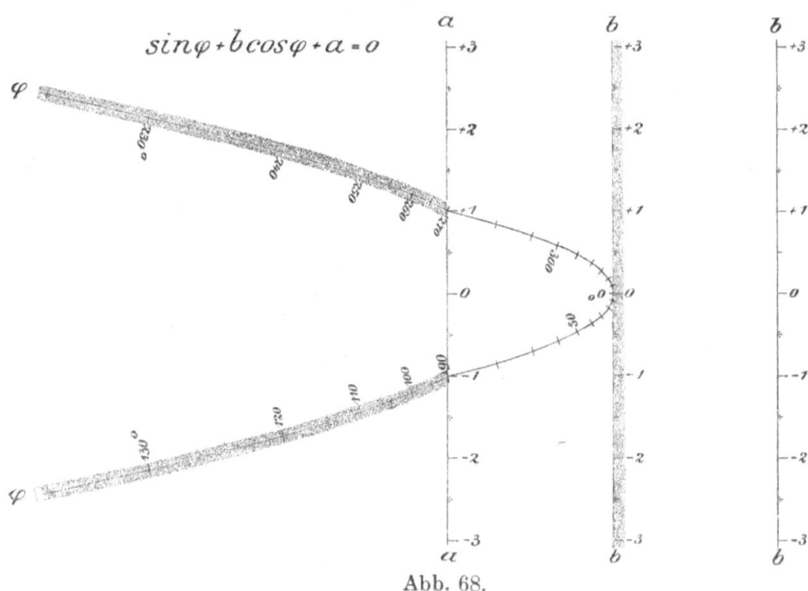

Abb. 68.

§ 5. Tafeln mit einer Geraden als Ablesekurve und drei geradlinigen, durch einen Punkt gehenden Skalenträgern.

Wählt man bei einer Tafel mit drei geraden durch einen
Punkt gehenden Skalenträgern als Träger der x- und der
y-Skala die beiden Achsen eines schiefwinkligen Koordinaten-
systems, und als Träger der z-Skala die erste Mediane, so sind
die drei Punktskalen bestimmt durch die drei Paare von
Gleichungen

$$\left.\begin{array}{l}\eta = \varphi(x) \\ \xi = 0\end{array}\right\} \cdot (2') \qquad \left.\begin{array}{l}\xi = \psi(y) \\ \eta = 0\end{array}\right\} \cdot (2'') \qquad \left.\begin{array}{l}\eta = \chi(z) \\ \eta = \xi\end{array}\right\} \cdot (2''')$$

Eine geradlinige Ablesekurve hat die Gleichung

$$\eta = m\xi + q \ \ldots \ldots \ldots \ldots (3)$$

Eliminiert man aus jedem der drei Gleichungspaare (2) und

der Gleichung (3) die laufenden Koordinaten ξ und η, so findet man die Gleichungen

$$\varphi(x) = \qquad\qquad q \quad \ldots \ldots \ldots \quad (4)$$

$$0 = m\psi(y) + q \quad \ldots \ldots \ldots \quad (5)$$

$$\chi(z) = m\chi(z) + q \quad \ldots \ldots \ldots \quad (6)$$

Durch Elimination der beiden Parameter m und q aus diesen drei Gleichungen erhält man nach entsprechender Umformung die Gleichung[1])

$$\frac{1}{\varphi(x)} + \frac{1}{\psi(y)} - \frac{1}{\chi(z)} = 0 \quad \ldots \ldots \quad (1)$$

Alle Gleichungen von dieser Form können in einer Tafel mit drei geradlinigen, durch einen Punkt gehenden Skalenträgern in Verbindung mit einer Geraden als Ablesekurve (Abb. 69) dargestellt werden.

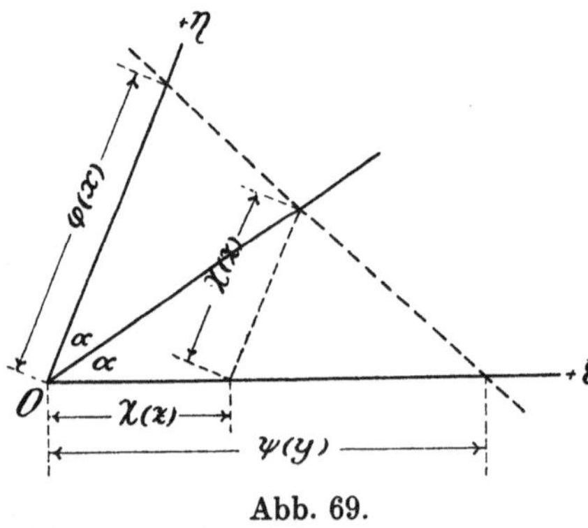

Abb. 69.

Beispiel. Das harmonische Mittel z zweier Größen x und y wird berechnet mit Hilfe der Gleichung

$$\frac{2}{z} = \frac{1}{x} + \frac{1}{y}.$$

Schreibt man diese Gleichung in der Form

$$\frac{1}{2x} + \frac{1}{2y} - \frac{1}{z} = 0$$

und vergleicht sie dann mit der Gleichung (1), so zeigt sich, daß man sie in einer Tafel der angegebenen Art darstellen kann, bei der die drei Punktskalen bestimmt sind durch die Gleichungen

$$\left.\begin{array}{l}\eta = 2x \\ \xi = 0\end{array}\right\} \qquad \left.\begin{array}{l}\xi = 2y \\ \eta = 0\end{array}\right\} \qquad \left.\begin{array}{l}\eta = z \\ \eta = \xi\end{array}\right\}.$$

Die entsprechende Tafel ist in der Abb. 70 gezeichnet.

Die drei auftretenden Skalen müssen nicht alle in demselben Maßstab gezeichnet werden; wählt man z. B. für die y-Skala einen μ-mal größeren Maßstab als für die beiden anderen Skalen, so lautet die Gleichung (1)

$$\frac{1}{\varphi(x)} + \frac{\mu}{\mu\,\psi(y)} - \frac{1}{\chi(z)} = 0 \quad \ldots \ldots \quad (1')$$

---

[1]) Auch diese Gleichung kann auf Grund einer Proportion aus der Abb. 69 abgelesen werden.

Wie sich in einfacher Weise zeigen läßt, treten dann an die Stelle der drei Gleichungspaare (2) die folgenden Gleichungen

$$\left.\begin{array}{l}\eta = \varphi(x)\\[4pt]\xi = 0\end{array}\right\} \qquad \left.\begin{array}{l}\xi = \mu\,\psi(y)\\[4pt]\eta = 0\end{array}\right\} \qquad \left.\begin{array}{l}\eta = \chi(z)\\[4pt]\eta = \dfrac{\xi}{\mu}\end{array}\right\}.$$

Die Trägergerade der z-Skala ist jetzt nicht mehr die Halbierungslinie des Winkels zwischen den beiden Achsen des schiefwinklig anzunehmenden Koordinatensystems, sondern eine andere, von dem Koeffizienten μ abhängige Gerade durch den Koordinatenursprung.

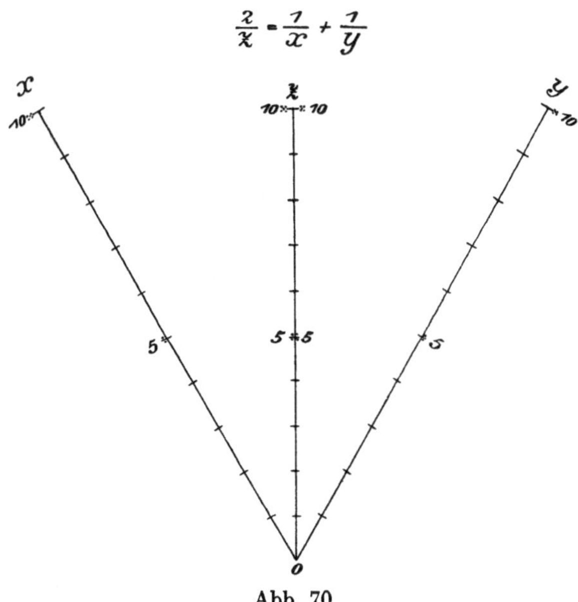

Abb. 70.

Beispiel. Soll aus irgendeinem Grunde in der Tafel zur Berechnung des harmonischen Mittels z zweier Größen x und y auf Grund der Gleichung

$$\frac{2}{z} = \frac{1}{x} + \frac{1}{y}$$

die Größe y in einem zweimal größeren Maßstab aufgetragen werden als die beiden anderen Größen, so schreibt man die Gleichung in der Form

$$\frac{1}{2x} + \frac{2}{4y} - \frac{1}{z} = 0.$$

Die drei Skalen sind dann bestimmt durch die Gleichungen

$$\eta = 2x \brace \xi = 0 \qquad\qquad \begin{aligned} \xi &= 4y \\ \eta &= 0 \end{aligned} \qquad\qquad \eta = z \brace 2\eta = \xi$$

Die hiermit sich ergebende Tafel ist in der Abb. 71 gezeichnet.

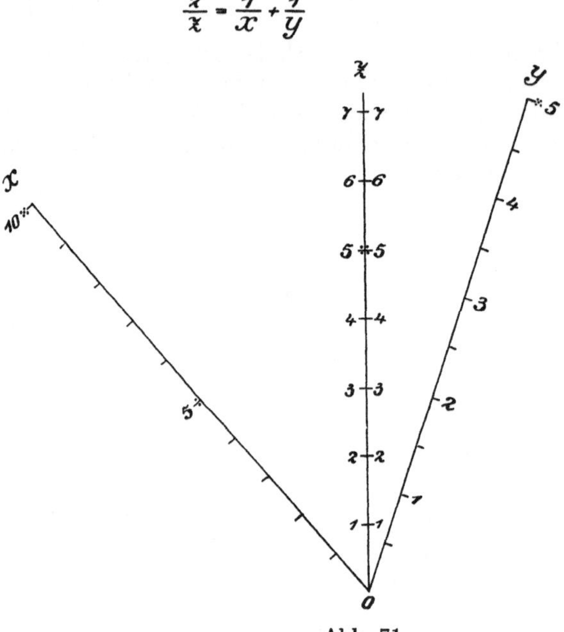

Abb. 71.

Die Gleichung (1) kann man auch folgendermaßen schreiben

$$\left(\frac{\lambda}{\varphi(x)} + \mu\right) + \left(\frac{\lambda}{\psi(y)} + \mu\right) - \left(\frac{\lambda}{\chi(z)} + 2\mu\right) = 0$$

oder

$$\frac{\lambda + \mu\varphi(x)}{\varphi(x)} + \frac{\lambda + \mu\psi(y)}{\psi(y)} - \frac{\lambda + 2\mu\chi(z)}{\chi(z)} = 0. \quad . \quad . \quad (1'')$$

An die Stelle der die Skalen bestimmenden Gleichungen (2) treten dann die folgenden

$$\eta = \frac{\varphi(x)}{\lambda + \mu\varphi(x)} \brace \xi = 0 \qquad \xi = \frac{\psi(y)}{\lambda + \mu\psi(y)} \brace \eta = 0 \qquad \eta = \frac{\chi(z)}{\lambda + 2\mu\chi(z)} \brace \eta = \xi .$$

Bringt man eine Gleichung auf die in (1″) angegebene Form, so kann man durch entsprechende Wahl der Größen λ und μ die Einführung einer zweckmäßigen Maßeinheit erreichen.

Beispiel. Eine Gleichung von der Form (1) ist die schon mehrfach als Beispiel benutzte Gleichung

$$z^2 = x^2 + y^2 .$$

Formt man diese der Gleichung (1″) entsprechend um, so geht sie über in

$$(\lambda + \mu x^2) + (\lambda + \mu y^2) - (2\lambda + \mu z^2) = 0 .$$

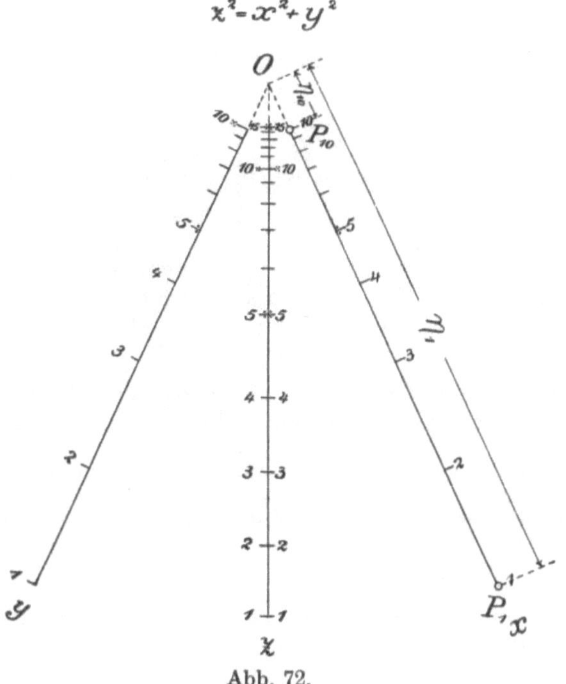

Abb. 72.

Man sieht dann, daß bei ihr die drei Skalen sich herstellen lassen auf Grund der Gleichungen

$$\left.\begin{array}{c} \eta = \dfrac{1}{\lambda + \mu x^2} \\[2mm] \xi = 0 \end{array}\right\} \qquad \left.\begin{array}{c} \xi = \dfrac{1}{\lambda + \mu y^2} \\[2mm] \eta = 0 \end{array}\right\} \qquad \left.\begin{array}{c} \eta = \dfrac{1}{2\lambda + \mu z^2} \\[2mm] \eta = \xi \end{array}\right\} .$$

Bei der in der Abb. 72 gezeichneten Tafel wurden die Hilfsgrößen λ und μ derart bestimmt, daß der mit $x = 1$ bezifferte Punkt nach P_1 und der mit $x = 10$ bezifferte Punkt nach P_{10} zu liegen kommt; mißt man zu diesem Zweck die Strecken $OP_1 = \eta_1$ und $OP_{10} = \eta_{10}$ ab, so hat man zur Bestimmung von λ und μ die beiden Gleichungen

$$\eta_1 = \frac{1}{\lambda + \mu} \quad \text{und} \quad \eta_{10} = \frac{1}{\lambda + 100\,\mu},$$

woraus sich ergibt

$$\lambda = \frac{1}{99}\frac{100\,\eta_{10} - \eta_1}{\eta_1\,\eta_{10}} \quad \text{und} \quad \mu = \frac{1}{99}\frac{\eta_1 - \eta_{10}}{\eta_1\,\eta_{10}}.$$

An Stelle der Gleichung $(1'')$ kann man auch schreiben

$$\frac{\lambda + \mu_1\,\varphi\,(x)}{\varphi\,(x)} + \frac{\lambda + \mu_2\,\psi\,(y)}{\psi\,(y)} - \frac{\lambda + (\mu_1 + \mu_2)\,\chi\,(z)}{\chi\,(z)} = 0 \qquad (1''')$$

Die zur Herstellung der Skalen erforderlichen drei Gleichungspaare lauten dann

$$\left.\begin{aligned}\eta &= \frac{\varphi\,(x)}{\lambda + \mu_1\,\varphi\,(x)}\\ \xi &= 0\end{aligned}\right\} \quad \left.\begin{aligned}\xi &= \frac{\psi\,(y)}{\lambda + \mu_2\,\psi\,(y)}\\ \eta &= 0\end{aligned}\right\} \quad \left.\begin{aligned}\eta &= \frac{\chi\,(z)}{\lambda + (\mu_1 + \mu_2)\,\chi\,(z)}\\ \eta &= \xi\end{aligned}\right\}.$$

Die in $(1''')$ angegebene Form der Gleichung (1) bietet die Möglichkeit, für die x- und y-Skala verschiedene Maßeinheiten einzuführen; es kann dies auch zu einer Zerlegung der z-Skala in mehrere Stücke benutzt werden.

Auf die in der Gleichung (1) angegebene Form können insbesondere alle Gleichungen gebracht werden von der Form

$$z = x^n\,y^m \quad (m \text{ und } n \text{ unveränderliche Größen}).$$

Logarithmiert man diese Gleichung so geht sie über in

$$n \log x + m \log y - \log z = 0.$$

Für diese kann man die drei Skalen aufzeichnen auf Grund der Gleichungen

$$\left.\begin{aligned}\eta &= \frac{1}{n \log x}\\ \xi &= 0\end{aligned}\right\} \quad \left.\begin{aligned}\xi &= \frac{1}{m \log y}\\ \eta &= 0\end{aligned}\right\} \quad \left.\begin{aligned}\eta &= \frac{1}{\log z}\\ \eta &= \xi\end{aligned}\right\}.$$

Beispiel. In der sphärischen Trigonometrie kommt die Gleichung vor

$$\sin \beta = \frac{\sin b}{\sin a},$$

logarithmiert man sie, so erhält man

$$\log \sin \beta + \log \sin a - \log \sin b = 0$$

oder in der durch die Gleichung (1″) angedeuteten Form

$$(\lambda + \mu \log \sin \beta) + (\lambda + \mu \log \sin a) - (2\lambda + \mu \log \sin b) = 0.$$

Die drei Skalen lassen sich demnach aufzeichnen mit Hilfe der Gleichungen

$$\eta = \frac{1}{\lambda + \mu \log \sin \beta} \Bigg\} \qquad \xi = \frac{1}{\lambda + \mu \log \sin a} \Bigg\} \qquad \eta = \frac{1}{2\lambda + \mu \log \sin b} \Bigg\}.$$
$$\xi = 0 \qquad\qquad\qquad \eta = 0 \qquad\qquad\qquad \eta = \xi$$

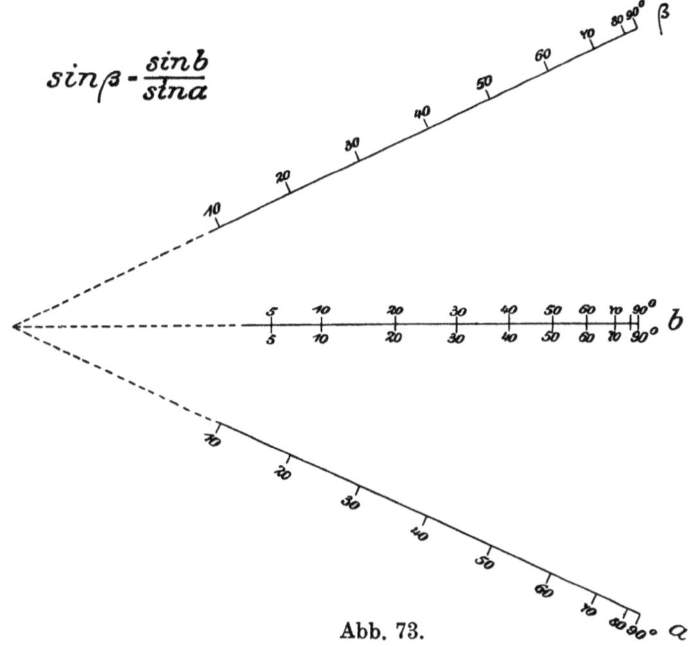

Abb. 73.

Nimmt man bei der β-Skala die mit 10^0 und 90^0 bezifferten Punkte beliebig an, so kann man mit Hilfe der dann bestimmten Werte η_{10} und η_{90} die Größen λ und μ berechnen. Aus

$$\eta_{10} = \frac{1}{\lambda - 0{,}760\,\mu} \qquad \text{und} \qquad \eta_{90} = \frac{1}{\lambda}$$

erhält man

$$\lambda = \frac{1}{\eta_{90}} \qquad \text{und} \qquad \mu = \frac{\eta_{10} - \eta_{90}}{0{,}760\,\eta_{10}\eta_{90}}.$$

Auf diese Weise ergibt sich die in der Abb. 73 gezeichnete Tafel.

§ 6. Tafeln mit einer Geraden als Ablesekurve und drei beliebigen geradlinigen Skalenträgern.

Wählt man bei einer Tafel mit geradlinigen, aber sonst beliebigen Skalenträgern als Träger der x- und der y-Achse die beiden Achsen eines schiefwinkligen Koordinatensystems (Abb. 74) und als Träger der z-Skala eine auf den Achsen gleiche Stücke abschneidende Gerade, so sind die drei Punktskalen bestimmt durch die drei Gleichungspaare

$$\left.\begin{array}{l} \eta = f_1(x) \\ \xi = 0 \end{array}\right\}\,(2') \qquad \left.\begin{array}{l} \xi = f_2(y) \\ \eta = 0 \end{array}\right\}\,(2'') \qquad \left.\begin{array}{l} \xi - \eta = k + f_3(z) \\ \xi + \eta = k \end{array}\right\}.\,(2''')$$

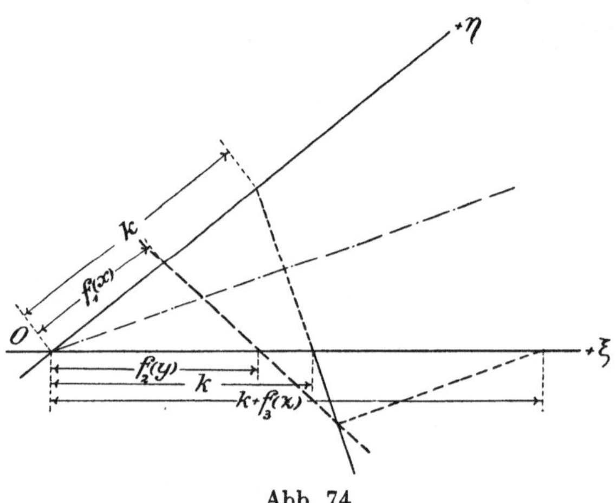

Abb. 74.

Die Gleichung einer geradlinigen Ablesekurve lautet

$$\eta = m\,\xi + q \quad\ldots\ldots\ldots\ldots (3)$$

Die Elimination der laufenden Koordinaten ξ und η aus jedem der Gleichungspaare (2) und der Gleichung (3) ergibt die Gleichungen

$$f_1(x) = q \quad\ldots\ldots\ldots\ldots\ldots (4)$$

$$0 = m\,f_2(y) + q \quad\ldots\ldots\ldots\ldots (5)$$

$$-\tfrac{1}{2}f_3(z) = m\,(k + \tfrac{1}{2}f_3(z)) + q \quad\ldots\ldots (6)$$

Eliminiert man aus diesen Gleichungen die beiden Parameter m und q, so erhält man nach einiger Umformung die Gleichung

$$2k\,f_1(x) - 2f_1(x)\,f_2(y) + f_1(x)\,f_3(z) - f_2(y)\,f_3(z) = 0 \quad\ldots (1)$$

Jede Gleichung, die auf diese Form gebracht werden kann, läßt sich in einer Tafel mit geradlinigen Skalenträgern der angegebenen Art und geradliniger Ablesekurve darstellen. Auf die Form der Gleichung (1) kann man insbesondere die typische Gleichung

$$\varphi(x)\,\psi(y) = \chi(z) \quad\dots\dots\dots\dots (1')$$

bringen; setzt man in ihr

$$\varphi(x) = \frac{f_1(x)}{k - f_1(x)}, \quad \psi(y) = \frac{k - f_2(y)}{f_2(y)} \quad\text{und}\quad \chi(z) = \frac{f_3(z)}{2k + f_3(z)}, \quad (7)$$

so erhält man nach entsprechender Umformung unmittelbar die Gleichung (1). Aus den Gleichungen (7) findet man für $f_1(x)$, $f_2(y)$ und $f_3(z)$

$$f_1(x) = \frac{k\,\varphi(x)}{1 + \varphi(x)},$$

$$f_2(y) = \frac{k}{1 + \psi(y)}$$

und $\quad f_3(z) = \dfrac{2k\,\chi(z)}{1 - \chi(z)} \quad . \quad (8)$

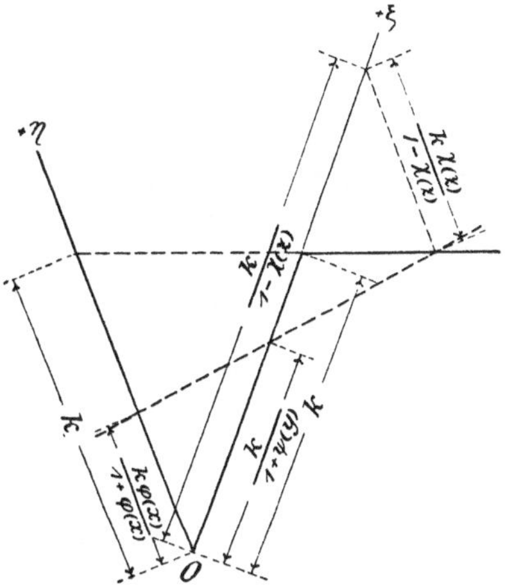

Damit erhält man (Abb. 75) entsprechend der Gleichung (1') an Stelle der die Punktskalen bestimmenden Gleichungen (2) die folgenden

Abb. 75.

$$\left.\begin{aligned}\eta &= \frac{k\,\varphi(x)}{1 + \varphi(x)}\\[2mm]\xi &= 0\end{aligned}\right\} \qquad \left.\begin{aligned}\xi &= \frac{k}{1 + \psi(y)}\\[2mm]\eta &= 0\end{aligned}\right\} \qquad \left.\begin{aligned}\xi - \eta &= k\,\frac{1 + \chi(z)}{1 - \chi(z)}\\[2mm]\xi + \eta &= k\end{aligned}\right\}.$$

Beispiel. Eine bei der Berechnung von rechtwinkligen sphärischen Dreiecken vorkommende Gleichung ist

$$\cos\beta = \operatorname{ctg} a \, \operatorname{tg} c.$$

Vergleicht man diese mit der Gleichung (1'), so sieht man, daß bei ihr die drei Skalen bestimmt sind durch die Gleichungen

$$\left.\begin{aligned}\eta &= \frac{k\,\operatorname{ctg} a}{1 + \operatorname{ctg} a} = \frac{k}{1 + \operatorname{tg} a}\\[2mm]\xi &= 0\end{aligned}\right\} \qquad \left.\begin{aligned}\xi &= \frac{k}{1 + \operatorname{tg} c} = \frac{k\,\operatorname{ctg} c}{1 + \operatorname{ctg} c}\\[2mm]\eta &= 0\end{aligned}\right\}$$

$$\left.\begin{aligned}\xi - \eta &= k\,\frac{1 + \cos\beta}{1 - \cos\beta} = k\,\operatorname{ctg}^2\frac{\beta}{2}\\[2mm]\xi + \eta &= k\end{aligned}\right\}.$$

Die entsprechende Tafel zeigt die Abb. 76.

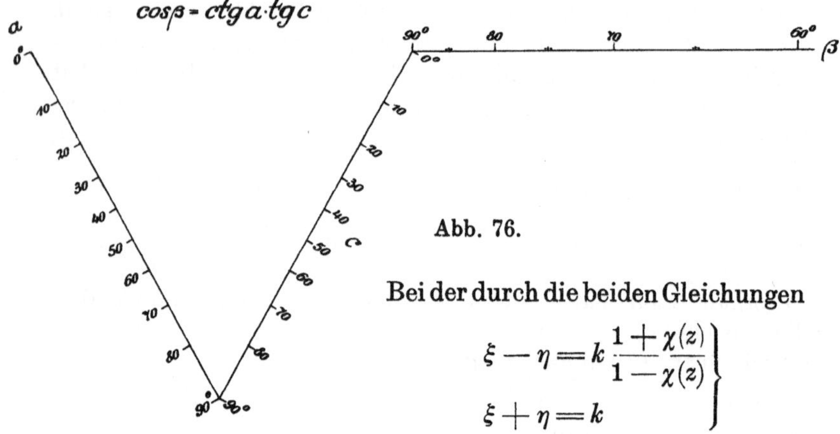

Abb. 76.

Bei der durch die beiden Gleichungen

$$\left.\begin{aligned}\xi - \eta &= k\,\frac{1+\chi(z)}{1-\chi(z)}\\ \xi + \eta &= k\end{aligned}\right\}$$

bestimmten Skala kann — wie in dem eben behandelten Beispiel — der Fall eintreten, daß sich $\chi(z)$ zwischen den Grenzen 0
und 1 und damit $\xi - \eta$ zwischen den Grenzen k und ∞ bewegt; man kann dem hieraus entstehenden Übelstand in ein-

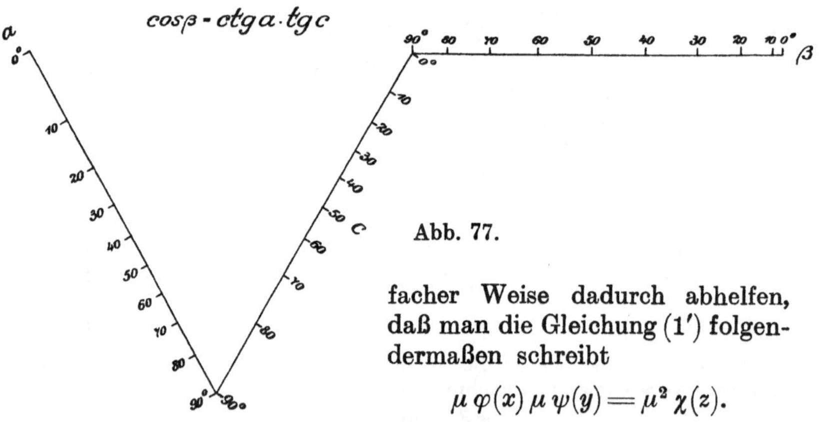

Abb. 77.

facher Weise dadurch abhelfen,
daß man die Gleichung (1') folgendermaßen schreibt

$$\mu\,\varphi(x)\,\mu\,\psi(y) = \mu^2\,\chi(z).$$

Die zur Herstellung der Skalen erforderlichen Gleichungen
lauten dann

$$\left.\begin{aligned}\eta &= \frac{\mu\,k\,\varphi(x)}{1+\mu\,\varphi(x)}\\ \xi &= 0\end{aligned}\right\}\quad \left.\begin{aligned}\xi &= \frac{k}{1+\mu\,\psi(y)}\\ \eta &= 0\end{aligned}\right\}\quad \left.\begin{aligned}\xi - \eta &= k\,\frac{1+\mu^2\,\chi(z)}{1-\mu^2\,\chi(z)}\\ \xi + \eta &= k\end{aligned}\right\}.$$

Durch entsprechende Wahl von μ kann man dafür sorgen, daß
auch die z-Skala ganz im Endlichen verläuft.

Beispiel. Wählt man bei der Gleichung

$$\cos \beta = \operatorname{ctg} a \operatorname{tg} c$$

für μ den Wert 0,7, so hat man zur Herstellung der Skalen die Gleichungen

$$\left.\begin{aligned} \eta &= \frac{0,7\,k\,\operatorname{ctg} a}{1+0,7\,\operatorname{ctg} a} = \frac{0,7\,k}{0,7+\operatorname{tg} a} \\ \xi &= 0 \end{aligned}\right\} \qquad \left.\begin{aligned} \xi &= \frac{k}{1+0,7\,\operatorname{tg} c} = \frac{k\,\operatorname{ctg} c}{0,7+\operatorname{ctg} c} \\ \eta &= 0 \end{aligned}\right\}$$

$$\left.\begin{aligned} \xi - \eta &= k\,\frac{1+0,49\,\cos \beta}{1-0,49\,\cos \beta} \\ \xi + \eta &= k \end{aligned}\right\}.$$

Die durch diese Gleichungen bestimmte Tafel ist in der Abb. 77 gezeichnet.

§ 7. Tafeln mit einer Geraden als Ablesekurve und zwei beliebigen geradlinigen Skalenträgern.

Soll die Funktion

$$z = f(x,y) \quad \dots \dots \dots \dots (1)$$

in einer Tafel mit zwei beliebigen geradlinigen Skalenträgern dargestellt werden, so kann man z. B. für die x- und die y-Skala als Träger die beiden Koordinatenachsen wählen; den Skalen entsprechen dann die Gleichungen

$$\left.\begin{aligned} \xi &= 0 \\ \eta &= h_1(x) \end{aligned}\right\} \; \dots \dots (2') \qquad \left.\begin{aligned} \xi &= g_2(y) \\ \eta &= 0 \end{aligned}\right\} \; \dots \dots (2'')$$

Die z-Skala sei bestimmt durch die beiden Gleichungen

$$\left.\begin{aligned} f_3(\xi,\,\eta,\,z) &= 0 \\ \varphi_3(\xi,\,\eta) &= 0 \end{aligned}\right\}, \; \dots \dots \dots (2''')$$

aus denen sich ergeben möge

$$\xi = g_3(z) \quad \text{und} \quad \eta = h_3(z).$$

Nimmt man für die geradlinige Ablesekurve die Gleichung an

$$\eta = m\,\xi + q, \; \dots \dots \dots \dots (3)$$

so ergibt die Elimination der laufenden Koordinaten ξ und η aus der Gleichung (3) und den Gleichungen (2) die Gleichungen

$$h_1(x) = \qquad\qquad q \dots \dots \dots \dots (4)$$

$$0 = m\,g_2(y) + q \dots \dots \dots \dots (5)$$

$$h_3(z) = m\,g_3(z) + q \dots \dots \dots \dots (6)$$

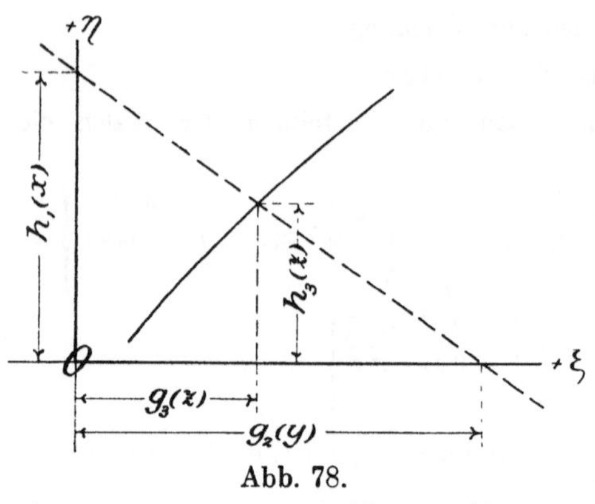

Abb. 78.

Eliminiert man aus diesen Gleichungen die beiden Parameter m und q, so erhält man für diejenige Form, die die Gleichung (1) haben muß, damit sie in der angegebenen Weise dargestellt werden kann (Abb. 78), die folgende[1)]

$$h_1(x)\, g_2(y) - h_1(x)\, g_3(z) - g_2(y)\, h_3(z) = 0$$

oder

$$\frac{h_3(z)}{h_1(x)} + \frac{g_3(z)}{g_2(y)} - 1 = 0 \quad \ldots \ldots \ldots (1')$$

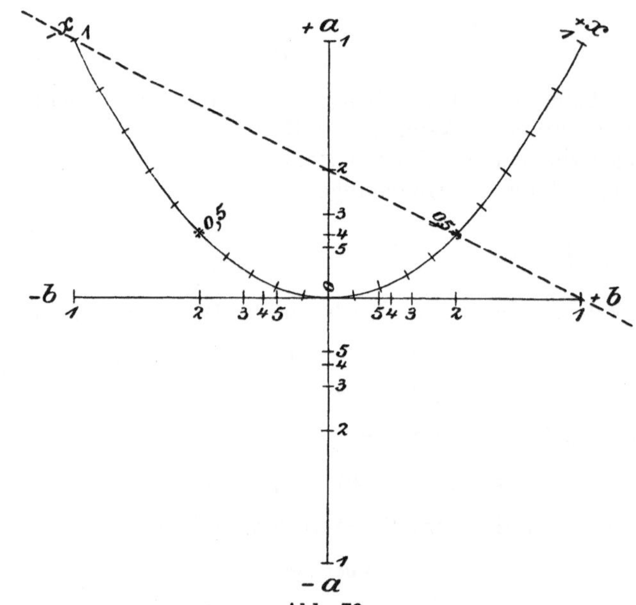

Abb. 79.

1. Beispiel. In die Form der Gleichung (1') kann man jede Gleichung zweiten Grades bringen; sie lautet dann

$$a\,x^2 + b\,x - 1 = 0.$$

[1)] Man kann diese Gleichung auch unmittelbar aus der Abb. 78 ablesen.

Bei dieser Gleichung sind die drei Skalen bestimmt durch die Gleichungen

$$\left.\begin{aligned} \xi &= 0 \\ \eta &= \frac{1}{a} \end{aligned}\right\} \qquad \left.\begin{aligned} \xi &= \frac{1}{b} \\ \eta &= 0 \end{aligned}\right\} \qquad \left.\begin{aligned} \xi &= x \\ \eta &= x^2 \end{aligned}\right\}.$$

Eliminiert man aus dem letzten Gleichungspaar die Veränderliche x, so erhält man für den Träger der x-Skala die Gleichung

$$\eta = \xi^2.$$

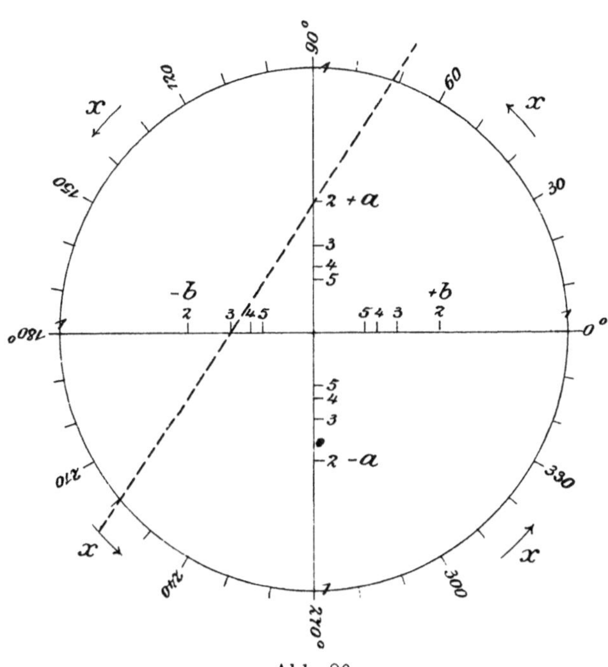

Abb. 80.

Wie diese Gleichung zeigt, ist die x-Skala an einer Parabel anzutragen, die die Abszissenachse im Koordinatenursprung berührt (Abb. 79). Die Tafel stimmt mit der in der Abb. 51 auf anderem Wege gefundenen Tafel überein. Die in der Abbildung angegebene Ablesegerade bezieht sich auf die Gleichung

$$2x^2 + x - 1 = 0,$$

für die man findet

$$x_1 = +0{,}5 \quad \text{und} \quad x_2 = -1.$$

2. Beispiel. Unter den goniometrischen Gleichungen spielt eine besondere Rolle die Gleichung

$$a \sin x + b \cos x - 1 = 0.$$

Vergleicht man diese mit der Gleichung (1'), so sieht man, daß bei ihr die Skalen sich herstellen lassen auf Grund der Gleichungen

$$\left.\begin{aligned}\xi &= 0\\ \eta &= \frac{1}{a}\end{aligned}\right\}\qquad \left.\begin{aligned}\xi &= \frac{1}{b}\\ \eta &= 0\end{aligned}\right\}\qquad \left.\begin{aligned}\xi &= \cos x\\ \eta &= \sin x\end{aligned}\right\}.$$

Für die Gleichung des Trägers der x-Skala findet man durch Elimination von x aus dem letzten Gleichungspaar

$$\xi^2 + \eta^2 - 1 = 0.$$

Der Träger ist demnach ein Kreis um den Koordinatenursprung mit dem Halbmesser eins. Die Tafel ist in der Abb. 80 enthalten; die eingezeichnete Ablesegerade entspricht der Gleichung

$$2 \sin \varphi - 3 \cos \varphi - 1 = 0,$$

für die man $\varphi_1 = 72^0$ und $\varphi_2 = 220^0$ erhält.

§ 8. Tafeln mit einer Geraden als Ablesekurve und einem geradlinigen Skalenträger.

Wählt man bei der Darstellung der Funktion

$$z = f(x, y) \qquad \ldots \ldots \ldots \ldots \quad (1)$$

in einer Tafel mit einem geradlinigen Skalenträger z. B. für die z-Skala die Ordinatenachse als Träger, so sind die drei Skalen (Abb. 81) bestimmt durch die drei Gleichungspaare

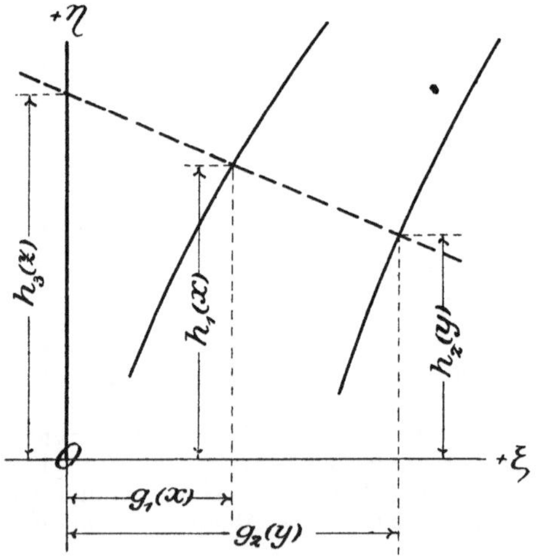

$$\left.\begin{aligned}\xi &= g_1(x)\\ \eta &= h_1(x)\end{aligned}\right\}\quad (2')$$

$$\left.\begin{aligned}\xi &= g_2(y)\\ \eta &= h_2(y)\end{aligned}\right\}\quad (2'')$$

$$\left.\begin{aligned}\xi &= 0\\ \eta &= h_3(z)\end{aligned}\right\}\quad (2''')$$

wobei man die Gleichungen der Träger der x- und der y-Skala aus den beiden ersten Gleichungspaaren durch Elimination von x bzw. y erhält.

Abb. 81.

Eine geradlinige Ablesekurve hat die Gleichung

$$\eta = m\,\xi + q \qquad \ldots \ldots \ldots \ldots \quad (3)$$

Die Elimination der laufenden Koordinaten ξ und η aus der Gleichung der Ablesekurve und jedem der drei Gleichungspaare (2) ergibt die Gleichungen

$$h_1(x) = m\,g_1(x) + q \quad\ldots\ldots\ldots\ldots (4)$$
$$h_2(y) = m\,g_2(y) + q \quad\ldots\ldots\ldots\ldots (5)$$
$$h_3(z) = q \quad\ldots\ldots\ldots\ldots (6)$$

Eliminiert man aus diesen Gleichungen die beiden Parameter m und q, so ergibt sich die Gleichung[1])

$$h_1(x)\,g_2(y) - g_2(y)\,h_3(z) - g_1(x)\,h_2(y) + g_1(x)\,h_3(z) = 0$$

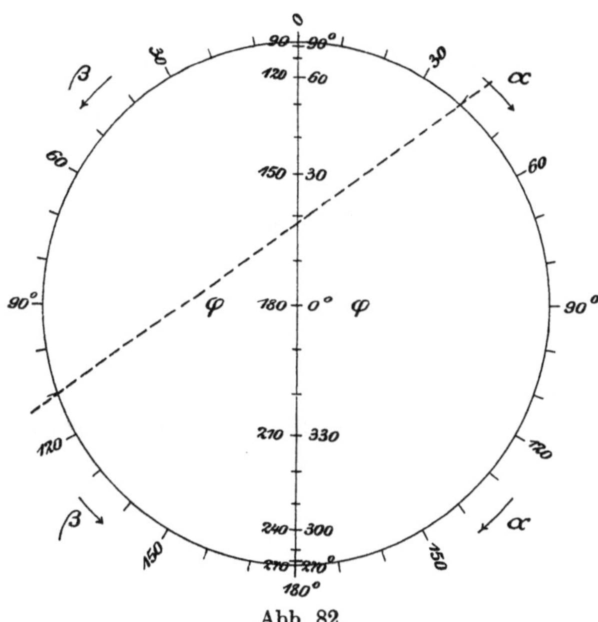

Abb. 82.

oder nach weiterer Umformung

$$\frac{1}{h_3(z)}\left\{\frac{h_1(x)}{g_1(x)} - \frac{h_2(y)}{g_2(y)}\right\} - \frac{1}{g_1(x)} + \frac{1}{g_2(y)} = 0 \quad\ldots\ldots (1')$$

Dies ist die allgemeine Form für alle Gleichungen, die sich bei

---

[1]) Die Gleichung läßt sich auch aus der Abb. 81 auf Grund einer Proportion ablesen.

geradliniger Ablesekurve in einer Tafel mit mindestens einem
geradlinigen Skalenträger darstellen lassen.

Beispiel. Die Gleichung

$$\sin \varphi = \frac{\sin (\alpha + \beta)}{\sin \alpha + \sin \beta}$$

kann folgendermaßen umgeformt werden

$$\frac{\sin \alpha \cos \beta + \cos \alpha \sin \beta}{\sin \varphi} = \sin \alpha + \sin \beta$$

oder

$$\frac{1}{\sin \varphi} \frac{\sin \alpha \cos \beta + \cos \alpha \sin \beta}{\sin \alpha \sin \beta} = \frac{\sin \alpha + \sin \beta}{\sin \alpha \sin \beta}$$

oder

$$\frac{1}{\sin \varphi} \left\{ \frac{\cos \alpha}{\sin \alpha} + \frac{\cos \beta}{\sin \beta} \right\} - \frac{1}{\sin \alpha} - \frac{1}{\sin \beta} = 0 \, .$$

Ein Vergleich der letzteren Form mit der Gleichung (1′) zeigt, daß
bei der vorliegenden Gleichung an die Stelle der Gleichungen (2) die
folgenden, für die Herstellung der Skalen maßgebenden Gleichungen
treten

$$\begin{array}{ccc}
\xi = \sin \alpha \,\} & \xi = -\sin \beta \,\} & \xi = 0 \} \\
\eta = \cos \alpha \,\} & \eta = \cos \beta \,\} & \eta = \sin \varphi \,\}
\end{array} \, .$$

Eliminiert man aus den beiden ersten Gleichungspaaren die Veränderliche α bzw. β, so findet man, daß der Träger der α- und der
β-Skala dieselbe Kurve ist, nämlich ein Kreis um den Koordinatenursprung mit der Gleichung

$$\xi^2 + \eta^2 - 1 = 0 \, .$$

Die Tafel ist in der Abb. 82 gezeichnet; die in dieser angegebene Ablesegerade bezieht sich auf die Werte $\alpha = 40^{\,0}$, $\beta = 110^{\,0}$ und damit
$\varphi = 18^{\,0}$ bzw. $162^{\,0}$.

§ 9. Tafeln mit einer Geraden als Ablesekurve und beliebigen Skalenträgern.

Soll eine Gleichung zwischen den Veränderlichen x, y und z
in einer Tafel mit Punktskalen dargestellt werden, so sind die
Skalen (Abb. 83) bestimmt durch drei Gleichungspaare von
der Form

$$\begin{array}{ccc}
\xi = g_1(x) \,\} & \xi = g_2(y) \,\} & \xi = g_3(z) \,\} \\
\eta = h_1(x) \,\} \ (2') & \eta = h_2(y) \,\} \ (2'') & \eta = h_3(z) \,\} \ \cdots (2''')
\end{array}$$

Die Gleichungen der drei Skalenträger ergeben sich aus
diesen drei Gleichungen durch Elimination der jeweiligen Veränderlichen.

Soll die Ablesekurve eine Gerade sein, so hat sie die
Gleichung

$$\eta = m\xi + q \cdots \cdots \cdots \cdots (3)$$

Eliminiert man aus dieser Gleichung und je zwei der Gleichungen (2) die laufenden Koordinaten ξ und η, so ergeben sich die Gleichungen

$$h_1(x) = m\,g_1(x) + q \quad \ldots \ldots \ldots \quad (4)$$

$$h_2(y) = m\,g_2(y) + q \quad \ldots \ldots \ldots \quad (5)$$

$$h_3(z) = m\,g_3(z) + q \quad \ldots \ldots \ldots \quad (6)$$

Die Form derjenigen Gleichungen zwischen x, y und z, die in einer Tafel mit geradliniger Ablesekurve dargestellt werden können, erhält man durch Elimination der Parameter m und q aus den Gleichungen (4), (5) und (6); nämlich

$$\begin{vmatrix} h_1(x) & g_1(x) & 1 \\ h_2(y) & g_2(y) & 1 \\ h_3(z) & g_3(z) & 1 \end{vmatrix} = 0$$

oder in aufgelöster Form

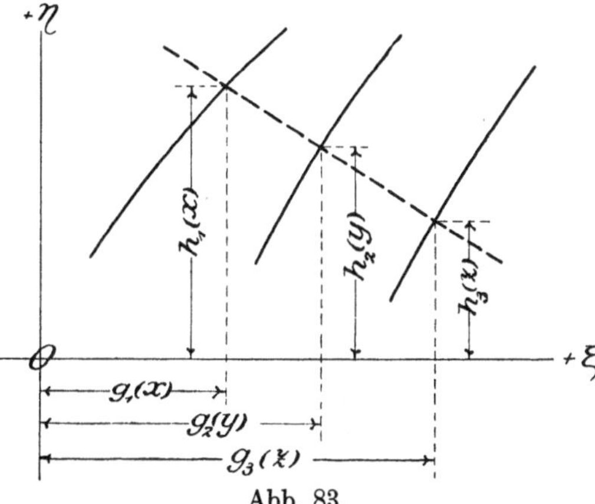

Abb. 83.

$$(x)\{g_2(y) - g_3(z)\} + h_2(y)\{g_3(z) - g_1(x)\} + h_3(z)\{g_1(x) - g_2(y)\} = 0. \quad (1)$$

Da diese — auch in der Abb. 83 auf Grund einer Proportion ablesbare — Gleichung allgemein die Form angibt, die eine Gleichung haben muß oder auf die die Überführung einer Gleichung möglich sein muß, damit sie in einer Tafel mit Punktskalen und gerader Ablesekurve dargestellt werden kann, so lassen sich aus ihr die in den vorhergehenden Paragraphen für bestimmte Skalenträger aufgestellten Gleichungsformen ableiten.

Setzt man entsprechend drei parallelen Skalenträgern

$$g_1(x) = a, \qquad g_2(y) = -\,b, \qquad g_3(z) = 0,$$

so erhält man die im § 2 aufgestellte Gleichungsform

$$b\,h_1(x) + a\,h_2(y) - (a+b)\,h_3(z) = 0.$$

Bei geradlinigen Skalenträgern, von denen zwei parallel sind, ergibt sich mit

$$g_1(x) = 0, \qquad h_2(y) = b\,g_2(y) + c, \qquad g_3(z) = a$$

die Gleichungsform des § 3

$$a\,h_1(x) - g_2(y)\,\{h_1(x) - h_3(z) + a\,b\} - a\,c = 0\,.$$

Für zwei parallele und einen krummlinigen Skalenträger erhält man mit

$$g_1(x) = 0\,, \qquad g_2(y) = 1$$

die im § 4 gefundene Gleichungsform

$$h_1(x)\,\{g_3(z) - 1\} - h_2(y)\,g_3(z) + h_3(z) = 0\,.$$

Entsprechend drei geradlinigen, durch einen Punkt gehenden Skalenträgern findet man mit

$$g_1(x) = 0\,, \qquad h_2(y) = 0\,, \qquad g_3(z) = h_3(z)$$

die Gleichungsform des § 5, nämlich

$$\frac{1}{h_1(x)} + \frac{1}{g_2(y)} - \frac{1}{h_3(z)} = 0\,.$$

Die im § 6 für eine Tafel mit drei beliebigen geradlinigen Skalenträgern aufgestellte Gleichungsform

$$2\,k\,h_1(x) - 2\,h_1(x)\,g_2(y) + h_1(x)\,f(z) - g_2(y)\,f(z) = 0$$

ergibt sich mit

$$g_1(x) = 0\,, \qquad h_2(y) = 0\,, \qquad g_3(z) = k + \frac{f(z)}{2}\ \text{und}\ h_3(z) = -\frac{f(z)}{2}\,.$$

Die einer Tafel mit zwei geradlinigen, nicht parallelen Skalenträgern und einem krummlinigen Träger entsprechende Gleichungsform

$$h_1(x)\,g_2(y) - h_1(x)\,g_3(z) - h_3(z)\,g_2(y) = 0\,,$$

die im § 7 behandelt wurde, erhält man aus der Gleichung (1) mit

$$g_1(x) = 0 \qquad h_2(y) = 0\,.$$

Setzt man endlich

$$g_3(z) = 0\,,$$

so ergibt die allgemeine Gleichung für die einer Tafel mit nur einem geradlinigen Skalenträger zukommende Gleichungsform

$$h_1(x)\,g_2(y) - g_2(y)\,h_3(z) - g_1(x)\,h_2(y) + g_1(x)\,h_3(z) = 0\,.$$

§ 10. Tafeln mit drei geradlinigen parallelen Skalenträgern und einem Kreis als Ablesekurve.

Soll für eine Gleichung zwischen den drei Veränderlichen x, y und z eine Tafel mit drei parallelen Skalenträgern hergestellt werden, und wählt man als Träger der y-Skala die Ordinatenachse, so sind die drei Skalen bestimmt durch die drei Paare von Gleichungen

$$\left.\begin{aligned} \xi &= -a \\ \eta &= \varphi(x) \end{aligned}\right\} \quad (2')$$

$$\left.\begin{aligned} \xi &= 0 \\ \eta &= \psi(y) \end{aligned}\right\} \quad (2'')$$

$$\left.\begin{aligned} \xi &= b \\ \eta &= \chi(z) \end{aligned}\right\} \quad (2''')$$

Die Verwendung eines Kreises als Ablesekurve[1]) kann z. B. in der Weise geschehen, daß man die Punkte der y-Skala als die Kreismittelpunkte annimmt (Abb. 84). Bezeichnet man den veränderlichen Halbmesser

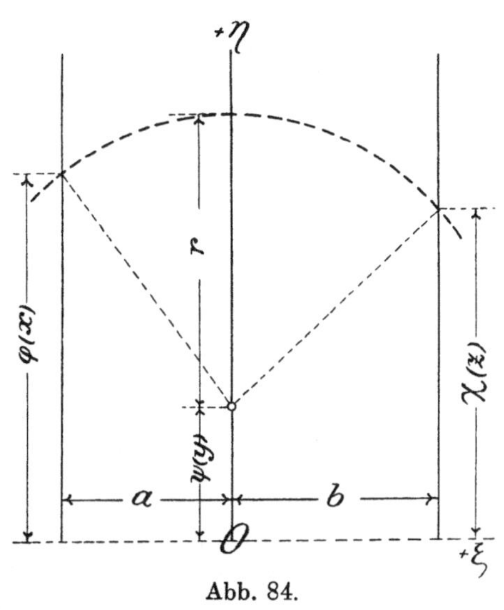

Abb. 84.

eines solchen Ablesekreises mit r, so lautet dessen Gleichung unter Zugrundelegung eines rechtwinkligen Koordinatensystems

$$\xi^2 + \{\eta - \psi(y)\}^2 - r^2 = 0. \quad \dots \dots \quad (3)$$

Um zu derjenigen Gleichung zwischen den angenommenen Veränderlichen zu gelangen, die sich in der angegebenen Weise in einer Tafel darstellen läßt, hat man zunächst zu beachten, daß der Ablesekreis durch die beiden, in den Gleichungen $(2')$ und $(2''')$ angegebenen Punkte geht; die Bedingungen dafür, daß dies einzeln der Fall ist, sind

$$a^2 + \{\varphi(x) - \psi(y)\}^2 - r^2 = 0 \quad \dots \dots \quad (4)$$

und

$$b^2 + \{\chi(z) - \psi(y)\}^2 - r^2 = 0. \quad \dots \dots \quad (5)$$

---

[1]) Auf die Verwendung von nicht geradlinigen Ablesekurven haben zuerst hingewiesen A. Adler und E. Goedseels. Tafeln mit Ablesekurven in Form von Kreisen mit veränderlichem Halbmesser hat zuerst N. Gercevanoff angewendet; er bezeichnet sie als „nomogrammes à points équidistants".

Soll der Ablesekreis **gleichzeitig** durch die beiden Punkte gehen, so muß die durch Elimination des Parameters r aus den Gleichungen (4) und (5) sich ergebende Gleichung bestehen

$$\varphi^2(x) - \chi^2(z) - 2\,\varphi(x)\,\psi(y) + 2\,\psi(y)\,\chi(z) + a^2 - b^2 = 0 \quad . \quad (1)$$

Auf diese Form muß eine Gleichung gebracht werden können, damit man sie in einer Tafel mit drei parallelen Skalenträgern in Verbindung mit einem Kreis als Ablesekurve darstellen kann.

In dem besonderen Fall, daß $a = b$ ist, geht die Gleichung (1) über in

$$\varphi(x) - 2\,\psi(y) + \chi(z) = 0 \quad . \quad . \quad . \quad . \quad . \quad . \quad (1')$$

An die Stelle der Gleichungen (2') und (2''') treten dann die Gleichungen

$$\left.\begin{array}{l} \xi = -a \\ \eta = \varphi(x) \end{array}\right\} \qquad \left.\begin{array}{l} \xi = a \\ \eta = \chi(z) \end{array}\right\} .$$

Aus diesen und der Gleichung (1') ergibt sich insbesondere, daß der Wert von a beliebig angenommen werden darf; die Maßeinheit der Abszissen muß demnach nicht dieselbe sein wie die der Ordinaten.

Hat die in einer Tafel darzustellende Gleichung die Form (1'), so liegen — wie sich in einfacher Weise zeigen läßt — der Kreismittelpunkt und die Schnittpunkte des Kreises mit der x- und der z-Skala auf einer Geraden, die ebenfalls als Ablesekurve benutzt werden kann; man hat dies bei den Ablesungen an der z-Skala zu beachten, wenn beide Schnittpunkte des Ablesekreises mit dem Skalenträger innerhalb des Skalenbereiches liegen.

Für die Herstellung des jeweiligen Ablesekreises benutzt man am besten den Zirkel, von dem die eine Spitze auf der y-Skala und die andere Spitze auf der x-Skala eingestellt wird; eine solche Einstellung des Zirkels ist nur möglich, wenn der Wert der auf die Mittelpunktskala sich beziehenden Veränderlichen gegeben ist.

Zu der in der Gleichung (1') dargestellten Gleichungsform ist noch zu bemerken, daß man auf sie durch Logarithmieren alle Gleichungen bringen kann von der Form

$$f_3(z) = f_1(x)\,f_2(y).$$

1. Beispiel. Die Gleichung

$$z^2 = x^2 + y^2$$

kann man in der Form schreiben

$$(x^2 - z^2)(x^2 + z^2) + y^2(x^2 + z^2) = 0$$

oder
$$x^4 - z^4 + x^2 y^2 + y^2 z^2 = 0.$$

Vergleicht man sie jetzt mit der Gleichung (1), so zeigt sich, daß die drei, zur Herstellung der Skalen erforderlichen Gleichungspaare sind

$$\left.\begin{array}{l} \xi = -a \\ \eta = x^2 \end{array}\right\}$$

$$\left.\begin{array}{l} \xi = 0 \\ \eta = -\dfrac{1}{2}\,y^2 \end{array}\right\}$$

$$\left.\begin{array}{l} \xi = a \\ \eta = -z^2 \end{array}\right\}$$

Die hiermit sich ergebende Tafel ist in der Abb. 85 gezeichnet, in der der Ablesekreis für $y = 6$ und $x = 5$ angegeben ist.

2. Beispiel. Logarithmiert man die Gleichung
$$z = xy,$$
so geht sie über in
$$\log x - \log z + \log y = 0.$$

Um die Gleichung mit der Gleichung (1) vergleichen zu können, schreibt man sie in der Form
$$\log^2 x - \log^2 z + \log x \log y + \log y \log z = 0.$$

Die Skalen sind demnach bestimmt durch die Gleichungen

$$\left.\begin{array}{l} \xi = -a \\ \eta = \log x \end{array}\right\}$$

$$\left.\begin{array}{l} \xi = 0 \\ \eta = -\dfrac{1}{2}\,\log y \end{array}\right\}$$

$$\left.\begin{array}{l} \xi = a \\ \eta = -\log z \end{array}\right\}.$$

Die auf diese Weise entstehende Tafel ist in der Abb. 86 enthalten; sie kann unter Benutzung des Zirkels sowohl als Multiplikationstafel als auch als Divisionstafel verwendet werden.

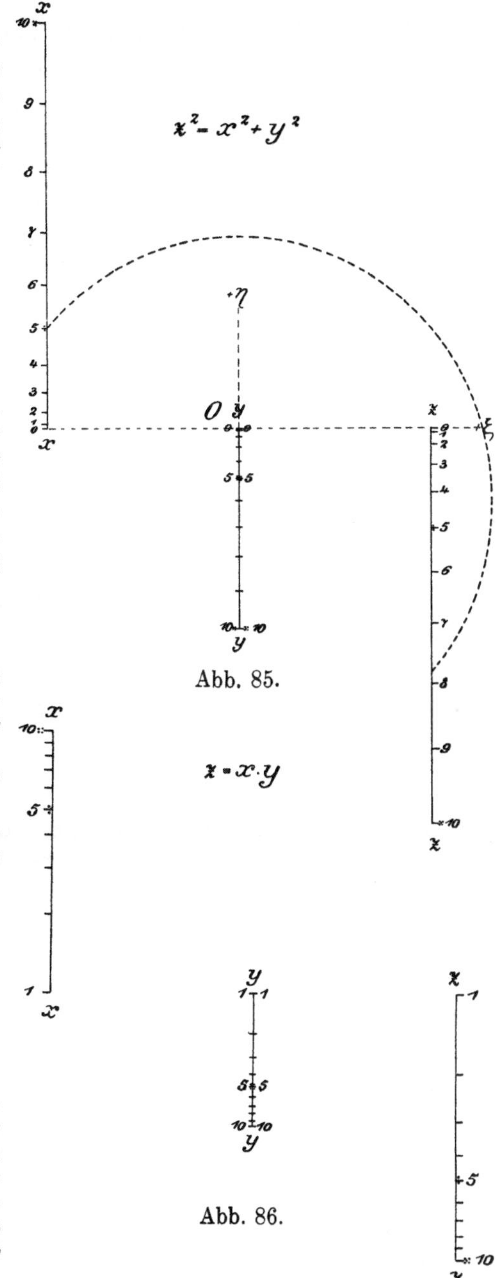

Abb. 85.

Abb. 86.

§ 11. Tafeln mit drei geradlinigen, darunter zwei parallelen Skalenträgern und einem Kreis als Ablesekurve.

Hat man bei einer Tafel für eine Gleichung zwischen den drei Veränderlichen x, y und z als Skalenträger die Ordinatenachse, eine Parallele zu dieser und die Abszissenachse eines rechtwinkligen Koordinatensystems, so sind die drei Skalen z. B. bestimmt durch die Gleichungspaare

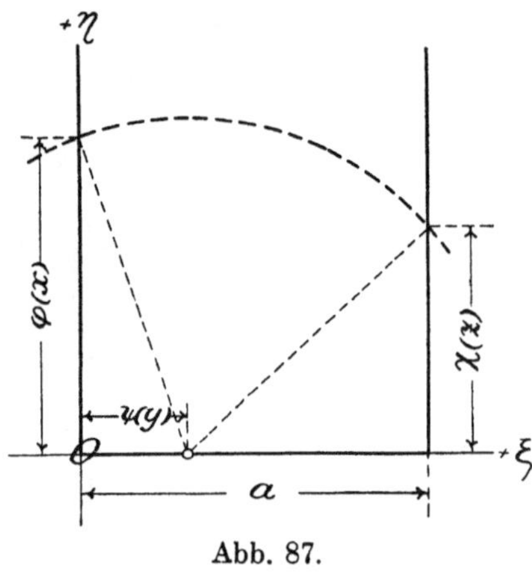

Abb. 87.

$$\left.\begin{array}{l} \xi = 0 \\ \eta = \varphi(x) \end{array}\right\} \quad (2')$$

$$\left.\begin{array}{l} \eta = 0 \\ \xi = \psi(y) \end{array}\right\} \quad (2'')$$

$$\left.\begin{array}{l} \xi = a \\ \eta = \chi(z) \end{array}\right\} \cdot (2''')$$

Soll der Mittelpunkt eines Ablesekreises mit dem veränderlichen Halbmesser r mit den Punkten der y-Skala zusammenfallen (Abb. 87), so hat die Ablesekurve die Gleichung

$$\{\xi - \psi(y)\}^2 + \eta^2 - r^2 = 0. \quad \ldots \ldots \quad (3$$

Dieser Kreis geht durch die Punkte mit den durch die Gleichungen (2') und (2''') bestimmten Koordinaten, wenn

$$\psi^2(y) + \varphi^2(x) - r^2 = 0 \quad \ldots \ldots \ldots \quad (4)$$

und

$$a^2 - 2a\,\psi(y) + \psi^2(y) + \chi^2(z) - r^2 = 0 \quad \ldots \ldots \quad (5)$$

Die Elimination des Parameters r aus diesen beiden Gleichungen ergibt für die Form derjenigen Gleichungen, die in einer Tafel der oben beschriebenen Art dargestellt werden können, die folgende

$$\varphi^2(x) - \chi^2(z) + 2a\,\psi(y) - a^2 = 0. \quad \ldots \ldots \quad (1)$$

Für die Abszissen und Ordinaten muß dieselbe Maßeinheit gewählt werden.

§ 12. Tafeln mit drei geradlinigen Skalenträgern durch einen Punkt und einem Kreis als Ablesekurve.

Sind bei einer Tafel für eine Gleichung zwischen den drei Veränderlichen x, y und z die Skalenträger drei Gerade durch einen Punkt, und wählt man hierfür die beiden Achsen eines rechtwinkligen Koordinatensystems, so lauten die zur Herstellung der Skalen erforderlichen Gleichungen

$$\left.\begin{array}{l} \eta = 0 \\ \xi = -\,\varphi(x) \end{array}\right\} \quad (2')$$

$$\left.\begin{array}{l} \eta = 0 \\ \xi = \psi(y) \end{array}\right\} \quad (2'')$$

$$\left.\begin{array}{l} \xi = 0 \\ \eta = \chi(z) \end{array}\right\} \;\cdot\;\cdot\;(2''')$$

Wählt man die y-Skala als Mittelpunktskala für den Ablesekreis (Abb. 88), und bezeichnet man dessen Halbmesser mit r, so hat der Kreis die Gleichung

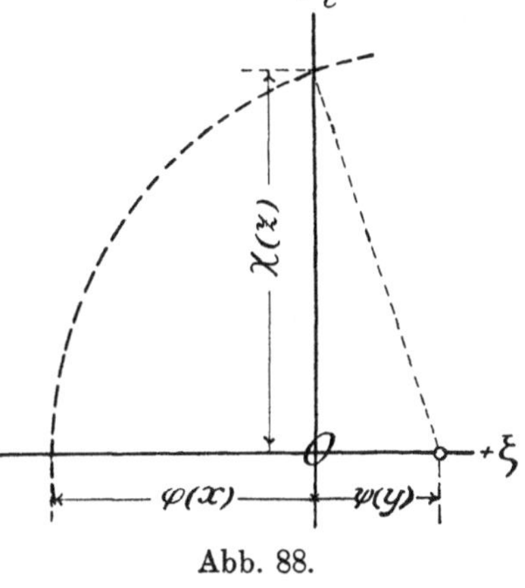

Abb. 88.

$$\{\xi - \psi(y)\}^2 + \eta^2 - r^2 = 0. \ \ldots \ldots \ldots (3)$$

Damit dieser Kreis durch die Punkte der Gleichungen $(2')$ und $(2''')$ geht, müssen die Gleichungen gelten

$$\{\varphi(x) + \psi(y)\}^2 - r^2 = 0 \ \ldots \ldots \ldots (4)$$

$$\psi^2(y) + \chi^2(z) - r^2 = 0 \ \ldots \ldots \ldots (5)$$

Die Elimination des Parameters r aus den Gleichungen (4) und (5) ergibt als Bedingung dafür, daß der Ablesekreis gleichzeitig durch je einen bestimmten Punkt der x- und der z-Skala geht, die Gleichung

$$\varphi^2(x) + 2\,\varphi(x)\,\psi(y) - \chi^2(z) = 0 \ \ldots \ldots (1)$$

Dies ist die Form derjenigen Gleichungen, die in einer Tafel mit drei geraden, durch einen Punkt gehenden Punktskalen in Verbindung mit einem Kreis als Ablesekurve dargestellt werden können. Eine solche Tafel eignet sich zunächst für den Fall, daß der Wert der Veränderlichen y gegeben ist.

Auch bei dieser Tafelform muß für die Abszissen und Ordinaten dieselbe Maßeinheit gewählt werden.

Beispiel. In einer Tafel der angegebenen Art kann man die besondere Form der Gleichung zweiten Grades darstellen

$$x^2 + ax - b = 0.$$

Bei ihr sind die Skalen bestimmt durch die Gleichungen

$$\left.\begin{array}{l} \eta = 0 \\ \xi = -x \end{array}\right\} \qquad \left.\begin{array}{l} \eta = 0 \\ \xi = \dfrac{a}{2} \end{array}\right\} \qquad \left.\begin{array}{l} \xi = 0 \\ \eta = \sqrt{b} \end{array}\right\}.$$

Die hiermit sich ergebende Tafel ist in der Abb. 89 gezeichnet; das angegebene Zahlenbeispiel bezieht sich auf die Gleichung

$$x^2 - 3x - 4 = 0,$$

für welche man erhält $x_1 = -1$ und $x_2 = +4$.

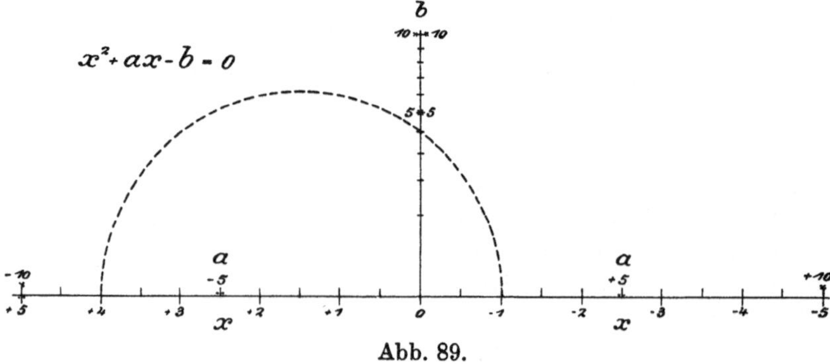

Abb. 89.

§ 13. Tafeln mit beliebigen Skalenträgern und einem Kreis als Ablesekurve.

Bei einer Tafel für eine Gleichung zwischen den drei Veränderlichen x, y und z sind allgemein die Skalen bestimmt durch drei Gleichungspaare von der Form

$$\left.\begin{array}{l} \xi = g_1(x) \\ \eta = h_1(x) \end{array}\right\} \ (2') \qquad \left.\begin{array}{l} \xi = g_2(y) \\ \eta = h_2(y) \end{array}\right\} \ (2'') \qquad \left.\begin{array}{l} \xi = g_3(z) \\ \eta = h_3(z) \end{array}\right\} \ \ \cdot \ \cdot \ (2''')$$

Ein Ablesekreis mit dem Halbmesser r, dessen Mittelpunkt mit den Punkten der y-Skala zusammenfällt, hat — unter Zugrundelegung eines rechtwinkligen Koordinatensystems — die Gleichung

$$\{\xi - g_2(y)\}^2 + \{\eta - h_2(y)\}^2 - r^2 = 0 \ \ \cdot \ \cdot \ \cdot \ \cdot \ (3)$$

Die Bedingungsgleichung dafür, daß dieser Kreis durch zwei durch die Gleichungen (2') und (2''') bestimmte Punkte geht, ergibt die Form derjenigen Gleichungen, die sich in einer Tafel der bezeichneten Art darstellen lassen.

Durch Elimination der laufenden Koordinaten ξ und η aus den Gleichungen (3) und (2') bzw. (2''') erhält man

$$\text{und} \quad \{g_1(x) - g_2(y)\}^2 + \{h_1(x) - h_2(y)\}^2 - r^2 = 0 \quad . \quad . \quad . \quad (4)$$

$$\{g_3(z) - g_2(y)\}^2 + \{h_3(z) - h_2(y)\}^2 - r^2 = 0 \quad . \quad . \quad . \quad (5)$$

Eliminiert man aus diesen beiden Gleichungen den Parameter r, so findet man für die besagte Gleichungsform

$$\frac{g_1(x) - g_3(z)}{h_1(x) - 2\,h_2(y) + h_3(z)}$$
$$+ \frac{h_1(x) - h_3(z)}{g_1(x) - 2\,g_2(y) + g_3(z)} = 0 \quad (1)$$

Diese Gleichung gibt allgemein die Form derjenigen Gleichungen an, die in einer Tafel mit Punktskalen und einem Kreis als Ablesekurve (Abb. 90) dargestellt werden können; die in den drei vorhergehenden Paragraphen für

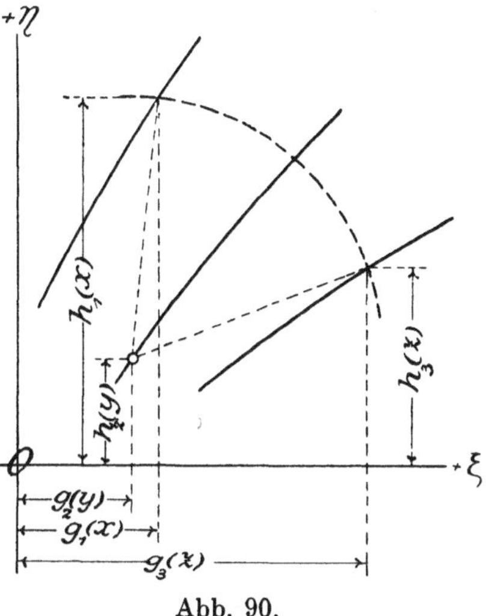

Abb. 90.

bestimmte Skalenträger aufgestellten Gleichungsformen lassen sich demnach aus der Gleichung (1) ableiten.

§ 14. Tafeln mit drei geradlinigen parallelen Skalenträgern und einem System von Ablesekurven in Form eines einen rechten Winkel bildenden Zweistrahls.

Außer den seither angeführten Tafelformen mit einer einfachen Ablesekurve gibt es auch solche, bei denen die Ablesungen mit Hilfe eines Systems von Kurven auszuführen sind. Als Kurvensysteme im Sinne von Ablesevorrichtungen kommen zunächst in Betracht ein einen rechten Winkel bildender Zweistrahl, ein Dreistrahl und zwei Parallele mit veränderlichem Abstand.

Soll die Gleichung

$$z = f(x, y) \quad . \quad . \quad . \quad . \quad . \quad . \quad . \quad (1)$$

in einer Tafel mit z. B. drei parallelen Skalenträgern dargestellt werden, so sind, wenn man für die y-Skala die Ordinatenachse wählt, die Skalen bestimmt durch die drei Gleichungspaare

$$\left.\begin{array}{l}\xi = a \\ \eta = \varphi(x)\end{array}\right\} \cdot (2') \qquad \left.\begin{array}{l}\xi = 0 \\ \eta = \psi(y)\end{array}\right\} \cdot (2'') \qquad \left.\begin{array}{l}\xi = -b \\ \eta = \chi(z)\end{array}\right\} \cdot \cdot (2''')$$

Die beiden Geraden eines einen rechten Winkel bildenden Zweistrahls[1]) haben im rechtwinkligen Koordinatensystem Gleichungen von der Form

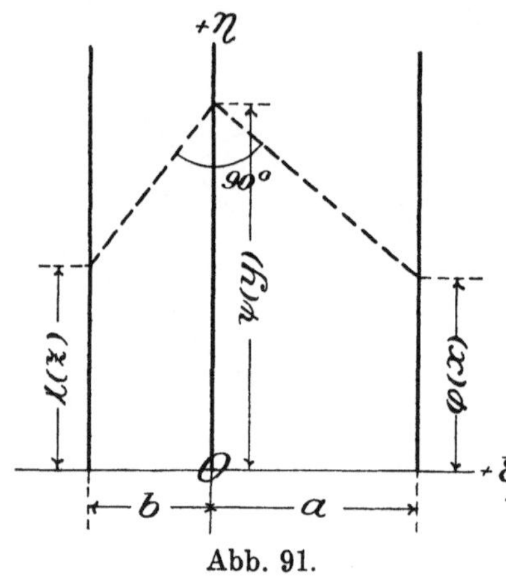

Abb. 91.

$$\eta = m\xi + q_1 \cdot \cdot \cdot (3')$$

und

$$\eta = -\frac{1}{m}\xi + q_2 \cdot \cdot \cdot \cdot (3'')$$

Nimmt man an, daß der Zweistrahl derart auf die Tafel gelegt werden soll, daß sein Scheitel mit den Punkten der y-Skala zusammenfällt (Abb. 91), so müssen die beiden, durch Elimination von ξ und η aus der Gleichung (3') bzw. (3'') und den beiden Gleichungen (2'') sich ergebenden Gleichungen bestehen

$$\psi(y) = q_1 \cdot \cdot \cdot (4') \quad \text{und} \quad \psi(y) = q_2 \cdot \cdot \cdot \cdot \cdot (4'')$$

Damit die Gerade $\left\{\begin{array}{l}(3')\\(3'')\end{array}\right\}$ die $\left\{\begin{array}{l}x\text{-}\\z\text{-}\end{array}\right\}$ Skala in einem durch die

Gleichungen $\left\{\begin{array}{l}(2')\\(2''')\end{array}\right\}$ bestimmten Punkte trifft, müssen die beiden Gleichungen gelten

$$\varphi(x) = ma + q_1 \cdot \cdot \cdot \cdot \cdot \cdot \cdot \cdot \cdot (5)$$

und

$$\chi(z) = \frac{b}{m} + q_2, \cdot \cdot \cdot \cdot \cdot \cdot \cdot \cdot (6)$$

die man durch Elimination von ξ und η aus den Gleichungen (3') und (2') bzw. (3'') und (2''') erhält.

---

[1]) Die Verwendung einer Ablesevorrichtung in Form eines einen rechten Winkel bildenden Zweistrahls wurde von E. Goedseels vorgeschlagen, der eine solche Tafel als „abaque à équerre" bezeichnet.

Eliminiert man aus den vier Gleichungen $(4')$, $(4'')$, (5) und (6) die drei Parameter m, q_1 und q_2, so findet man für die in einer Tafel der angegebenen Art darstellbare Form der Gleichung (1)[1]

$$\{\varphi(x) - \psi(y)\}\{\chi(z) - \psi(y)\} = ab \quad \dots \quad (1')$$

Wie aus dem Vorstehenden hervorgeht, erfordert die vorliegende Tafelform dieselbe Maßeinheit für die Abszissen und Ordinaten.

§ 15. Tafeln mit drei geradlinigen, darunter zwei parallelen Skalenträgern und einem System von Ablesekurven in Form eines einen rechten Winkel bildenden Zweistrahls.

Enthält eine Tafel für die Gleichung

$$z = f(x, y) \quad \dots \dots \dots \quad (1)$$

drei geradlinige Skalenträger, von denen zwei parallel zueinander sind, und wählt man für die beiden letzteren die Ordinatenachse und eine Parallele zu ihr, und für den dritten Träger die Abszissenachse, so lauten die zur Herstellung der Skalen erforderlichen Gleichungen

$$\left.\begin{matrix}\xi = 0\\\eta = \varphi(x)\end{matrix}\right\} \cdot (2') \qquad \left.\begin{matrix}\eta = 0\\\xi = \psi(y)\end{matrix}\right\} \cdot (2'') \qquad \left.\begin{matrix}\xi = a\\\eta = \chi(z)\end{matrix}\right\} \cdot \cdot (2''')$$

Sollen zusammengehörige Punkte der drei Skalen durch einen Zweistrahl bestimmt sein, dessen beiden Strahlen senkrecht zueinander stehen, so haben diese im rechtwinkligen Koordinatensystem Gleichungen von der Form

$$\eta = m\xi + q_1 \quad \cdot \cdot \quad (3') \qquad \eta = -\frac{1}{m}\xi + q_2 \quad \cdot \cdot \quad (3'')$$

Bei der Verwendung einer solchen Ablesevorrichtung zusammen mit den durch die Gleichungen (2) bestimmten Skalen kann man zwei verschiedene Fälle unterscheiden, indem der Scheitel des Zweistrahls entweder mit den Punkten der y-Skala (Abb. 92) oder denen einer der beiden parallelen Skalen (Abb. 93) zusammenfallen kann.

Kommt der Scheitel des Zweistrahls auf die y-Skala zu liegen, so lauten die Bedingungsgleichungen dafür

$$0 = m\psi(y) + q_1 \quad \dots \dots \dots \quad (4')$$

und

$$0 = -\frac{\psi(y)}{m} + q_2 \quad \dots \dots \quad (4'')$$

---

[1]) Die Gleichung $(1')$ erhält man auch mit Hilfe des Pythagoräischen Lehrsatzes aus der Figur 91.

Damit die Gerade $\left\{ \begin{matrix} (3') \\ (3'') \end{matrix} \right\}$ durch einen durch die Gleichungen $\left\{ \begin{matrix} (2') \\ (2''') \end{matrix} \right\}$ bestimmten Punkt geht, müssen die Gleichungen gelten

$$\varphi(x) = q_1 \ \ldots \ldots \ldots \ldots \ldots \ (5)$$

und

$$\chi(z) = -\frac{a}{m} + q_2 \ \ldots \ldots \ldots \ (6)$$

Die Elimination der drei Parameter m, q_1 und q_2 aus den vier Gleichungen (4'), (4''), (5) und (6) ergibt für diejenige Form der Gleichung (1), die in einer Tafel der beschriebenen Art (Abb. 92) dargestellt werden kann, die folgende[1])

$$\varphi(x)\chi(z) + \psi^2(y) - a\psi(y) = 0 \ \ldots \ldots \ (1')$$

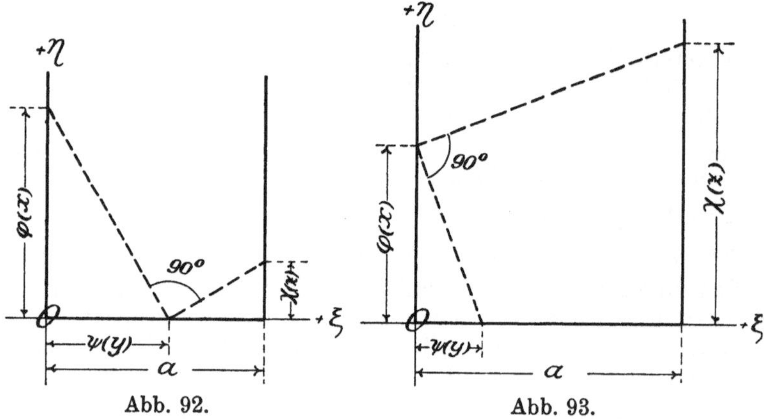

Abb. 92.   Abb. 93.

Soll der Scheitel des Zweistrahls auf einer der beiden parallelen Skalen, z. B. der x-Skala liegen, so müssen die Gleichungen bestehen

$$\varphi(x) = q_1 \ \ldots \ldots \ldots \ldots \ (4')$$

und

$$\varphi(x) = q_2 \ \ldots \ldots \ldots \ldots \ (4'')$$

Die Bedingungsgleichungen dafür, daß die Geraden (3') und (3'') die y- und die z-Skala in einem der durch die Gleichungen (2'') und (2''') festgelegten Punkte trifft, sind

$$0 = m\,\psi(y) + q_1 \ \ldots \ldots \ldots \ (5)$$

$$\chi(z) = -\frac{a}{m} + q_2 \ \ldots \ldots \ldots \ (6)$$

----

[1]) Man kann diese Gleichung auch in einfacher Weise mit Hilfe des Pythagoräischen Satzes aus der Abb. 92 ablesen.

Eliminiert man aus den Gleichungen $(\underline{4'})$, $(\underline{4''})$, $(\underline{5})$ und $(\underline{6})$ die drei Parameter m, q_1 und q_2, so erhält man [1])

$$\varphi^2(x) - \varphi(x)\,\chi(z) + a\,\psi(y) = 0 \ \ . \ \ . \ \ . \ \ . \ \ (\underline{1'})$$

Diese Form muß die Gleichung (1) haben, damit sie in einer Tafel dargestellt werden kann mit drei geradlinigen, darunter zwei parallelen Skalenträgern zusammen mit einem zur Ablesung bestimmten Zweistrahl, dessen Scheitel auf einer der parallelen Skalen liegt (Abb. 93).

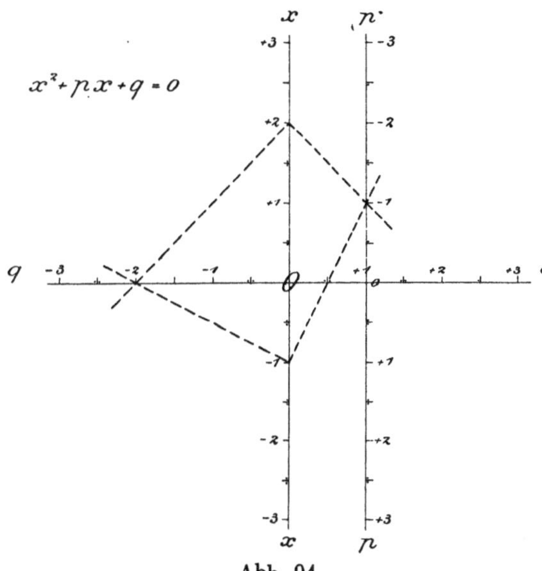

Abb. 94.

Beispiel. Die Form der Gleichung $(1')$ hat die allgemeine Gleichung zweiten Grades $\qquad x^2 + px + q = 0\,\overline{.}$

Für sie lauten die den Gleichungen (2) entsprechenden, die Skalen bestimmenden Gleichungen

$$\left.\begin{array}{l} \xi = 0 \\ \eta = x \end{array}\right\} \qquad \left.\begin{array}{l} \eta = 0 \\ \xi = q \end{array}\right\} \qquad \left.\begin{array}{l} \xi = 1 \\ \eta = -p \end{array}\right\}.$$

Diese ergeben die Tafel der Abb. 94. Die Aufsuchung der beiden, zu gegebenen Werten von p und q gehörigen Werte von x geschieht bei der vorliegenden Tafel am besten mit Hilfe des auf einem durchsichtigen Stoff gezeichneten Zweistrahls. In der Abbildung sind die beiden, der Gleichung $\qquad x^2 - x - 2 = 0$

entsprechenden Lagen des Zweistrahls angegeben, für die man $x_1 = 2$ und $x_2 = -1$ abliest.

---

[1]) Diese Gleichung ergibt sich auch aus der Figur 93.

§ 16. Tafeln mit drei geradlinigen, durch einen Punkt gehenden Skalenträgern und einem System von Ablesekurven in Form eines einen rechten Winkel bildenden Zweistrahls.

Wählt man bei einer Tafel mit drei geraden, durch einen Punkt gehenden Skalenträgern für diese die Koordinatenachsen, so sind die Skalen bestimmt durch die Gleichungen

$$\left.\begin{array}{l}\xi=\varphi(x)\\\eta=0\end{array}\right\}\cdot(2')\qquad\left.\begin{array}{l}\xi=-\psi(y)\\\eta=0\end{array}\right\}\cdot(2'')\qquad\left.\begin{array}{l}\xi=0\\\eta=\chi(z)\end{array}\right\}\cdot\cdot(2''')$$

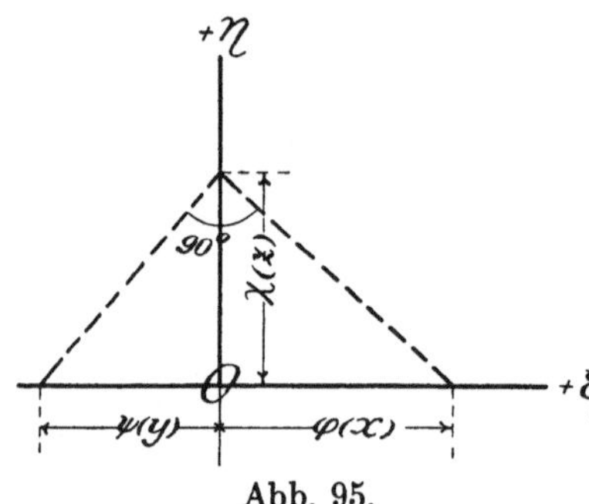

Abb. 95.

Die beiden Geraden eines einen rechten Winkel bildenden Zweistrahls haben in einem rechtwinkligen Koordinatensystem die Gleichungen

$$\eta=m\,\xi+q_1\quad\cdot\cdot\quad(3')$$

und

$$\eta=-\frac{1}{m}\,\xi+q_2\quad(3'')$$

Damit der Scheitel des Zweistrahls auf der nur eine Skala tragenden Ordinatenachse liegt, also mit den Punkten der z-Skala zusammenfällt (Abb. 95), müssen die beiden Gleichungen gelten

$$\chi(z)=q_1\;\ldots\;(4')\qquad\text{und}\qquad\chi(z)=q_2\;\ldots\;(4'')$$

Die Bedingungen dafür, daß die Gerade $\left\{\begin{array}{l}(3')\\(3'')\end{array}\right\}$ die Abszissenachse in den durch die Gleichungen $\left\{\begin{array}{l}(2')\\(2'')\end{array}\right\}$ bestimmten Punkten trifft, erhält man durch Elimination der laufenden Koordinaten ξ und η aus den betreffenden Gleichungen; dabei findet man

$$0=m\,\varphi(x)+q_1\;\ldots\ldots\ldots\;(5)$$

und

$$0=\frac{1}{m}\,\psi(y)+q_2\;\ldots\ldots\ldots\;(6)$$

Eliminiert man aus den vier Gleichungen (4'), (4''), (5) und (6) die drei Parameter m, q_1 und q_2, so ergibt sich die Gleichung

$$\chi^2(z)=\varphi(x)\,\psi(y),\;\ldots\ldots\ldots\;(1)$$

die man auch auf Grund des Höhensatzes im rechtwinkligen Dreieck unmittelbar aus der Abb. 95 ablesen kann. Dies ist die Form, die eine Gleichung zwischen den Veränderlichen x, y und z haben muß, damit sie in einer Tafel mit geradlinigen Skalenträgern der angegebenen Art zusammen mit einem bei der Ablesung benutzten Zweistrahl dargestellt werden kann.

§ 17. Tafeln mit beliebigen Skalenträgern und einem System von Ablesekurven in Form eines einen rechten Winkel bildenden Zweistrahls.

Bei einer Tafel für die Gleichung

$$z = f(x, y) \quad\ldots\ldots\ldots\ldots (1)$$

sind allgemein die Skalen bestimmt durch drei Gleichungspaare von der Form

$$\left.\begin{array}{l} \xi = g_1(x) \\ \eta = h_1(x) \end{array}\right\} \quad\cdot\cdot\ (2')$$

$$\left.\begin{array}{l} \xi = g_2(y) \\ \eta = h_2(y) \end{array}\right\} \quad\cdot\cdot\ (2'')$$

$$\left.\begin{array}{l} \xi = g_3(z) \\ \eta = h_3(z) \end{array}\right\} \quad\cdot\cdot\ (2''')$$

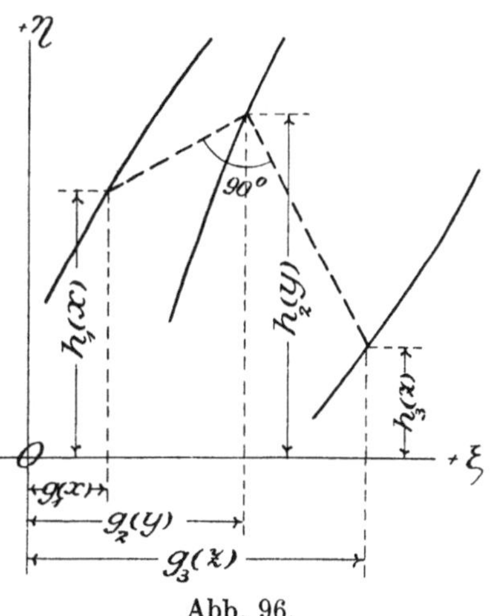

Abb. 96.

Die beiden Geraden eines einen rechten Winkel bildenden Zweistrahls haben im rechtwinkligen Koordinatensystem die Gleichungen

$$\eta = m\,\xi + q_1 \quad\cdot\cdot\cdot\ (3')$$

$$\eta = -\frac{1}{m}\,\xi + q_2 \quad\cdot\ (3'')$$

Nimmt man an, daß der Zweistrahl so auf die Tafel gelegt werden soll, daß sein Scheitel auf die y-Skala zu liegen kommt, so müssen die beiden, durch Elimination von ξ und η aus den Gleichungen (2'') und (3') bzw. (3'') sich ergebenden Gleichungen bestehen

$$h_2(y) = m\,g_2(y) + q_1 \quad (4') \qquad \text{und} \qquad h_2(y) = -\frac{1}{m}\,g_2(y) + q_2 \cdot \quad (4'')$$

Die Bedingungen dafür, daß die beiden Geraden des Zweistrahls durch die Punkte der Gleichungen (2′) und (2‴) gehen, erhält man durch Elimination der laufenden Koordinaten aus den betreffenden Gleichungen; dabei ergibt sich

$$h_1(x) = m\,g_1(x) + q_1 \quad\ldots\ldots\ldots\ldots \quad (5)$$

und

$$h_3(z) = -\frac{1}{m}\,g_3(z) + q_2 \quad\ldots\ldots\ldots \quad (6)$$

Diejenige Form der Gleichung (1), für welche eine Darstellung der Gleichung in einer Tafel mit Punktskalen und einem zur Ablesung bestimmten Zweistrahl möglich ist (Abb. 96), erhält man durch Elimination der drei Parameter m, q_1 und q_2 aus den vier Gleichungen (4′), (4″), (5) und (6); sie lautet

$$\{g_1(x) - g_2(y)\}\{g_3(z) - g_2(y)\} + \{h_1(x) - h_2(y)\}\{h_3(z) - h_2(y)\} = 0 \quad (1')$$

Diese Gleichung kann man auch mit Hilfe des Pythagoräischen Satzes aus der Abb. 96 herleiten.

§ 18. Tafeln mit zwei zueinander senkrechten Ablesegeraden, von denen eine durch einen festen Punkt geht.

Bei einer Tafel für eine Gleichung zwischen den drei Veränderlichen x, y und z sind die drei Skalen festgelegt durch drei Gleichungspaare von der Form

$$\left.\begin{aligned}\xi &= g_1(x)\\ \eta &= h_1(x)\end{aligned}\right\} \quad \cdot \quad (1')$$

$$\left.\begin{aligned}\xi &= g_2(y)\\ \eta &= h_2(y)\end{aligned}\right\} \quad \cdot \quad (1'')$$

$$\left.\begin{aligned}\xi &= g_3(z)\\ \eta &= h_3(z)\end{aligned}\right\} \quad \cdot \quad (1''')$$

Sollen zusammengehörige, eine bestimmte Gleichung befriedigende Werte der drei Veränderlichen auf zwei zueinander senkrechten Geraden liegen, von denen eine durch einen festen Punkt geht, und wählt man für diesen

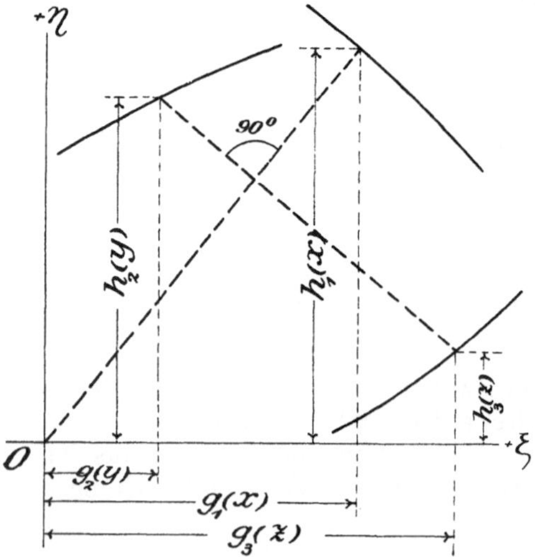

Abb. 97.

den Ursprung eines rechtwinkligen Koordinatensystems, so haben die beiden Ablesegeraden Gleichungen von der Form

$$\eta = m\,\xi \qquad\qquad (2)$$

und

$$\eta = -\frac{1}{m}\,\xi + q \qquad\qquad (3)$$

Soll die erste Gerade durch die Punkte der x-Skala, und die zweite Gerade durch die Punkte der beiden anderen Skalen gehen (Abb. 97), so müssen die Gleichungen gelten

$$h_1(x) = m g_1(x),$$

$$h_2(y) = -\frac{1}{m}\,g_2(y) + q$$

und

$$h_3(z) = -\frac{1}{m}\,g_3(z) + q.$$

Die Elimination der beiden Parameter m und q aus den drei Bedingungsgleichungen ergibt für die Form, die eine Gleichung haben muß, damit sie in einer Tafel der vorliegenden Art dargestellt werden kann, die folgende

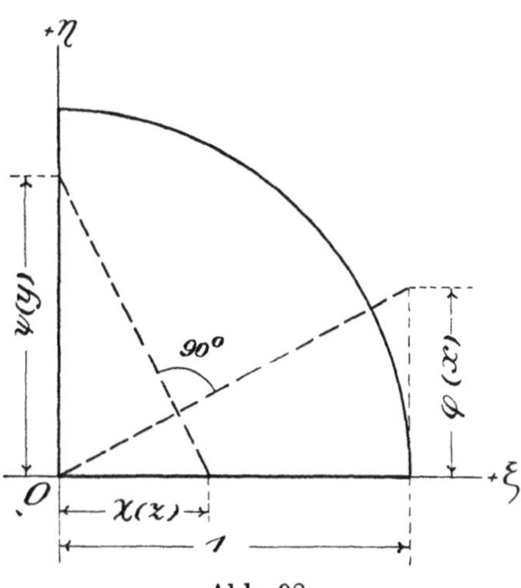

Abb. 98.

$$h_1(x)\{h_2(y) - h_3(z)\} = g_1(x)\{g_3(z) - g_2(y)\}$$

oder

$$\frac{g_1(x)}{h_1(x)} = \frac{h_2(y) - h_3(z)}{g_3(z) - g_2(y)} \qquad\qquad (4)$$

Eine besonders einfache Form für eine Tafel der angegebenen Art ergibt sich, wenn die Träger zweier Skalen — z. B. der y- und der z-Skala — zwei zueinander senkrechte Gerade sind, und wenn der Träger der dritten Skala ein Kreis um den Schnittpunkt jener Geraden ist (Abb. 98). Betrachtet man die beiden geradlinigen Skalenträger als die Achsen eines Koordinatensystems, so sind die y- und die z-Skala bestimmt durch die Gleichungen

$$\left.\begin{array}{l}\xi = 0\\ \eta = \psi(y)\end{array}\right\} \quad \text{und} \quad \left.\begin{array}{l}\xi = \chi(z)\\ \eta = 0\end{array}\right\};$$

die x-Skala kann hergestellt werden auf Grund der Gleichungen

$$\left.\begin{array}{l} \xi^2 + \eta^2 - r^2 = 0 \\[2em] \eta = \xi\,\varphi(x) \end{array}\right\} \quad \text{oder} \quad \left.\begin{array}{l} \xi = \dfrac{r}{\sqrt{1 + \varphi^2(x)}} \\[1em] \eta = \dfrac{r\,\varphi(x)}{\sqrt{1 + \varphi^2(x)}} \end{array}\right\}.$$

Mit diesen Gleichungen an Stelle der Gleichungen (1) geht die Gleichung (4) über in

$$\chi(z) = \varphi(x)\,\psi(y) \quad \ldots \ldots \ldots \quad (5)$$

Wie diese Gleichung[1]) zeigt, darf der Halbmesser des die x-Skala tragenden Kreises beliebig gewählt werden.

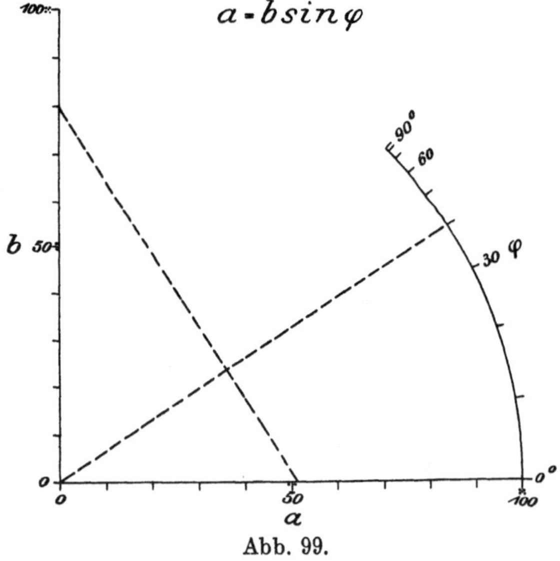

Abb. 99.

Beispiel. Bei der Gleichung

$$a = b\sin\varphi$$

hat man zur Herstellung der drei Skalen die Gleichungen

$$\left.\begin{array}{l} \xi = 0 \\ \eta = b \end{array}\right\} \quad \left.\begin{array}{l} \xi = a \\ \eta = 0 \end{array}\right\} \quad \left.\begin{array}{l} \xi^2 + \eta^2 - r^2 = 0 \\ \eta = \xi\sin\varphi \end{array}\right\}.$$

Die diesen entsprechende Tafel zeigt die Abb. 99; die in dieser angegebenen Ablesegeraden beziehen sich auf die Werte $a = 51$, $b = 80$ und $\varphi = 40^\circ$.

---

[1]) Man kann diese Gleichung auch in einfacher Weise aus der Abb. 98 herleiten.

§ 19. Tafeln mit geradlinigen, durch einen Punkt gehenden Skalenträgern und einem System von Ablesekurven in Form eines Dreistrahls.

Sind in einer Tafel für eine Gleichung zwischen den Veränderlichen x, y und z die Skalenträger drei durch einen Punkt gehende Gerade, und wählt man für diesen Punkt den Koordinatenursprung und als Träger für die x-Skala die Abszissenachse, so haben die Skalenträger — wenn α_y und α_z die Richtungswinkel der geradlinigen Träger der y- und der z-Skala bedeuten — die Gleichungen

$$\eta = 0,$$

und

$$\eta = \xi \operatorname{tg} \alpha_y$$

$$\eta = \xi \operatorname{tg} \alpha_z .$$

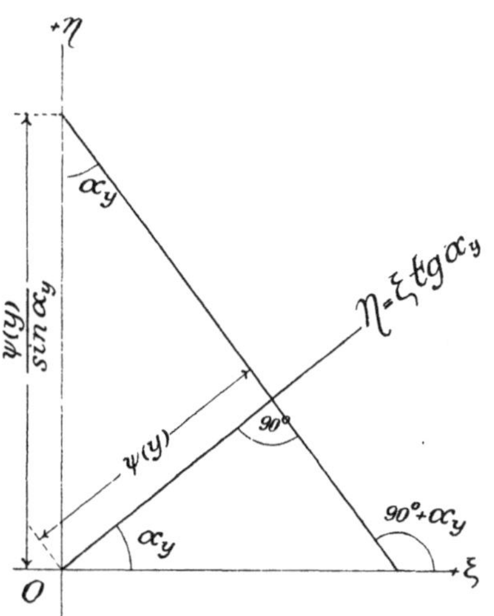

Abb. 100.

Denkt man sich auf diesen Trägern vom Ursprung aus $\varphi(x)$ bzw. $\psi(y)$ bzw. $\chi(z)$ abgetragen, so ergeben sich die Skalenpunkte als Schnittpunkte der Trägergeraden mit je einer Schar zu ihnen senkrechter Geraden; diese drei Geradenscharen haben dann (Abb. 100) die Gleichungen

$$\xi = \varphi(x), \qquad \eta = -\,\xi \operatorname{ctg} \alpha_y + \frac{\psi(y)}{\sin \alpha_y}, \qquad \eta = -\,\xi \operatorname{ctg} \alpha_z + \frac{\chi(z)}{\sin \alpha_z} .$$

Die drei Skalen sind demnach bestimmt durch die drei Gleichungspaare

$$\left. \begin{aligned} \eta &= 0 \\ \xi &= \varphi(x) \end{aligned} \right\} \;\cdots\; (2') \qquad\qquad \left. \begin{aligned} \eta &= \xi \operatorname{tg} \alpha_y \\ \eta &= -\,\xi \operatorname{ctg} \alpha_y + \frac{\psi(y)}{\sin \alpha_y} \end{aligned} \right\} \;\cdots\; (2'')$$

$$\left. \begin{aligned} \eta &= \xi \operatorname{tg} \alpha_z \\ \eta &= -\,\xi \operatorname{ctg} \alpha_z + \frac{\chi(z)}{\sin \alpha_z} \end{aligned} \right\} \;\cdots\cdots\; (2''')$$

Sollen je drei zusammengehörige Punkte der drei Skalen durch die drei Geraden eines Dreistrahls bestimmt sein, so müssen diese eine bestimmte Lage zu den Trägergeraden haben; nimmt man den einfachsten Fall an, daß die Geraden des Dreistrahls je senkrecht zu den Skalenträgern stehen, so haben die ersteren die Gleichungen

$$\xi = \varphi(x),$$

$$\eta = -\xi \operatorname{ctg} \alpha_y + \frac{\psi(y)}{\sin \alpha_y}$$

und

$$\eta = -\xi \operatorname{ctg} \alpha_z + \frac{\chi(z)}{\sin \alpha_z}.$$

Die Bedingung dafür, daß diese drei Geraden einen Dreistrahl bilden oder durch einen Punkt gehen, erhält man durch Elimination der laufenden Koordinaten; diese ergibt die Gleichung

$$\varphi(x)\left\{\operatorname{ctg} \alpha_z - \operatorname{ctg} \alpha_y\right\} + \frac{\psi(y)}{\sin \alpha_y} - \frac{\chi(z)}{\sin \alpha_z} = 0$$

oder

$$\varphi(x) \frac{\sin(\alpha_y - \alpha_z)}{\sin \alpha_y \sin \alpha_z} + \frac{\psi(y)}{\sin \alpha_y} - \frac{\chi(z)}{\sin \alpha_z} = 0 \quad . \quad . \quad (1)$$

Diese Gleichung nimmt besonders einfache Formen an, wenn man $\alpha_y = 90^0$ und $\alpha_z = 45^0$ bzw. $\alpha_y = 120^0$ und $\alpha_z = 60^0$ setzt.

a) Mit $\alpha_y = 90^0$ und $\alpha_z = 45^0$ geht die Gleichung (1) über in

$$\varphi(x) + \psi(y) - \chi(z)\sqrt{2} = 0 \quad . \quad . \quad . \quad . \quad . \quad . \quad (1')$$

An die Stelle der Gleichungen (2) treten dann die Gleichungen

$$\left.\begin{aligned}\eta &= 0 \\ \xi &= \varphi(x)\end{aligned}\right\} \qquad \left.\begin{aligned}\xi &= 0 \\ \eta &= \psi(y)\end{aligned}\right\} \qquad \left.\begin{aligned}\eta &= \xi \\ \xi + \eta &= \chi(z)\sqrt{2}\end{aligned}\right\}.$$

b) Mit $\alpha_y = 120^0$ und $\alpha_z = 60^0$ ergibt sich aus Gleichung (1)

$$\varphi(x) + \psi(y) - \chi(z) = 0 \quad . \quad . \quad . \quad . \quad . \quad . \quad (1'')$$

Die den Gleichungen (2) entsprechenden Gleichungen lauten dann

$$\left.\begin{aligned}\eta &= 0 \\ \xi &= \varphi(x)\end{aligned}\right\} \qquad \left.\begin{aligned}\eta &= -\xi\sqrt{3} \\ \eta &= \tfrac{1}{3}\xi\sqrt{3} + \tfrac{2}{3}\psi(y)\sqrt{3}\end{aligned}\right\}$$

$$\left.\begin{aligned}\eta &= \xi\sqrt{3} \\ \eta &= -\tfrac{1}{3}\xi\sqrt{3} + \tfrac{2}{3}\chi(z)\sqrt{3}\end{aligned}\right\}.$$

Für die Herstellung der Skalen verwendet man bei beiden
Tafelformen nicht die aus den Gleichungen (2) sich ergebenden
Gleichungen, sondern beachtet die für die Skalen gemachte
Annahme, wonach man die Skalen erhält durch Abtragen von
$\varphi(x)$ bzw. $\psi(y)$ bzw. $\chi(z)$ (Abb. 100) vom Schnittpunkt der
Skalenträger aus. In den Abb. 101a und b sind die beiden
Tafelformen[1]) schematisch dargestellt. Wie sich in einfacher
Weise zeigen läßt, ist es bei diesen beiden Tafelformen nicht
notwendig, daß die Geraden des Dreistrahls senkrecht zu den
Skalenträgern stehen[2]); mit Rücksicht auf die Genauigkeit bei
der Ablesung wird man aber den auf einem durchsichtigen
Stoff gezeichneten Dreistrahl so auf die Tafel legen, daß seine
Strahlen ungefähr senkrecht zu den Skalenträgern sind.

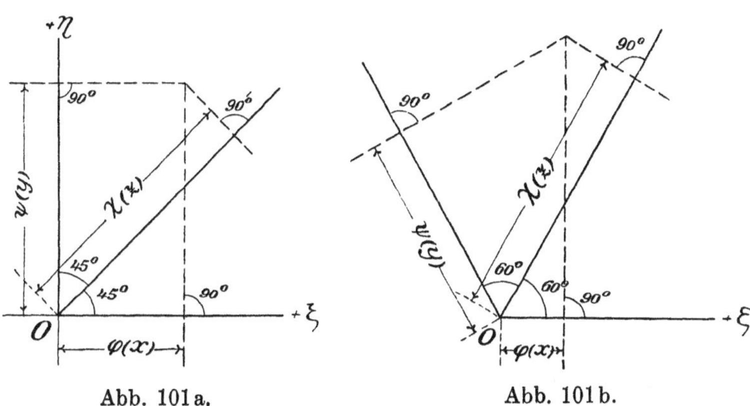

Abb. 101a. Abb. 101b.

Die Gleichungen (1') und (1'') stellen die Formen derjenigen
Gleichungen vor, die in einer Tafel der in den Abb. 101a und b
angegebenen Art dargestellt werden können; dabei ist besonders
zu beachten, daß man zu diesen Gleichungsformen gelangt
durch Logarithmieren der typischen Gleichung

$$f_3(z) = f_1(x)\, f_2(y),$$

wobei man erhält

$$\log f_1(x) + \log f_2(y) - \log f_3(z) = 0.$$

---

[1]) Die in der Abb. 101b angegebene Tafelform wurde von Ch. Lallemand eingeführt und von ihm als „abaque hexagonal" bezeichnet.

[2]) Hierauf hat für die Tafel der Abb. 101b erstmals hingewiesen
O. Lacmann in Zeitschr. für Vermessungswesen 1923, Seite 251.

$$z = x \cdot y$$

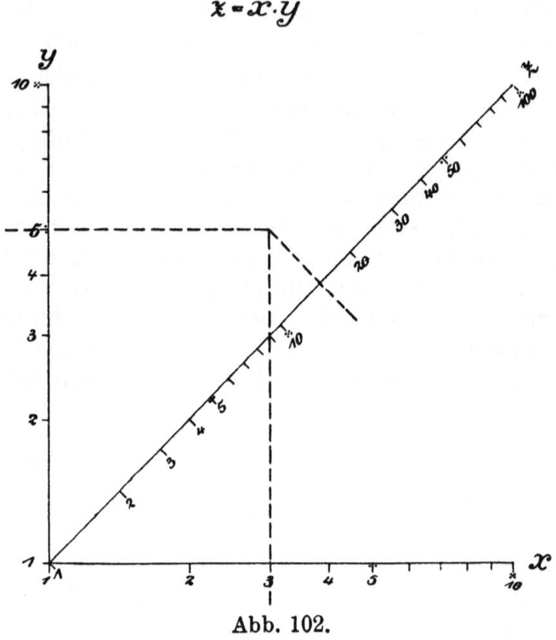

Abb. 102.

$$z = x \cdot y$$

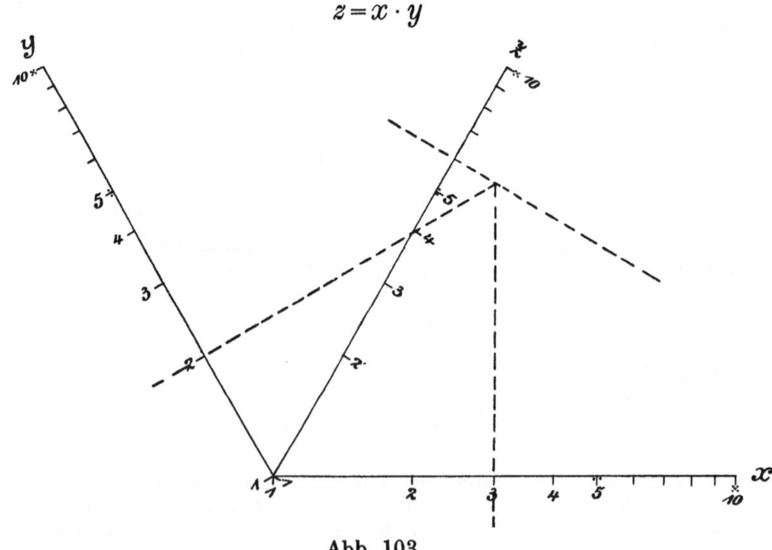

Abb. 103.

Beispiel. Die wichtigste hierher gehörige Tafel ist die Multiplikationstafel, der die Gleichung zugrunde liegt

$$z = xy.$$

Logarithmiert man diese, so nimmt sie die Form der Gleichungen (1) an und lautet dann

$$\log x + \log y - \log z = 0.$$

Wählt man entsprechend der Abb. 101a als Skalenträger drei, je einen Winkel von 45^0 einschließende Gerade, so hat man — wie ein Vergleich mit der Gleichung (1') zeigt — auf den beiden äußeren Geraden $\log x$ und $\log y$, und auf der mittleren $\dfrac{\log z}{\sqrt{2}}$ abzutragen. Die so entstehende Tafel ist in der Abb. 102 gezeichnet. Die Lage des Dreistrahls, dessen Geraden Winkel von 90 und 45^0 einschließen, ist für die zusammengehörigen Werte $x = 3$, $y = 5$ und $z = 15$ in der Abbildung gezeichnet.

Wählt man, wie in der Abb. 101b, als Skalenträger drei, je einen Winkel von 60^0 einschließende Gerade, so erhält man — entsprechend der Gleichung (1'') — die Skalen durch Abtragen von $\log x$, $\log y$ und von $\log z$ auf den Skalenträgern. Die so sich ergebende Tafel ist in der Abb. 103 angegeben. Die eingezeichnete Lage des Dreistrahls entspricht den Werten $x = 3$, $y = 2$ und $z = 6$.

§ 20. Tafeln mit geradlinigen, durch einen Punkt gehenden Skalenträgern und einem System von Ablesekurven in Form von zwei parallelen Geraden mit veränderlichem Abstand.

In einer Tafel dieser Art lassen sich Gleichungen darstellen von der Form

$$\varphi(x)\,\psi(y) = \chi(z) \quad \ldots \ldots \ldots \quad (1)$$

Schreibt man diese Gleichung folgendermaßen

$$\frac{\varphi(x)}{1} = \frac{\chi(z)}{\psi(y)}, \quad \ldots \ldots \ldots \quad (1')$$

so stellt sie eine Proportion vor. Trägt man auf den Achsen eines Koordinatensystems $\varphi(x)$, $\psi(y)$ und $\chi(z)$ als Strecken in der in der Abb. 104 angegebenen Weise auf, so erhält man drei Punkte A, D und C, die zusammen mit dem in der Entfernung gleich der Einheit gezeichneten Punkt B zwei parallele Gerade AB und CD bestimmen. Die Abb. 104 stellt demnach die schematische Form einer Tafel für die Gleichung (1) vor, bei der die x-Skala und die z-Skala auf der einen und die y-Skala auf der anderen Achse eines Koordinatensystems anzutragen sind. Die jeweiligen beiden parallelen Ablesegeraden erhält man bei einer solchen Tafel entweder mit Hilfe einer auf einem durchsichtigen Stoff angegebenen Parallelenschar mit

beliebigem, am besten gleichem Abstand, oder mit Hilfe von
zwei auf verschiedenen Stücken eines durchsichtigen Stoffes

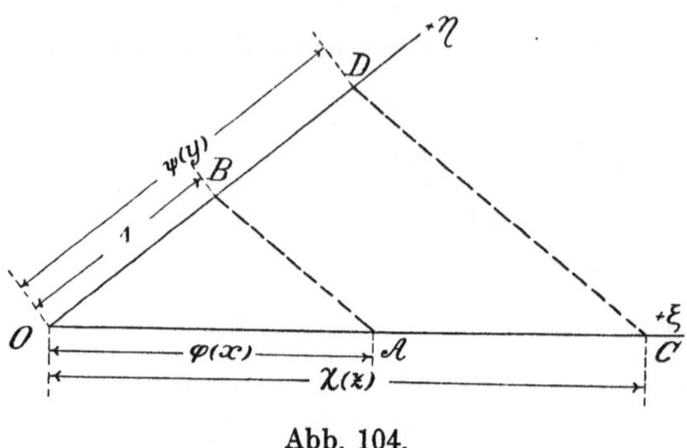

Abb. 104.

angegebenen Geraden, wobei die beiden Stücke in der in der
Abb. 105 angedeuteten Weise miteinander verbunden sind [1]).

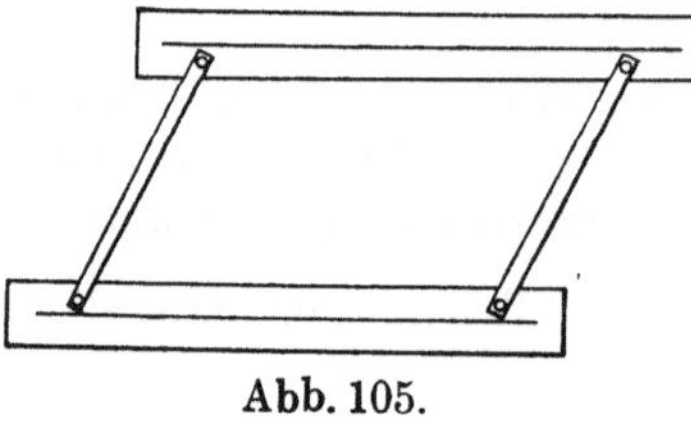

Abb. 105.

Beispiel. In einer Tafel der
angegeben Art kann man darstellen
die Gleichung

$$\sin \beta = \frac{\sin b}{\sin a}.$$

Bei dieser Gleichung stimmen die
beiden auf der einen Achse anzutra-
genden Skalen genau überein; die
ihr entsprechende Tafel ist in der
Abb. 106 enthalten, in der die Lage der beiden parallelen Ablesegeraden
für $a = 40^0$, $b = 30^0$ und damit $\beta = 51^0$ angegeben ist.

An Stelle der Gleichung (1′) kann man auch schreiben

$$\frac{\lambda \varphi (x)}{1} = \frac{\lambda \chi (z)}{\psi (y)}$$

und

$$\frac{\varphi (x)}{1} = \frac{\lambda \chi (z)}{\lambda \psi (y)}.$$

Aus diesen Gleichungsformen ergibt sich, daß man entweder
für die x- und z-Skala eine andere Maßeinheit als für die

---

[1]) Der Gedanke, als Ablesevorrichtung zwei parallele Gerade mit
veränderlichem Abstand zu benutzen, geht von M. Beghin aus, der ihn
auf Tafeln mit vier Veränderlichen angewendet hat. R. Soreau bezeichnet die entsprechende Tafel als „abaque à double alignement
parallèle“.

y-Skala, oder für die y- und z-Skala eine andere Maßeinheit als für die x-Skala wählen darf.

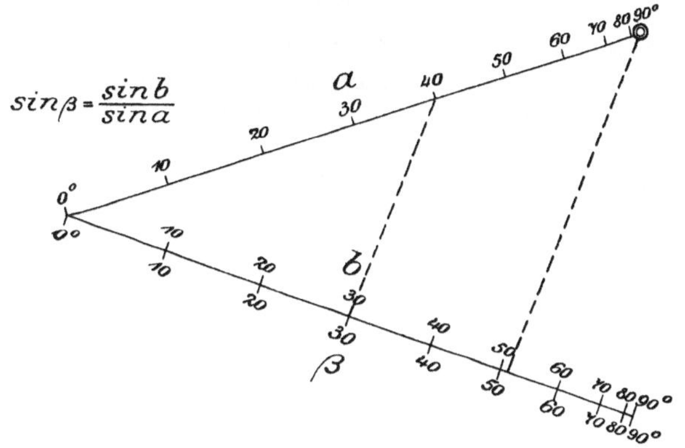

Abb. 106.

Beispiel. Die Gleichung

$$a = b \sin \varphi$$

wird man in der Form schreiben

$$\frac{\lambda\,b}{1} = \frac{\lambda\,a}{\sin \varphi};$$

Man kann dann eine Tafel herstellen, bei der die beiden gleichartigen,

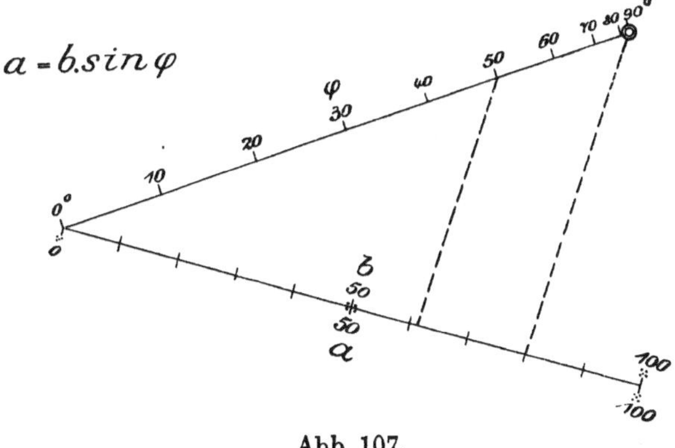

Abb. 107.

nach a und b bezifferten Skalen zusammenfallen; eine solche Tafel zeigt die Abb. 107, bei der $\lambda = \dfrac{1}{100}$ gewählt wurde. Die in der Abbildung angegebenen Ablesegeraden beziehen sich auf die zusammengehörigen Werte $a = 61$, $b = 80$ und $\varphi = 50^0$.

§ 21. Tafeln mit beliebigen Skalenträgern und einem System von Ablesekurven in Form von zwei parallelen Geraden mit veränderlichem Abstand.

Die allgemeinste Form einer Tafel mit zwei parallelen Ablesegeraden ist in der Abb. 108 in schematischer Form angegeben; die Tafel besteht aus vier Skalen, von denen z. B.

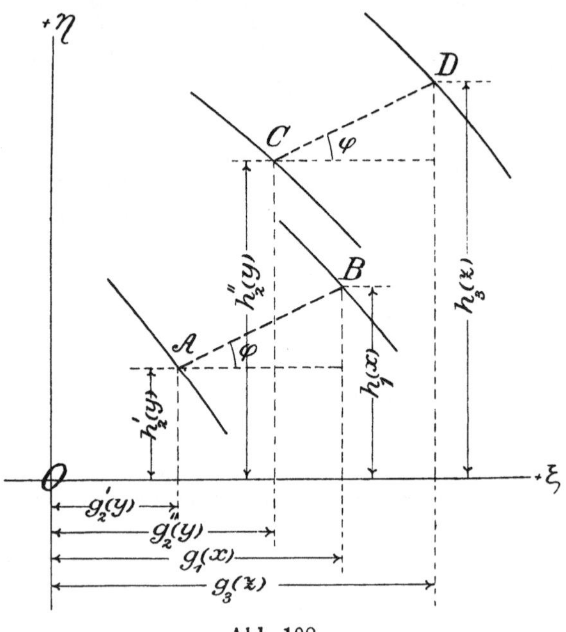

Abb. 108.

zwei nach y und die beiden anderen nach x und z beziffert sind. Die Skalen sind bestimmt durch die vier Paare von Gleichungen

$$\left.\begin{array}{l}\xi = g_1(x)\\\eta = h_1(x)\end{array}\right\}\quad \left.\begin{array}{l}\xi = g_2{}'(y)\\\eta = h_2{}'(y)\end{array}\right\}\quad \left.\begin{array}{l}\xi = g_2{}''(y)\\\eta = h_2{}''(y)\end{array}\right\}\quad \left.\begin{array}{l}\xi = g_3(z)\\\eta = h_3(z)\end{array}\right\}\quad . \quad (1)$$

Bezeichnet man den Richtungswinkel der beiden Parallelen AB und CD mit φ, so liest man — unter der Voraussetzung, daß das benutzte Koordinatensystem rechtwinklig ist — die folgende Gleichung aus der Abbildung ab

$$\operatorname{tg}\varphi = \frac{h_1(x) - h_2{}'(y)}{g_1(x) - g_2{}'(y)} = \frac{h_3(z) - h_2{}''(y)}{g_3(z) - g_2{}''(y)} \quad . \quad . \quad . \quad (2)$$

Diese Form muß eine Gleichung haben, damit sie in einer Tafel von der in der Abb. 108 angegebenen Art dargestellt werden kann. Eine solche Tafel eignet sich zunächst für den Fall, daß der Wert von y gegeben ist.

Die im vorhergehenden Paragraphen behandelte Form der Gleichung (2) erhält man aus dieser, wenn man für die beiden y-Skalen als Träger die Ordinatenachse, und für die x- und die z-Skala die Abszissenachse wählt; setzt man dementsprechend

$$g_2'(y) = g_2''(y) = 0 \quad \text{und} \quad h_1(x) = h_3(z) = 0,$$

so geht die Gleichung (2) über in

$$\frac{h_2'(y)}{g_1(x)} = \frac{h_2''(y)}{g_3(z)}.$$

Diese Gleichung hat die oben behandelte Form

$$\varphi(x)\,\psi(y) = \chi(z).$$

Um diejenige Form der Gleichung (2) zu bestimmen, für welche die beiden y-Skalen und die x- und z-Skala als Träger zwei parallele Geraden haben, wählt man als Träger für die y-Skalen die Ordinatenachse und für die beiden anderen Skalen eine Parallele zu dieser Achse in beliebigem Abstande; setzt man demgemäß

$$g_2'(y) = g_2''(y) = 0$$

und

$$g_1(x) = g_3(z) = a,$$

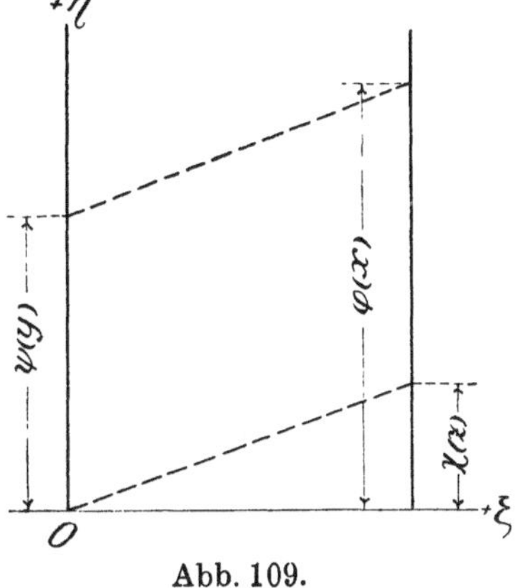

Abb. 109.

so erhält man an Stelle der Gleichung (2)

$$h_1(x) - h_2'(y) = h_3(z) - h_2''(y) \quad . \quad . \quad . \quad . \quad (3)$$

Für diese Gleichung gehen die die Skalen bestimmenden Gleichungen über in

$$\left.\begin{matrix} \xi = a \\ \eta = h_1(x) \end{matrix}\right\} \quad \left.\begin{matrix} \xi = 0 \\ \eta = h_2'(y) \end{matrix}\right\} \quad \left.\begin{matrix} \xi = 0 \\ \eta = h_2''(y) \end{matrix}\right\} \quad \left.\begin{matrix} \xi = a \\ \eta = h_3(z) \end{matrix}\right\}.$$

Die Gleichung (3) läßt sich auch auf die Form bringen

$$\varphi(x) - \psi(y) = \chi(z) \quad . \quad . \quad . \quad . \quad . \quad (4)$$

Bei einer Gleichung von dieser Form (Abb. 109) sind die Skalen bestimmt durch die Gleichungspaare

$$\left.\begin{array}{l}\xi=a\\ \eta=\varphi(x)\end{array}\right\}\quad \left.\begin{array}{l}\xi=0\\ \eta=\psi(y)\end{array}\right\}\quad \left.\begin{array}{l}\xi=0\\ \eta=0\end{array}\right\}\quad \left.\begin{array}{l}\xi=a\\ \eta=\chi(z)\end{array}\right\}.$$

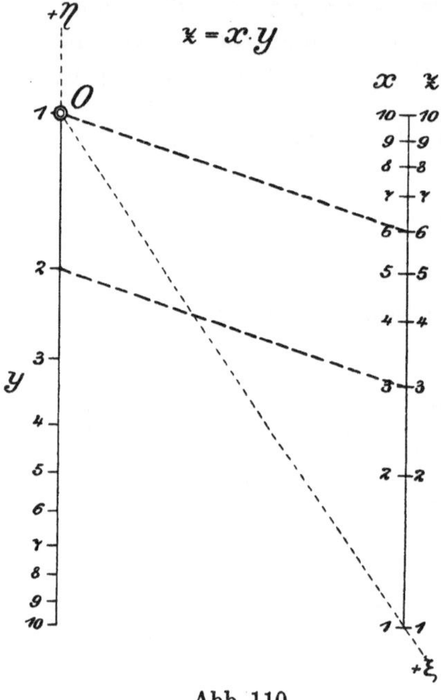

Abb. 110.

An die Stelle der zur z-Skala gehörigen y-Skala tritt bei der Gleichungsform (4) der Koordinatenursprung von a; der Wert [1]) kann beliebig gewählt werden. Wie leicht einzusehen ist, kann man der in der Abb. 109 dargestellten Tafelform ein rechtwinkliges oder ein schiefwinkliges Koordinatensystem zugrundelegen.

Beispiel. Logarithmiert man die Gleichung

$$z = xy,$$

so geht sie über in

$$\log x + \log y = \log z.$$

Ein Vergleich mit der Gleichung (4) zeigt, daß bei der vorliegenden Gleichung die zur Herstellung der Skalen erforderlichen Gleichungen sind

$$\left.\begin{array}{l}\xi=a\\ \eta=\log x\end{array}\right\}$$

$$\left.\begin{array}{l}\xi=0\\ \eta=-\log y\end{array}\right\}\quad \left.\begin{array}{l}\xi=a\\ \eta=\log z\end{array}\right\}.$$

Die durch diese Gleichungen bestimmte Tafel ist in der Abb. 110 unter Zugrundelegung eines schiefwinkligen Koordinatensystems gezeichnet; die angegebenen Geraden beziehen sich auf die Werte $x=3$, $y=2$ und damit $z=6$.

§ 22. Vergleich zwischen Tafeln mit Kurvenskalen und Tafeln mit Punktskalen.

Die in den vorstehenden Paragraphen behandelten Formen von Tafeln mit Punktskalen für Gleichungen mit drei Veränderlichen zeigen, daß eine Gleichung eine bestimmte Form

---

[1]) Man kann die Gleichung (4) auch unmittelbar in der Abb. 109 ablesen.

haben muß, damit sie in einer Tafel der angegebenen Art dargestellt werden kann; es folgt hieraus, daß man nicht immer ohne weiteres erkennen kann, ob eine Gleichung in einer Tafel mit Punktskalen überhaupt dargestellt werden kann. Demgegenüber bietet die Tafel mit Kurvenskalen den Vorteil, daß man für jede Gleichungsform eine Tafel in einfachster Weise dadurch erhält, daß man zwei der Veränderlichen als laufende Koordinaten betrachtet und die dann bestimmte Kurvenschar aufzeichnet.

In bezug auf die zeichnerische Herstellung einer Tafel wird eine Tafel mit Punktskalen gegenüber einer solchen mit Kurvenskalen im allgemeinen selbst dann noch den Vorzug verdienen, wenn bei der letzteren die Kurven durchweg mit Lineal und Zirkel gezeichnet werden können. Hinsichtlich der Platzbeanspruchung kann man die beiden Tafelarten als ungefähr gleichwertig ansehen.

Was die Übersichtlichkeit und die dadurch bedingte Bequemlichkeit beim Eingehen in die Tafel anbelangt, so verdient die Tafel mit Punktskalen bei weitem den Vorzug; dies ist auch der Fall in bezug auf das Aufsuchen oder Ablesen der zu bestimmenden Werte.

Eine Steigerung der Genauigkeit läßt sich bei beiden Tafelarten für die ganze Tafel oder für einen bestimmten Teil der Tafel durchführen; doch bietet auch hierbei — wenigstens bei einfacheren Gleichungsformen — die Tafel mit Punktskalen einige Vorteile.

Eine gegenseitige Verschiebung einzelner Tafelteile — z. B. infolge von Veränderungen des Papieres — sind bei Tafeln mit Kurvenskalen unschädlich; bei Tafeln mit Punktskalen darf eine Veränderung der gegenseitigen Lage der einzelnen Skalen nicht eintreten.

Tafeln für Gleichungen mit mehr als drei Veränderlichen.

I. Tafeln mit bezifferten Kurven oder Tafeln mit Kurvenskalen.

§ 1. Zweiteilige Tafeln für Gleichungen mit vier Veränderlichen.

Die zwischen den vier Veränderlichen x_1, x_2, x_3 und x_4 bestehende Gleichung sei

$$F(x_1, x_2, x_3, x_4) = 0 \quad \ldots \ldots \ldots \quad (1)$$

Kann man diese Gleichung in der Form schreiben

$$F(\varphi(x_1, x_2), x_3, x_4) = 0 \quad \ldots \ldots \ldots \quad (1')$$

und führt man eine neue Veränderliche $x_{1,2}$ ein, indem man setzt

$$\varphi(x_1, x_2) = x_{1,2}, \quad \ldots \ldots \ldots \quad (2)$$

so geht sie über in

$$F(x_{1,2}, x_3, x_4) = 0. \quad \ldots \ldots \ldots \quad (3)$$

Die beiden Gleichungen (2) und (3) kann man sich je entstanden denken durch Elimination der veränderlichen Größen ξ und η aus den drei Gleichungen

$$f_1(\xi, \eta, x_{1,2}) = 0 \quad \ldots \ldots \ldots \quad (4')$$

$$g_1(\xi, \eta, x_1) = 0 \quad \ldots \ldots \ldots \quad (5')$$

$$h_1(\xi, \eta, x_2) = 0 \quad \ldots \ldots \ldots \quad (6')$$

beziehungsweise

$$f_2(\xi, \eta, x_{1,2}) = 0 \quad \ldots \ldots \ldots \quad (4'')$$

$$g_2(\xi, \eta, x_3) = 0 \quad \ldots \ldots \ldots \quad (5'')$$

$$h_2(\xi, \eta, x_4) = 0 \quad \ldots \ldots \ldots \quad (6'')$$

Betrachtet man ξ und η als laufende Koordinaten, so entspricht infolge der Veränderlichkeit von x_1, x_2, $x_{1,2}$, x_3 und x_4 jeder der Gleichungen (4'), (5') und (6') und ebenso jeder der Gleichungen (4''), (5'') und (6'') eine nach der betreffenden Veränderlichen bezifferte Kurvenschar; dabei sind die $x_{1,2}$-Kurven doppelt — nach x_1 und x_2 — beziffert.

Von den drei Gleichungen (4'), (5') und (6') und ebenso (4''), (5'') und (6'') können je zwei beliebig angenommen werden; die dritte Gleichung ist dann je durch die beiden angenommenen und die Gleichung (2) bzw. (3) bestimmt.

Den durch die Gleichung (1') bedingten Zusammenhang zwischen den beiden, den Gleichungen (2) und (3) entsprechenden Systemen von je drei Gleichungen erhält man dadurch, daß man für die beiden mit $x_{1,2}$ bezifferten Kurvenscharen ein und dieselbe Kurvenschar wählt; die beiden Gruppen von Kurvenscharen haben dann die Gleichungen

$$f(\xi, \eta, x_{1,2}) = 0 \ \ldots \ldots \ldots \ldots \quad (4')$$
$$g_1(\xi, \eta, x_1) \ = 0 \ \ldots \ldots \ldots \ldots \quad (5')$$
$$h_1(\xi, \eta, x_2) \ = 0 \ \ldots \ldots \ldots \ldots \quad (6')$$

beziehungsweise

$$f(\xi, \eta, x_{1,2}) = 0 \ \ldots \ldots \ldots \ldots \quad (4'')$$
$$g_2(\xi, \eta, x_3) \ = 0 \ \ldots \ldots \ldots \ldots \quad (5'')$$
$$h_2(\xi, \eta, x_4) \ = 0 \ \ldots \ldots \ldots \ldots \quad (6'')$$

Die durch diese Gleichungen bestimmten fünf Kurvenskalen (Abb. 111) haben die Eigenschaft, daß zu je zwei auf derselben

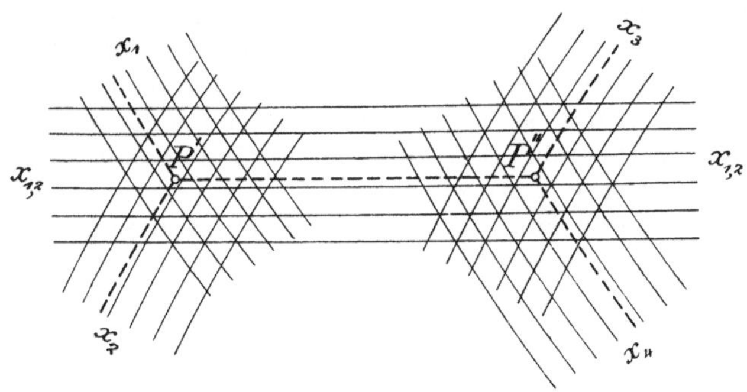

Abb. 111.

$x_{1,2}$-Kurve gelegenen Punkten P' und P'' vier Kurven der nach x_1, x_2, x_3 und x_4 bezifferten Kurvenskalen gehören, deren

Werte die Gleichung (1) befriedigen. Damit die beiden, den Punkten P' und P'' entsprechenden Tafelteile durch passende Verschiebung des Koordinatensystems auseinandergezogen werden können[1]), wählt man für die nach $x_{1,2}$ bezifferte, die beiden Tafelteile verbindende Kurvenschar am einfachsten eine Schar paralleler Geraden[2]).

Der Gebrauch einer solchen aus vier — den vier Veränderlichen entsprechend bezifferten — Kurvenscharen und einer Schar von — doppelt bezifferten — Hilfskurven bestehenden Tafel ergibt sich aus den beiden Punkten P' und P''. Ist z. B. der zu gegebenen Werten der Veränderlichen x_1, x_2 und x_3

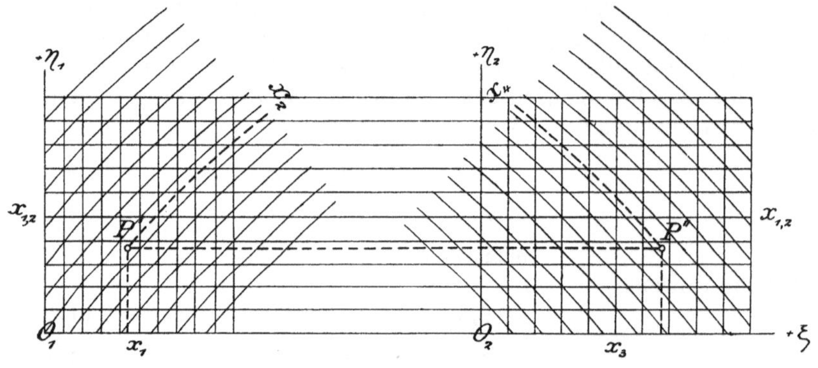

Abb. 112.

gehörige Wert der Veränderlichen x_4 zu bestimmen, so ermittelt man zunächst den den gegebenen Werten von x_1 und x_2 entsprechenden Punkt P'; der Punkt P'' ergibt sich dann als Schnittpunkt der durch P' bestimmten Hilfskurve mit der zu dem gegebenen Wert von x_3 gehörigen Kurve. Daß eine solche Tafel auch für den Fall benutzt werden kann, daß der Wert einer der anderen Veränderlichen gesucht ist, ist ohne weiteres einzusehen.

Da von den beiden, die Kurvenskalen bestimmenden Systemen von je drei Gleichungen außer der gemeinsamen Gleichung (4) je noch eine weitere Gleichung beliebig gewählt werden kann, so wird

---

[1]) Die beiden Tafelteile übereinander zu zeichnen, empfiehlt sich mit Rücksicht auf die Übersichtlichkeit nicht.

[2]) Den durch die Gleichung (2) bestimmten Tafelteil bezeichnet M. d'Ocagne als „binäre Skala" (échelle binaire). Ch. Lallemand machte die erste systematische Anwendung von binären Skalen im Zusammenhang mit hexagonalen Tafeln.

man noch für je eine Kurvenschar gerade Linien wählen. Im einfachsten Fall wählt man z. B. für die Hilfskurvenschar Parallelen zur Abszissenachse (Abb. 112) und für die x_1-Kurven sowie die x_3-Kurven je Parallelen zur Ordinatenachse, wobei man zwischen den beiden Tafelteilen den Koordinatenursprung um ein entsprechendes Stück in der Abszissenachse verschiebt. Zu derselben Tafelform gelangt man, wenn man in der Gleichung (2) die Veränderlichen x_1 und $x_{1,2}$ und in der Gleichung (3) die Veränderlichen x_3 und $x_{1,2}$ als laufende Koordinaten — und zwar jedesmal $x_{1,2}$ als Ordinate — betrachtet und die beiden so entstehenden Tafeln nebeneinander zeichnet.

Zu der in der Gleichung (1') angedeuteten Zusammenfassung von zwei Veränderlichen zu einer Funktion innerhalb der gegebenen Gleichung ist noch zu bemerken, daß eine solche Zusammenfassung bei im ganzen vier Veränderlichen im äußersten Fall dreimal möglich ist.

Die nach $x_{1,2}$ bezifferte Skala stellt die Verbindung zwischen den beiden Tafelteilen her oder vermittelt den Übergang von einem Tafelteil zum andern, man kann sie deshalb als **Verbindungsskala** oder **Übergangsskala** bezeichnen. Da im allgemeinen an dieser Skala keine Ablesungen gemacht werden, die Kurven der Skala also nur die Rolle von Hilfslinien spielen, so kann man sie — ohne Bezifferung — in beliebigem, am besten gleichem Abstand zeichnen; dabei wird man zur Erhöhung der Übersichtlichkeit einzelne Kurven besonders hervorheben durch Anwendung einer anderen Farbe oder einer anderen Strichart.

Beispiel. Der Schlußwert z eines während n Jahren bei einem Zinsfuß von $p^0/_0$ angelegten Anfangskapitals a, bei dem die Zinsen immer zum Kapital geschlagen werden, kann berechnet werden auf Grund der Gleichung

$$z = a\,q^n, \quad \text{wo} \quad q = 1 + \frac{p}{100}.$$

Faßt man die Größen q und n zusammen[1]), indem man setzt

$$y = q^n \quad \text{und damit} \quad z = a\,y$$

und wählt man für die nach p und a bezifferten Kurven Parallelen zur Ordinatenachse und für die die beiden Tafelteile verbindende, nach y bezifferte Kurvenschar Parallelen zur Abszissenachse, so sind die Kurvenskalen bestimmt durch die Gleichungen

$$\xi = q = 1 + \frac{p}{100} \qquad \eta = y \qquad \xi = a$$
$$\eta = \xi^n \qquad\qquad\qquad z = \xi\,\eta.$$

---

[1]) Bei dieser Gleichung ist nur die eine durch q^n bedingte Zusammenfassung von zwei Veränderlichen möglich.

Die nach n bezifferte Kurvenschar ist demnach eine Schar von Parabeln und die nach z bezifferte eine Hyperbelschar. Die so entstehende Tafel ist in der Abb. 113 gezeichnet, bei der zwischen den beiden Tafelteilen eine derartige Verschiebung des Koordinatenursprungs (O_1 bzw. O_2) vorgenommen wurde, daß kein Überschneiden derselben stattfindet.

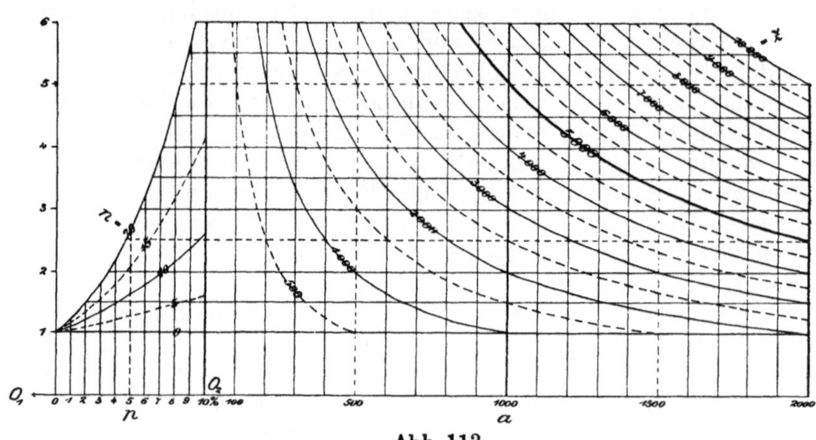

Abb. 113.

Auch bei Tafeln für Gleichungen mit vier Veränderlichen ist es insbesondere mit Rücksicht auf die Herstellung einer Tafel von Wert, wenn die auftretenden Kurven mit Lineal oder Zirkel gezeichnet werden können. Zu Tafeln mit nur Geraden führen insbesondere Gleichungen von der Form

$$x_1\,x_2 = x_3^{\,x_4}.$$

Logarithmiert man diese Gleichung, so geht sie über in

$$\log x_1 + \log x_2 = x_4 \log x_3\,.$$

Setzt man jetzt

$$y = \log x_1 + \log x_2$$

und damit

$$y = x_4 \log x_3\,,$$

so sind die fünf Kurvenscharen z. B. bestimmt durch die Gleichungen

$$\begin{aligned}
&\xi = \log x_1 & & & &\xi = \log x_3 \\
&\xi - \eta + \log x_2 = 0 & \quad \eta = y \quad & &\eta = \xi\,x_4\,,
\end{aligned}$$

die alle vom ersten Grade sind, also durch gerade Linien dargestellt werden können.

Beispiel. Logarithmiert man die zur Berechnung eines auf Zinseszinsen angelegten Kapitals erforderliche Gleichung

$$z = a\,q^n, \quad \text{wo} \quad q = 1 + \frac{p}{100},$$

so geht sie über in

$$\log z = \log a + n \log q.$$

Faßt man in dieser Gleichung die Veränderlichen n und q zusammen, indem man setzt

$$y = n \log q \quad \text{und damit} \quad y = \log z - \log a,$$

und wählt man wieder für die nach p und a zu beziffernden Kurven Parallelen zur Ordinatenachse und für die auf y sich beziehenden Hilfskurven Parallelen zur Abszissenachse, so haben die fünf Kurvenskalen die Gleichungen

$$\xi = \log q = \log\left(1 + \frac{p}{100}\right) \qquad\qquad \xi = \log a$$
$$\eta = n\,\xi \qquad\qquad \eta = y \qquad\qquad \xi + \eta = \log z.$$

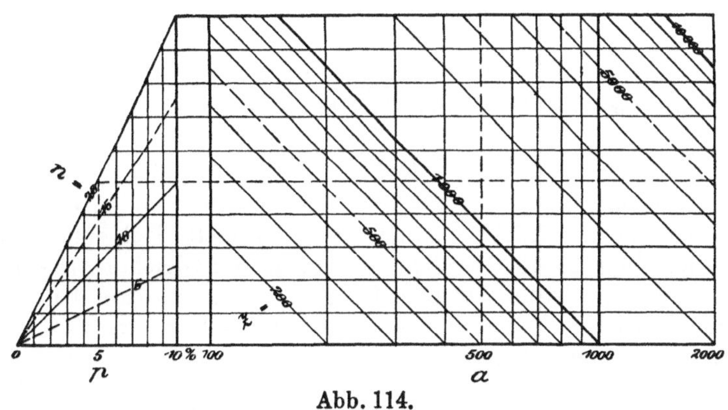

Abb. 114.

Die nach n bezifferte Kurvenschar ist eine Schar von Ursprungsgeraden, und die nach z bezifferte eine Schar von Parallelen zur zweiten Mediane. Die Tafel ist in der Abb. 114 enthalten, bei der für die Abszissen der beiden Tafelteile verschiedene Maßeinheiten gewählt wurden; die Kurven der nicht bezifferten Verbindungsskala wurden in gleichem Abstand gezeichnet.

Bis jetzt wurde angenommen, daß die die beiden Tafelteile verbindende Kurvenschar mit Rücksicht auf eine gegenseitige Verschiebung der beiden Tafelteile eine Schar paralleler Geraden ist; an ihrer Stelle könnte man auch z. B. eine Schar mittelpunktgleicher Kreise verwenden. Diese beiden Möglichkeiten können auch vereinigt werden, indem man für den einen Tafelteil eine Schar paralleler Geraden wählt, die für den anderen Tafelteil in eine Schar mittelpunktgleicher Kreise übergeht.

§ 2. Mehr als zweiteilige Tafeln für Gleichungen mit vier Veränderlichen.

Die Darstellung einer Gleichung mit vier Veränderlichen in einer aus zwei Teilen bestehenden Tafel ist nur dann möglich, wenn die Gleichung in der Form $F(\varphi(x_1, x_2), x_3, x_4) = 0$ geschrieben werden kann. Läßt sich in einer Gleichung eine Trennung der Veränderlichen in der angedeuteten Weise nicht vornehmen, so erfordert die Gleichung eine Tafel mit mehr als zwei Teilen.

Kann man eine Gleichung zwischen den vier Veränderlichen x_1, x_2, x_3 und x_4 auf die Form bringen

$$f_1\left(\varphi(x_1, x_2), x_3\right) - f_2(x_3, x_4) = 0 \quad \ldots \ldots \quad (1)$$

und setzt man

$$\varphi(x_1, x_2) = x_{1.2} \quad \ldots \ldots \ldots \ldots \quad (2)$$

und

$$f_1(x_{1.2}, x_3) = x_{1.2.3}, \quad \ldots \ldots \ldots \quad (3)$$

so erhält man an Stelle der Gleichung (1) die folgende

$$x_{1,2,3} - f_2(x_3, x_4) = 0. \quad \ldots \ldots \ldots \quad (4)$$

Der Gleichung (1) entspricht eine aus drei Teilen sich zusammensetzende Tafel[1]); dabei stellt der erste Teil eine Tafel der Gleichung (2), der zweite eine solche der Gleichung (3) und der dritte eine Tafel der Gleichung (4) vor; die drei Kurvenskalen des ersten Tafelteils sind daher nach x_1, x_2 und $x_{1,2}$, diejenigen des zweiten Teils nach $x_{1,2}$, x_3 und $x_{1,2,3}$, und diejenigen des dritten Teils nach $x_{1,2,3}$, x_3 und x_4 beziffert. Die äußere, der Gleichung (1) entsprechende Verbindung der drei Tafelteile hat in der Weise zu geschehen, daß die nach $x_{1,2}$ bezifferten Skalen der beiden ersten Teile, und die nach $x_{1,2,3}$ bezifferten Skalen der beiden letzten Teile je dieselben sind. Eine solche Tafel zeigt in schematischer Darstellung die Abb. 115, in der die drei Tafelteile durch die Punkte P_1, P_2 und P_3 gekennzeichnet sind, aus denen zugleich der Gebrauch der Tafel sich ergibt.

---

[1]) Oder eine aus zwei Teilen bestehende Tafel, bei der der eine Teil selbst wieder aus zwei Teilen sich zusammensetzt.

Die einfachste Form einer solchen dreiteiligen Tafel erhält man, wenn man in der Gleichung (2) x_1 und $x_{1,2}$, in der

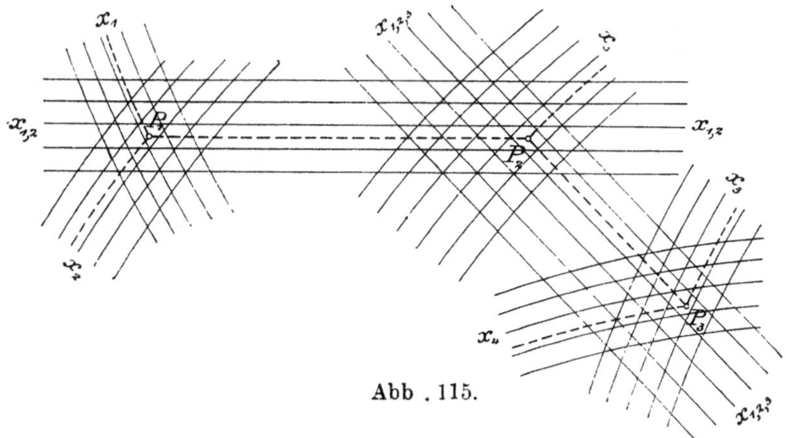

Abb . 115.

Gleichung (3) $x_{1,2}$ und $x_{1,2,3}$ und in der Gleichung (4) $x_{1,2,3}$ und z. B. x_4 als rechtwinklige Koordinaten betrachtet; eine sche-

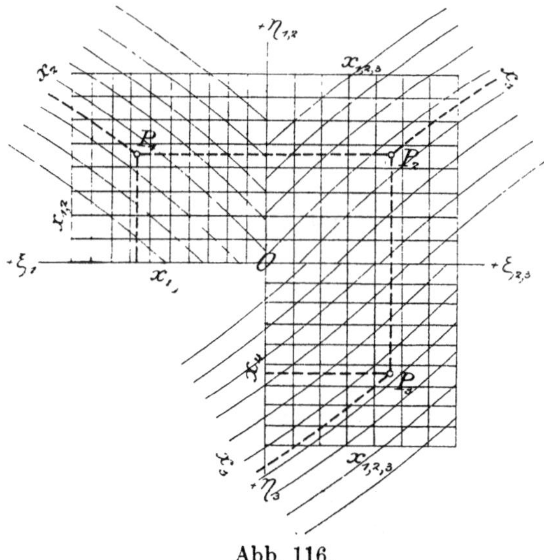

Abb. 116.

matische Darstellung dieser Tafelform gibt die Abb. 116, bei der für jeden der drei Tafelteile ein besonderes Koordinatensystem

angenommen wurde, wodurch ein Überschneiden der einzelnen
Teile vermieden wird.

Eine solche dreiteilige Tafel eignet sich zunächst für den
Fall, daß der Wert der in zwei Tafelteilen auftretenden Veränderlichen x_3 gegeben ist.

Eine Gleichung, die sich in der Form schreiben läßt

$$f_1\left(\varphi_1\left(x_1, x_2\right), x_3\right) - f_2\left(\varphi_2\left(x_1, x_2\right), x_4\right) = 0 \ . \ . \ . \ . \ (5)$$

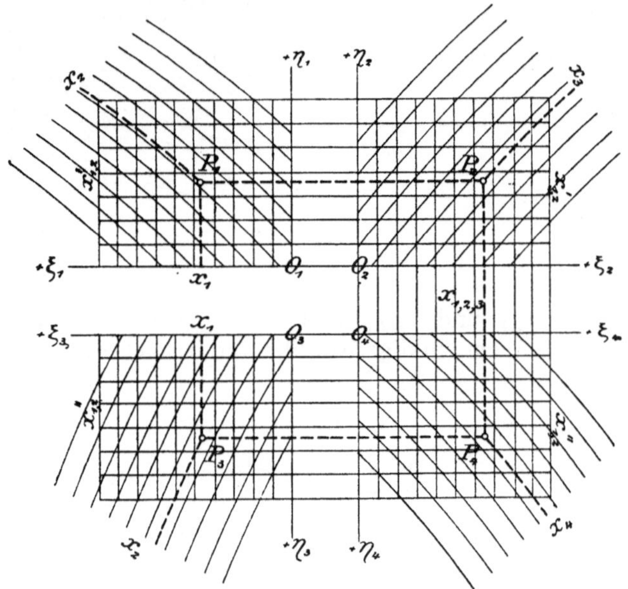

Abb. 117.

erfordert eine aus vier Teilen bestehende Tafel[1]). Setzt man

$$\varphi_1\left(x_1, x_2\right) = x'_{1,2},$$
$$\varphi_2\left(x_1, x_2\right) = x''_{1,2},$$

$$f_1\left(x'_{1,2}, x_3\right) = x_{1,2,3},$$

so erhält man an Stelle der Gleichung (5) die Gleichung

$$x_{1,2,3} - f_2\left(x''_{1,2}, x_4\right) = 0.$$

Durch diese vier Gleichungen sind die vier Tafelteile bestimmt, die miteinander durch die nach den eingeführten Hilfsgrößen $x'_{1,2}$, $x_{1,2,3}$ und $x''_{1,2}$ bezifferten Kurvenscharen verbunden

---

[1]) Oder eine Tafel mit zwei Teilen, von denen jeder selbst wieder
aus zwei Teilen besteht.

sind. Betrachtet man in den vier Gleichungen die Veränderliche x_1 und die Hilfsgrößen $x'_{1,2}$, $x_{1,2,3}$ und $x''_{1,2}$ als laufende Koordinaten, so erhält man für die Gleichung (5) eine Tafel von der in der Abb. 117 schematisch angegebenen Form. Eine

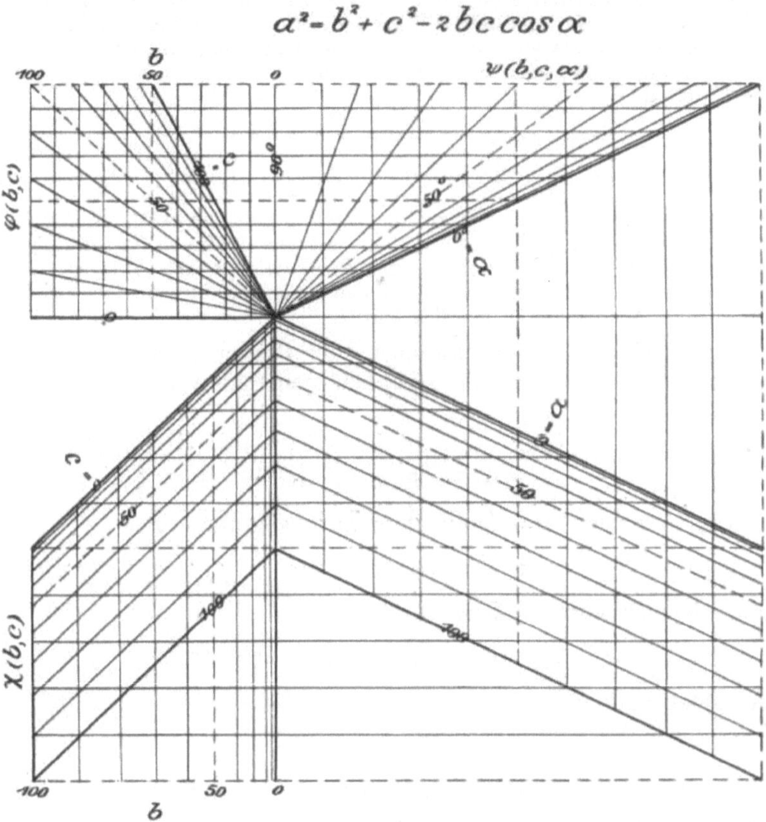

Abb. 118.

derartige Tafel kommt zunächst für den Fall in Betracht, daß die Werte der in zwei Tafelteilen auftretenden Veränderlichen x_1 und x_2 gegeben sind.

B e i s p i e l. Eine bei der Berechnung des schiefwinkligen Dreiecks auftretende Gleichung lautet

$$a^2 = b^2 + c^2 - 2\,b\,c\cos\alpha\,.$$

Setzt man in dieser Gleichung

$$2\,b\,c = \varphi\,(b,\,c) \qquad\qquad \varphi\,(b,\,c)\cos\alpha = \psi\,(b,\,c,\,\alpha)$$

und

$$b^2 + c^2 = \chi(b, c),$$

so geht sie über in

$$a^2 = \chi(b, c) - \psi(b, c, \alpha).$$

Die Gleichung erfordert eine Tafel mit vier Teilen. Wählt man die Veränderliche b bzw. b^2 und die Hilfsgrößen $\varphi(b, c)$, $\psi(b, c, \alpha)$ und $\chi(b, c)$ als laufende Koordinaten und bezeichnet sie dann mit ξ und η, so lauten die Gleichungen der nach c, α, a und b bezifferten Kurvenscharen der vier Tafelteile

$$\eta = 2\,\xi\,c \qquad\qquad \frac{\xi}{\eta} = \cos\alpha$$

$$\xi - \eta + c^2 = 0 \qquad\qquad \xi - \eta + a^2 = 0.$$

Diese Gleichungen sind alle linear; die Tafel enthält demnach nur gerade Linien. Zeichnet man die vier Tafelteile mit gemeinsamem Koordinatenursprung nebeneinander, so erhält man die Tafel der Abb. 118, bei der für die Abszissen und Ordinaten desselben Teils und verschiedener Teile verschiedene Maßeinheiten gewählt wurden.

In bezug auf die Verbindungs- oder Übergangsskalen gelten die im vorhergehenden Paragraphen gemachten Bemerkungen.

§ 3. Tafeln mit einer beweglichen Skala für Gleichungen mit vier Veränderlichen.

Die in einer Tafel darzustellende Gleichung sei

$$F(x_1, x_2, x_3, x_4) = 0 \ldots \ldots \ldots \ldots \ldots (1)$$

Läßt sie sich auf die Form bringen

$$f_1(x_1, x_4) - f_2(x_2, x_3, x_4) = 0 \ldots \ldots \ldots (2)$$

und setzt man dann

$$x_4 = \xi \quad \text{und} \quad f_1(x_1, x_4) = \eta,$$

so erhält man an Stelle der einen Gleichung (1) die zwei Gleichungen

$$\eta = f_1(x_1\,\xi) \ldots \ldots \ldots \ldots \ldots (3)$$

und

$$\eta = f_2(x_2, x_3, \xi). \ldots \ldots \ldots \ldots (4)$$

Betrachtet man ξ und η als rechtwinklige Koordinaten, so entsprechen einer gegebenen Wertegruppe von x_1, x_2 und x_3 zwei, durch die Gleichungen (3) und (4) bestimmte Kurven; die Abszissen der Schnittpunkte dieser beiden, in demselben Koordinatensystem aufgezeichneten Kurven stellen die im Sinne der Gleichung (1) zu x_1, x_2 und x_3 gehörigen Werte von x_4 vor.

Die Gleichung (3) enthält die eine Veränderliche x_1; es entspricht ihr deshalb eine einfach unendliche Schar von nach x_1 bezifferten Kurven. Mit Rücksicht auf die zwei Veränderlichen x_2 und x_3 entspricht der Gleichung (4) eine zweifach unendliche Schar von doppelt, nach x_2 und x_3 bezifferten Kurven.

Die durch die Gleichung (2) angedeutete Zerlegung der Gleichung (1) in die zwei Gleichungen (3) und (4) kann zur Herstellung einer graphischen Tafel benutzt werden, wenn die Gleichung (4) entweder so gebaut ist, daß jede Kurve der durch sie bestimmten Kurvenschar sich durch eine Verschiebung der Kurve

$$\eta = f_2(\xi) \quad \ldots \ldots \ldots \quad (5)$$

im Koordinatensystem ergibt, oder wenn sie so gebaut ist, daß man jede Kurve der ihr entsprechenden zweifach unendlichen Kurvenschar durch eine Verschiebung der einfach unendlichen Kurvenschar

$$\eta = f_2(x_2, \xi) \quad \ldots \ldots \ldots \quad (6)$$

erhält. Zeichnet man die Kurve der Gleichung (5) bzw. die Kurvenschar der Gleichung (6) auf einen durchsichtigen Stoff und legt sie den jeweiligen Werten von x_2 und x_3 bzw. von x_3 entsprechend auf das der nach x_1 bezifferten Kurvenschar (3) zugrunde gelegte Koordinatensystem, so ergeben die Abszissen der Schnittpunkte der dem gegebenen Wert von x_1 zukommenden Kurve im einen Fall mit der beweglichen Kurve, im anderen Fall mit der betreffend bezifferten x_2-Kurve der beweglichen Kurvenschar die gesuchten Werte der vierten Veränderlichen x_4.

1. Beispiel. Schreibt man die vollständige Gleichung dritten Grades

$$x^3 + a\,x^2 + b\,x + c = 0$$

in der Form

$$(x^3 + a\,x^2) + (b\,x + c) = 0$$

und setzt man

$$x = \xi \quad \text{und} \quad x^3 + a\,x^2 = \eta,$$

so erhält man an Stelle der einen Gleichung die zwei Gleichungen

$$\eta = \xi^3 + a\,\xi^2$$

und

$$\eta + b\,\xi + c = 0\,.$$

Durch die erste Gleichung ist eine nach a bezifferte, die Abszissenachse im Ursprung berührende Schar von Kurven dritter Ordnung bestimmt, die den festen Teil der Tafel vorstellt (Abb. 119). Der zweiten Gleichung entspricht mit Rücksicht auf die zwei Veränderlichen b und c eine nach diesen bezifferte zweifach unendliche Geradenschar; der bewegliche Tafelteil besteht demnach aus einer Geraden, die man z. B. mit Hilfe ihrer Achsenabschnitte $-\dfrac{c}{b}$ bzw. $-c$ einstellt. Die in der Abb. 119 eingezeichnete Gerade entspricht der Gleichung

$$x^3 - 5\,x^2 + 2\,x + 8 = 0\,.$$

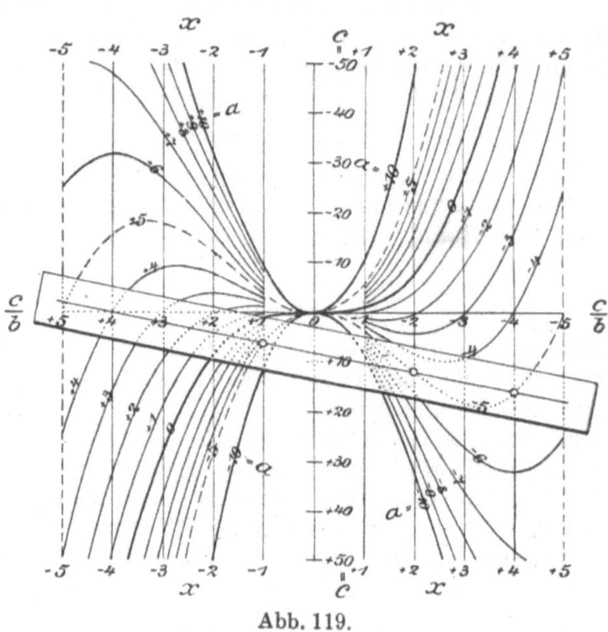

Abb. 119.

Für die drei reellen Wurzeln dieser Gleichung liest man als Abszissen der Schnittpunkte der — durch $c = +8$ und $\dfrac{c}{b} = +4$ bestimmten — Geraden mit der auf $a = -5$ sich beziehenden Kurve mit Hilfe der nach x bezifferten Parallelen zur Ordinatenachse $x_1 = -1$, $x_2 = 2$ und $x_3 = 4$ ab.

Bei der Abbildung wurde die Maßeinheit der Abszissen zehnmal so groß gewählt als die der Ordinaten.

2. Beispiel. Soll für die Gleichung

$$x^m + x^n - a = 0\,.\ (a,\ m,\ n \text{ sind } x \text{ veränderliche Größen})$$

eine Tafel entworfen werden, so setzt man

$$x = \xi \quad \text{und} \quad x^m = \eta,$$

damit geht die eine Gleichung über in die zwei Gleichungen

$$\eta = \xi^m \quad \text{und} \quad \eta + \xi^n = a\,.$$

Der ersten dieser beiden Gleichungen entspricht eine nach m bezifferte, die Abszissenachse im Ursprung berührende Parabelschar, durch die der feste Teil der Tafel bestimmt ist. Der zweiten Gleichung entspricht mit Rücksicht auf die zwei Veränderlichen n und a eine nach diesen bezifferte zweifach unendliche Kurvenschar, die man durch eine parallele Verschiebung der einfach unendlichen, durch die Gleichung

$$\eta = -\,\xi^n$$

bestimmten Parabelschar erhält. Der bewegliche, auf einem durchsichtigen Stoff gezeichnete Tafelteil besteht demnach aus einer Parabelschar, die — abgesehen von einer Drehung um 180 Grad — mit der festen Parabelschar übereinstimmt. Die Einstellung der beweglichen Parabelschar über dem Koordinatensystem der festen geschieht mit Hilfe ihres Abschnitts a auf der Ordinatenachse derart, daß die Parabelachse mit der Ordinatenachse zusammenfällt. Für die Einstellung von a versieht man die Ordinatenachse des festen Tafelteils mit einer entsprechenden Skala; der Ablesung der gesuchten Werte von x dient eine nach x bezifferte Schar von Parallelen zur Ordinatenachse.

Beizufügen ist noch, daß eine Tafel der im vorstehenden angegebenen Art auch für den Fall verwendet werden kann, daß in der Gleichung (1) der Wert von x_4 gegeben und derjenige einer der anderen Veränderlichen gesucht ist.

§ 4. Mehrteilige Tafeln für Gleichungen mit fünf und mehr Veränderlichen.

Der für die Herstellung von Tafeln für Gleichungen mit vier Veränderlichen angegebene Grundgedanke, bestehend in der Einführung von Hilfsgrößen und der dadurch bedingten Zerlegung der Tafel in einzelne Teile, kann auch bei Gleichungen mit fünf und mehr Veränderlichen benutzt werden.

Kann man eine Gleichung zwischen den fünf Veränderlichen x_1 bis x_5 auf die Form bringen

$$F\big(\varphi_1\,(x_1,\,x_2),\,\varphi_2\,(x_3,\,x_4),\,x_5\big) = 0, \quad \ldots \ldots \quad (1)$$

und setzt man

$$\varphi_1\,(x_1,\,x_2) = x_{1,2} \quad \ldots \ldots \ldots \quad (2)$$

und

$$\varphi_2\,(x_3,\,x_4) = x_{3,4}, \quad \ldots \ldots \ldots \quad (3)$$

so geht die Gleichung (1) über in

$$F\big(x_{1,2},\,x_{3,4},\,x_5\big) \quad \ldots \ldots \ldots \quad (4)$$

Der Gleichung (1) entspricht eine Tafel mit drei Teilen, von denen der erste eine Tafel der Gleichung (2), der zweite eine Tafel der Gleichung (3) und der dritte eine Tafel der Gleichung (4) vorstellt; der erste Tafelteil enthält demnach drei, nach x_1, x_2 und $x_{1,2}$ bezifferte und der zweite drei nach x_3, x_4 und $x_{3,4}$ bezifferte Kurvenskalen, diejenigen des dritten Tafelteils sind nach $x_{1,2}$, $x_{3,4}$ und x_5 beziffert. Die drei Tafelteile sind dadurch miteinander verbunden, daß die nach $x_{1,2}$ und $x_{3,4}$ be-

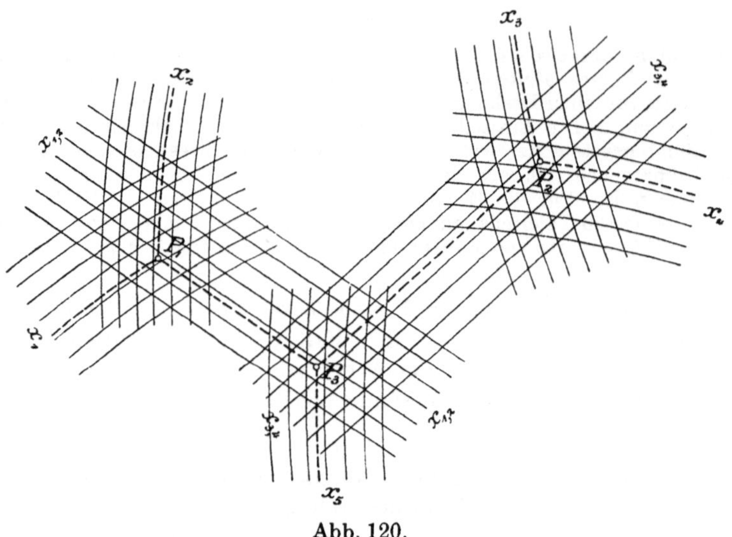

Abb. 120.

zifferten Skalen für je zwei Teile dieselben sind. Eine schematische Darstellung einer solchen Tafel gibt die Abb. 120, bei der die drei Tafelteile durch die drei Punkte P_1, P_2 und P_3 gekennzeichnet sind. Liegt — wie in der Abbildung — der Punkt P_3 im Schnittpunkt der beiden, durch P_1 und P_2 gehenden, nach den Hilfsgrößen $x_{1,2}$ und $x_{3,4}$ bezifferten Kurven, so haben die drei Punkte die Eigenschaft, daß durch sie fünf, die Gleichung (1) befriedigende Werte der Veränderlichen x_1 bis x_5 bestimmt sind.

Damit man die drei Tafelteile ohne Überschneidungen nebeneinander zeichnen kann, wählt man für die beiden Verbindungsskalen im einfachsten Fall je eine Schar paralleler Geraden.

Die einfachste Form für eine Tafel der angegebenen Art erhält man dadurch, daß man in der Gleichung (2) x_1 und $x_{1,2}$, in der Gleichung (3) x_3 und $x_{3,4}$ und damit in der Gleichung (4) $x_{1,2}$ und $x_{3,4}$ als laufende Koordinaten in einem rechtwinkligen

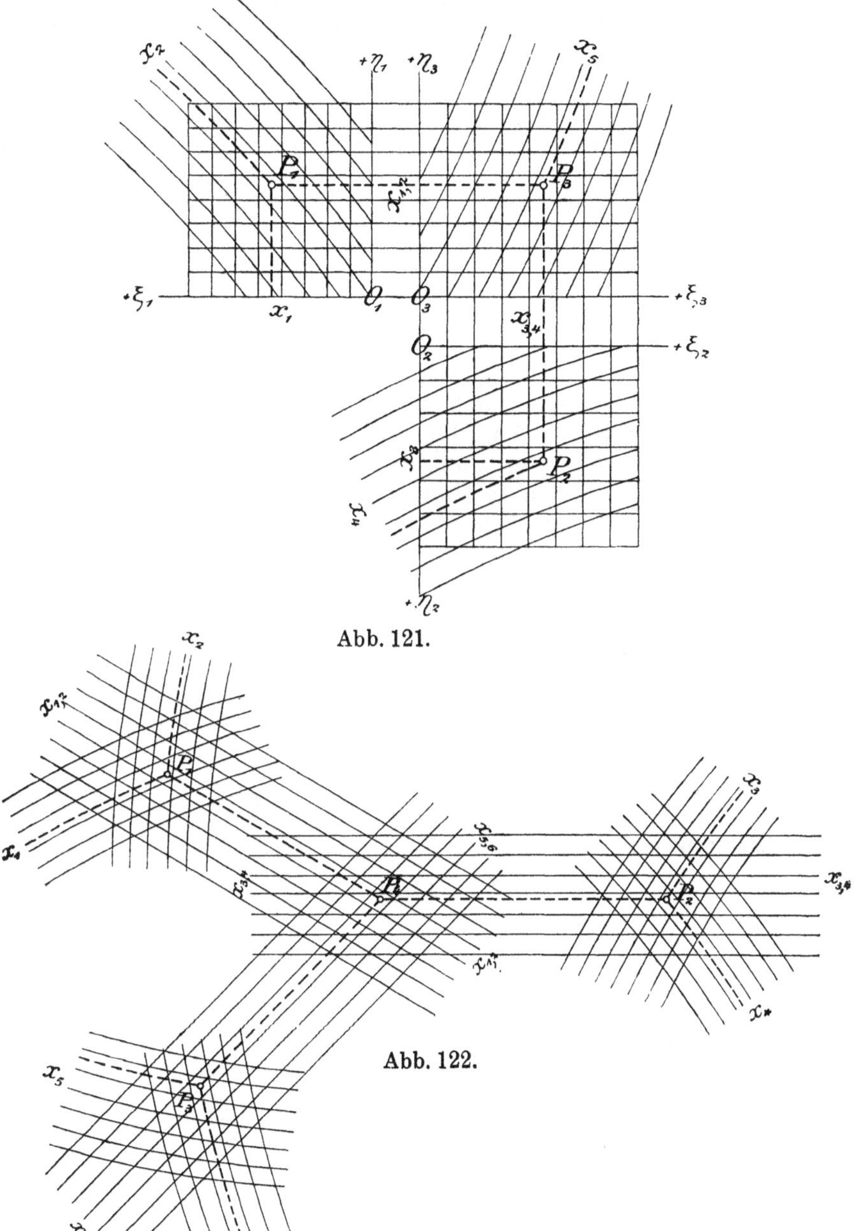

Abb. 121.

Abb. 122.

System betrachtet; wählt man dabei für jede Gleichung ein anderes Koordinatensystem, so kann man die drei Systeme in der in der Abb. 121 schematisch angegebenen Weise aneinander zeichnen.

Hat man eine Gleichung zwischen den sechs Veränderlichen x_1 bis x_6, die man in der Form schreiben kann

$$F(\varphi_1(x_1, x_2), \varphi_2(x_3, x_4), \varphi_3(x_5, x_6)) = 0,$$

und setzt man

$$\varphi_1(x_1, x_2) = x_{1,2}, \quad \varphi_2(x_3, x_4) = x_{3,4} \text{ und } \varphi_3(x_5, x_6) = x_{5,6},$$

so geht die Gleichung über in

$$F(x_{1,2}, x_{3,4}, x_{5,6}) = 0.$$

Eine Tafel für diese Gleichung mit sechs Veränderlichen ist in schematischer Form in der Abb. 122 angegeben. Die Tafel besteht aus vier, den vier Punkten P_1 bis P_4 entsprechenden Teilen; durch diese Punkte sind sechs, die gegebene Gleichung befriedigende Werte der Veränderlichen x_1 bis x_6 bestimmt.

Beispiel. Die Leistung L einer Dampfmaschine in Pferdestärken kann man berechnen mit Hilfe der Gleichung

$$L = \frac{p f s n}{2250},$$

wo p die Dampfspannung in Atmosphären, f den Querschnitt des Kolbens in Quadratzentimetern, s die Hublänge in Metern und n die Anzahl der Umdrehungen in einer Minute bedeuten. Durch Logarithmieren geht die Gleichung über in

$$\log L = \log p + \log \frac{f}{2250} + \log s + \log n.$$

Setzt man jetzt

$$\log p + \log \frac{f}{2250} = \lambda_1$$

und

$$\log s + \log n = \lambda_2,$$

so erhält man

$$\log L = \lambda_1 + \lambda_2.$$

Betrachtet man in den die drei Tafelteile bestimmenden Gleichungen $\log p$ und λ_1, λ_2 und $\log s$, und damit λ_2 und λ_1 als laufende Koordinaten und bezeichnet diese mit ξ und η, so sind die drei nach f, n und L bezifferten Kurvenscharen bestimmt durch die drei Gleichungen

$$\xi - \eta + \log \frac{f}{2250} = 0,$$

$$\xi - \eta - \log n = 0$$

und

$$\xi + \eta - \log L = 0.$$

Jede der drei Kurvenscharen ist demnach eine — bei gleicher Maßeinheit für Abszissen und Ordinaten — die Koordinatenachsen unter einem Winkel von 45 Grad schneidende Geradenschar. Die so entstehende

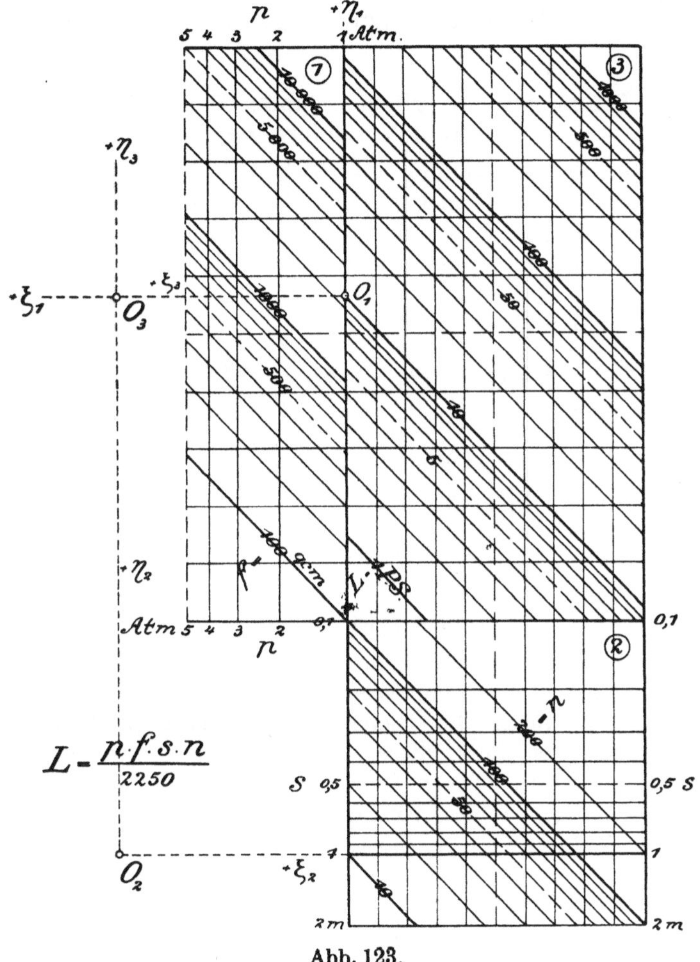

Abb. 123.

Tafel ist in der Abb. 123 gezeichnet, in der die den drei Tafelteilen entsprechenden Lagen des Koordinatenursprungs mit O_1, O_2 und O_3 bezeichnet sind.

Ist die im vorstehenden angenommene Möglichkeit der Zusammenfassung von je zwei Veränderlichen nicht durchführbar, so muß man — in ähnlicher Weise wie dies bei Gleichungen mit vier Veränderlichen gezeigt wurde — noch weitere Hilfs-größen einführen, womit die Zahl der einzelnen Tafelteile er-höht wird.

Bezüglich der Verbindungsskalen zwischen den einzelnen Tafelteilen gilt das oben Gesagte; vergleiche dazu die Abb. 123.

§ 5. Tafeln mit beweglichen Skalen für Gleichungen mit fünf Veränderlichen.

Das für die Herstellung von Tafeln für Gleichungen mit drei und vier Veränderlichen angegebene Verfahren, bei dem bewegliche Skalen Verwendung finden, läßt sich auch auf Gleichungen mit mehr als vier Veränderlichen anwenden.

Kann man eine Gleichung zwischen den fünf Veränderlichen x_1 bis x_5 in der Form schreiben

$$f_1\left(x_1, x_2, x_5\right) - f_2\left(x_3, x_4, x_5\right) = 0, \quad \ldots \ldots \quad (1)$$

und setzt man

$$x_5 = \xi \quad \text{und} \quad f_1\left(x_1, x_2, x_5\right) = \eta,$$

so treten an die Stelle der einen Gleichung die zwei Gleichungen

$$\eta = f_1\left(x_1, x_2, \xi\right) \quad \ldots \ldots \ldots \quad (2)$$

und

$$\eta = f_2\left(x_3, x_4, \xi\right) \quad \ldots \ldots \ldots \quad (3)$$

Betrachtet man ξ und η als rechtwinklige Koordinaten, so gehören zu einer gegebenen Wertegruppe der Größen x_1, x_2, x_3 und x_4 zwei, durch die Gleichungen (2) und (3) bestimmte Kurven; zeichnet man diese beiden Kurven in demselben Koordinatensystem auf, so stellen die Abszissen ihrer Schnitt-punkte diejenigen Werte von x_5 vor, die zusammen mit den gegebenen Werten von x_1, x_2, x_3 und x_4 die Gleichung (1) be-friedigen.

Infolge der Veränderlichkeit sowohl von x_1 und x_2 als auch von x_3 und x_4 entspricht jeder der beiden Gleichungen (2) und (3) eine zweifach unendliche Schar von doppelt bezifferten Kurven.

Die Herstellung einer Tafel auf Grund der Gleichung (1) ist möglich, wenn die Gleichungen (2) und (3) so gebaut sind, daß jede Kurve der beiden durch sie bestimmten Scharen sich entweder durch eine Verschiebung der Kurve

$$\eta = f_1(\xi) \quad \ldots \ldots \ldots \quad (4) \quad \text{bzw.} \quad \eta = f_2(\xi) \quad \ldots \ldots \ldots \quad (5)$$

oder der einfach unendlichen Kurvenschar

$$\eta = f_1(x_1, \xi) \quad \ldots \ldots (4') \quad \text{bzw.} \quad \eta = f_2(x_3, \xi) \quad \ldots \ldots (5')$$

herstellen läßt. Zeichnet man die beiden Kurven der Gleichungen (4) und (5) bzw. die beiden Kurvenscharen der Gleichungen (4') und (5') je auf einem durchsichtigen Stoff, und legt sie den jeweiligen Werten von x_1 und x_2 bzw. von x_3 und x_4 oder nur von x_2 bzw. x_4 entsprechend übereinander auf ein rechtwinkliges Koordinatensystem, so ergeben die Abszissen der Schnittpunkte der beiden Kurven im einen Fall, bzw. der den gegebenen Werten von x_1 und x_3 zukommenden Kurven im anderen Fall die gesuchten Werte von x_5. Eine solche Tafel besteht demnach aus einem festen, das Koordinatensystem und eine nach x_5 bezifferte Parallelenschar zur Ordinatenachse enthaltenden Teil und zwei beweglichen Teilen, auf denen je nachdem eine einzelne Kurve oder eine Kurvenschar angegeben ist.

Eine Tafel mit einem festen und nur einem beweglichen Teil erhält man, wenn in einem der beiden Glieder der Gleichung (1) zwei Veränderliche sich derart zusammenfassen lassen, daß man die Gleichung in der Form schreiben kann

$$f_1(\varphi(x_1, x_2), x_5) - f_2(x_3, x_4, x_5) = 0 \ldots \ldots (6)$$

Setzt man

$$\varphi(x_1, x_2) = x_{1,2}, \ldots \ldots \ldots (7)$$

so geht die Gleichung über in

$$f_1(x_{1,2}, x_5) - f_2(x_3, x_4, x_5) = 0 \ldots \ldots (6')$$

An Stelle dieser Gleichung kann man wieder die Gleichungen schreiben

$$\eta = f_1(x_{1,2}, \xi) \ldots \ldots \ldots (8)$$

und

$$\eta = f_2(x_3, x_4, \xi) \ldots \ldots \ldots (9)$$

Bedeuten ξ und η rechtwinklige Koordinaten, so ist durch die Gleichung (8) eine einfach unendliche, nach $x_{1,2}$ bezifferte, und durch die Gleichung (9) eine zweifach unendliche Kurvenschar bestimmt. Durch die Gleichung (8) ist zusammen mit der Gleichung (7) der feste Tafelteil bestimmt, der selbst wieder entsprechend den beiden Gleichungen aus zwei Teilen besteht. Der bewegliche, auf einem durchsichtigen Stoff angegebene Tafelteil ergibt sich aus der Gleichung (9), wenn diese so gebaut ist, daß jede Kurve der durch sie bestimmten Schar sich durch eine Verschiebung der Kurve

$$\eta = f_2(\xi) \quad \ldots \ldots \ldots \ldots \quad (10)$$

oder der Kurvenschar

$$\eta = f_2(x_3, \xi) \quad \ldots \ldots \ldots \ldots \quad (11)$$

ergibt.

Um zu einer gegebenen Wertegruppe der vier Veränderlichen x_1, x_2, x_3 und x_4 den zugehörigen Wert von x_5 zu ermitteln, hat man den beweglichen Tafelteil den gegebenen Werten entsprechend auf den festen Tafelteil zu legen; die Abszissen der Schnittpunkte der durch die Werte von x_1 und x_2 bestimmten Kurve mit der den Werten von x_3 und x_4 zukommenden Kurve stellen dann die gesuchten Werte von x_5 vor.

Die beiden Teile des festen Tafelteils stellen Tafeln der Gleichungen (7) und (8) vor, die durch eine nach $x_{1,2}$ bezifferte Kurvenschar miteinander verbunden sind; für diese Kurvenschar kann mit Rücksicht darauf, daß mit ξ und η über die Koordinaten verfügt ist, eine Schar von Parallelen zu einer der Koordinatenachsen nicht mehr gewählt werden. An Stelle dieser bisher benutzten Parallelen kann man eine Schar von Parallelen zu einer Mediane oder eine Schar von Kreisen um den Ursprung verwenden.

II. Tafeln mit bezifferten Punkten oder Tafeln mit Punktskalen.

§ 1. Zweiteilige Tafeln mit einer Geraden als Ablesekurve für Gleichungen mit vier Veränderlichen.

Kann man eine Gleichung zwischen den vier Veränderlichen x_1, x_2, x_3 und x_4 in der Form schreiben

$$F(\varphi(x_1, x_2), x_3, x_4) = 0, \quad \ldots \ldots \ldots \quad (1)$$

und setzt man in dieser

$$\varphi(x_1, x_2) = x_{1,2}, \quad \ldots \ldots \ldots \ldots \quad (2)$$

so geht die Gleichung über in

$$F(x_{1,2}, x_3, x_4) = 0 \quad \ldots \ldots \ldots \ldots \quad (3)$$

Durch die beiden, je drei veränderliche Größen enthaltenden Gleichungen (2) und (3) sind zwei Tafeln bestimmt, von denen jede eine nach $x_{1,2}$ bezifferte Skala besitzt; diese Tafeln stellen die beiden Teile einer Tafel der Gleichung (1) vor, die in der Weise miteinander zu verbinden sind, daß beide Teile dieselbe $x_{1,2}$-Skala haben. Diese nach $x_{1,2}$ bezifferte Skala stellt die Verbindung zwischen den beiden Tafelteilen her oder vermittelt den Übergang von einem Tafelteil zum andern; man kann sie deshalb als **Verbindungsskala** oder **Übergangsskala** bezeichnen.

Eine schematische Darstellung einer solchen Tafel gibt die Abb. 124. Eine Tafel dieser Art hat die Eigenschaft, daß zu je

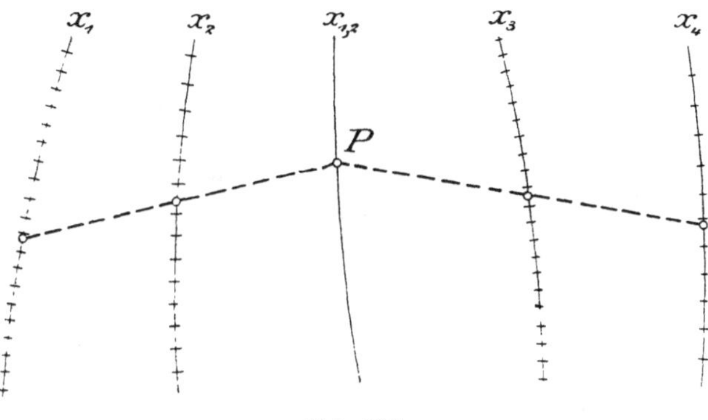

Abb. 124.

zwei durch denselben Punkt P des Trägers der Verbindungsskala gehenden Ablesekurven vier, die Gleichung (1) befriedigende Werte der Veränderlichen x_1, x_2, x_3 und x_4 gehören. Die Benutzung von zwei- und mehrteiligen Tafeln mit Punktskalen und einer Geraden als Ablesekurve geschieht am einfachsten mit Hilfe von Nadeln, die man in den durch die gegebenen Werte bestimmten Punkten aufsteckt; durch Anschlagen einer Linealkante an die Nadeln kann man dann die betreffenden Lagen der Ablesegeraden herstellen und deren Schnittpunkte mit den Trägern der Übergangsskalen und mit dem Träger der gesuchten Veränderlichen mit Nadeln festhalten. Arbeitet man in dieser Weise mit den Tafeln, so braucht man von den Übergangsskalen nur deren Träger, so daß man die Skalen selbst ganz weglassen kann.

Sollen die Ablesekurven beider Tafelteile geradlinig sein, so müssen auch bei nicht geraden Skalenträgern die Gleichungen (2) und (3) und damit die Gleichung (1) je eine bestimmte Form haben.

Damit man eine Gleichung zwischen den drei Veränderlichen x, y und z in einer Tafel mit einer Geraden als Ablesekurve und beliebigen Skalenträgern darstellen kann, muß sie von der Form[1]) sein

$$h_1(x)\{g_2(y) - g_3(z)\} + h_2(y)\{g_3(z) - g_1(x)\} + h_3(z)\{g_1(x) - g_2(y)\} = 0.$$

Die Gleichung (1) läßt sich demnach in einer zweiteiligen, Tafel mit in beiden Teilen geradliniger Ablesekurve darstellen wenn die Gleichungen (2) und (3) auf die Form gebracht werden können

$$h_1(x_1)\{g_2(x_2) - g(x_{1,2})\} + h_2(x_2)\{g(x_{1,2}) - g_1(x_1)\}$$
$$+ h(x_{1,2})\{g_1(x_1) - g_2(x_2)\} = 0 \quad \ldots \quad (4)$$

beziehungsweise

$$h_3(x_3)\{g_4(x_4) - g(x_{1,2})\} + h_4(x_4)\{g(x_{1,2}) - g_3(x_3)\}$$
$$+ h(x_{1,2})\{g_3(x_3) - g_4(x_4)\} = 0. \quad \ldots \quad (5)$$

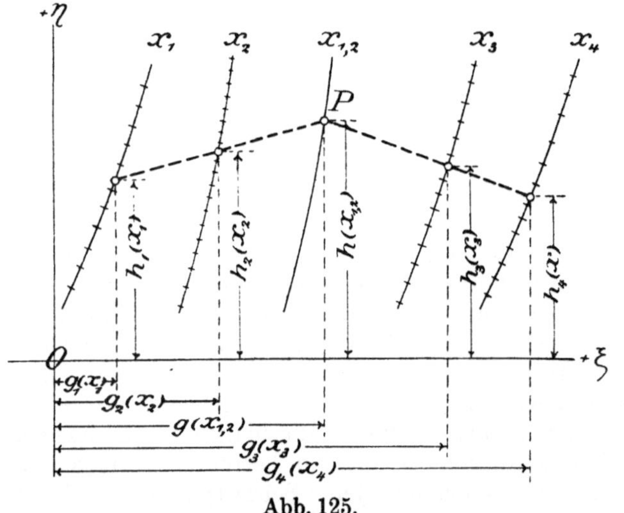

Abb. 125.

Die schematische Form einer solchen Tafel ist in der Abb. 125 angegeben; die fünf Skalen sind bei ihr bestimmt durch die Gleichungen

$$\xi = g_1(x_1)\} \quad \xi = g_2(x_2)\} \quad \xi = g(x_{1,2})\} \quad \xi = g_3(x_3)\} \quad \xi = g_4(x_4)\}$$
$$\eta = h_1(x_1)\} \quad \eta = h_2(x_2)\} \quad \eta = h(x_{1,2})\} \quad \eta = h_3(x_3)\} \quad \eta = h_4(x_4)\} \cdot$$

---

[1]) Vgl. Zweiter Abschnitt, II, § 9.

Um diejenige Form der Gleichung (1) zu erhalten, für welche die Gleichung in einer Tafel mit geradlinigem Träger für die Verbindungsskala dargestellt werden kann, wählt man für den Träger der $x_{1,2}$-Skala am einfachsten die Ordinatenachse; mit $g(x_{1,2}) = 0$ gehen die Gleichungen (4) und (5) dann über in

$$h_1(x_1)\, g_2(x_2) - h_2(x_2)\, g_1(x_1) + h(x_{1,2})\{g_1(x_1) - g_2(x_2)\} = 0 \quad (6)$$

und

$$h_3(x_3)\, g_4(x_4) - h_4(x_4)\, g_3(x_3) + h(x_{1,2})\{g_3(x_3) - g_4(x_4)\} = 0. \quad (7)$$

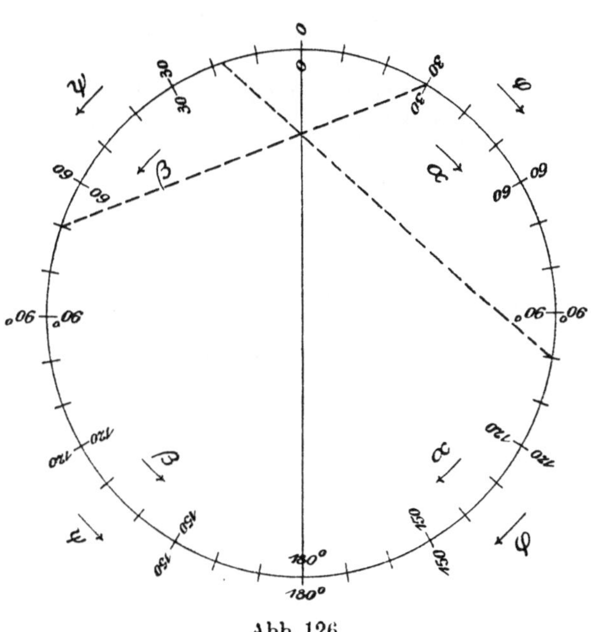

Abb. 126.

Eliminiert man aus diesen beiden, die zwei Tafelteile bestimmenden Gleichungen die Hilfsgröße $x_{1,2}$, so ergibt sich für die entsprechende Form der Gleichung (1)

$$\frac{g_1(x_1)\, h_2(x_2) - h_1(x_1)\, g_2(x_2)}{g_1(x_1) - g_2(x_2)} = \frac{g_3(x_3)\, h_4(x_4) - h_3(x_3)\, g_4(x_4)}{g_3(x_3) - g_4(x_4)}. \quad (8)$$

Beispiel. Auf die Form der Gleichung (8) kann man die Gleichung bringen

$$\frac{\sin(\alpha+\beta)}{\sin\alpha+\sin\beta}=\frac{\sin(\varphi+\psi)}{\sin\varphi+\sin\psi};$$

sie lautet dann

$$\frac{\sin\alpha\cos\beta+\cos\alpha\sin\beta}{\sin\alpha+\sin\beta}=\frac{\sin\varphi\cos\psi+\cos\varphi\sin\psi}{\sin\varphi+\sin\psi}.$$

Ein Vergleich dieser letzteren Gleichung mit der Gleichung (8) zeigt, daß bei einer Tafel für die vorliegende Gleichung die Skalen bestimmt sind durch die Gleichungen

$$\left.\begin{array}{l}\xi=\sin\alpha\\\eta=\cos\alpha\end{array}\right\}\qquad\left.\begin{array}{l}\xi=-\sin\beta\\\eta=\cos\beta\end{array}\right\}$$

$$\left.\begin{array}{l}\xi=\sin\varphi\\\eta=\cos\varphi\end{array}\right\}\qquad\left.\begin{array}{l}\xi=-\sin\psi\\\eta=\cos\psi\end{array}\right\}.$$

Eliminiert man aus jedem Gleichungspaar die betreffende Veränderliche, so zeigt sich, daß alle vier Skalen denselben Träger haben, nämlich einen Kreis um den Ursprung mit der Gleichung

$$\xi^2+\eta^2-1=0.$$

Die Tafel ist in der Abb. 126 angegeben; die eingezeichneten, in der Ordinatenachse sich schneidenden Geraden beziehen sich auf die Zahlenwerte

$$\alpha=30^0,\qquad\beta=70^0,\qquad\varphi=100^0,\qquad\psi=18^0.$$

Auf die Form der Gleichung (8) kann man auch Gleichungen bringen von der Form

$$\frac{\psi_1(x_1)-\psi_2(x_2)}{\varphi_1(x_1)-\varphi_2(x_2)}=\frac{\psi_3(x_3)-\psi_4(x_4)}{\varphi_3(x_3)-\varphi_4(x_4)}\ \ .\ \ .\ \ .\ \ .\ \ .\ (9)$$

Dividiert man in dieser Gleichung Zähler und Nenner der beiden Brüche mit $-\varphi(x_1)\,\varphi_2(x_2)$ bzw. $-\varphi_3(x_3)\,\varphi_4(x_4)$, so geht die Gleichung über in

$$\frac{\dfrac{1}{\varphi_1(x_1)}\dfrac{\psi_2(x_2)}{\varphi_2(x_2)}-\dfrac{1}{\varphi_2(x_2)}\dfrac{\psi_1(x_1)}{\varphi_1(x_1)}}{\dfrac{1}{\varphi_1(x_1)}-\dfrac{1}{\varphi_2(x_2)}}=\frac{\dfrac{1}{\varphi_3(x_3)}\dfrac{\psi_4(x_4)}{\varphi_4(x_4)}-\dfrac{1}{\varphi_4(x_4)}\dfrac{\psi_3(x_3)}{\varphi_3(x_3)}}{\dfrac{1}{\varphi_3(x_3)}-\dfrac{1}{\varphi_4(x_4)}}.$$

Ein Vergleich dieser Gleichung mit der Gleichung (8) zeigt, daß bei der Gleichung (9) die den vier Veränderlichen ent-

sprechenden Skalen bestimmt sind durch die vier Gleichungspaare

$$\left.\begin{aligned}\xi &= \frac{1}{\varphi_1(x_1)}\\[1mm]\eta &= \frac{\psi_1(x_1)}{\varphi_1(x_1)}\end{aligned}\right\}\qquad\left.\begin{aligned}\xi &= \frac{1}{\varphi_2(x_2)}\\[1mm]\eta &= \frac{\psi_2(x_2)}{\varphi_2(x_2)}\end{aligned}\right\}$$

$$\left.\begin{aligned}\xi &= \frac{1}{\varphi_3(x_3)}\\[1mm]\eta &= \frac{\psi_3(x_3)}{\varphi_3(x_3)}\end{aligned}\right\}\qquad\left.\begin{aligned}\eta &= \frac{1}{\varphi_4(x_4)}\\[1mm]\eta &= \frac{\psi_4(x_4)}{\varphi_4(x_4)}\end{aligned}\right\}.$$

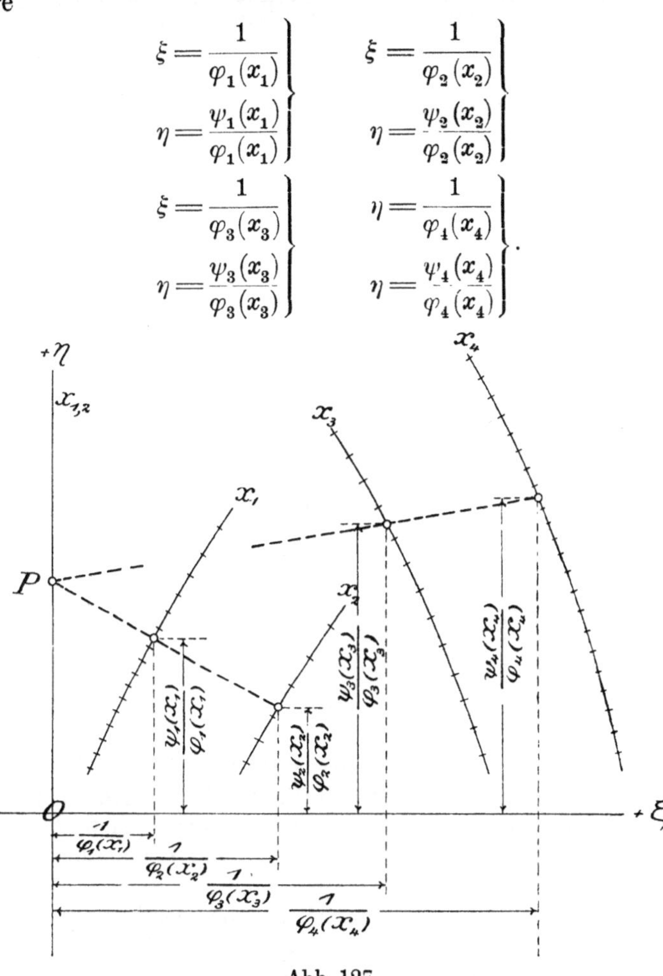

Abb. 127.

Die zu einer Gleichung von der Form (9) gehörige Tafel
ist in der Abb. 127 schematisch dargestellt.

Zu einer anderen Tafelform für die Gleichung (9) kommt
man, wenn man die vier Skalen aufzeichnet auf Grund der
vier Gleichungspaare

$$\left.\begin{aligned}\xi &= \varphi_1(x_1)\\\eta &= \psi_1(x_1)\end{aligned}\right\}\quad\left.\begin{aligned}\xi &= \varphi_2(x_2)\\\eta &= \psi_2(x_2)\end{aligned}\right\}\quad\left.\begin{aligned}\xi &= \varphi_3(x_3)\\\eta &= \psi_3(x_3)\end{aligned}\right\}\quad\left.\begin{aligned}\xi &= \varphi_4(x_4)\\\eta &= \psi_4(x_4)\end{aligned}\right\}.$$

Zu je vier Punkten P_1, P_2, P_3 und P_4 (Abb. 128) der so bestimmten Skalen gehören zwei Gerade $P_1 P_2$ und $P_3 P_4$; bezeichnet man deren Richtungswinkel mit ν_1^2 und ν_3^4, so gelten für diese die Gleichungen

$$\operatorname{tg} \nu_1^2 = \frac{\psi_2\,(x_2) - \psi_1\,(x_1)}{\varphi_2\,(x_2) - \varphi_1\,(x_1)} \quad \text{und} \quad \operatorname{tg} \nu_3^4 = \frac{\psi_4\,(x_4) - \psi_3\,(x_3)}{\varphi_4\,(x_4) - \varphi_3\,(x_3)}.$$

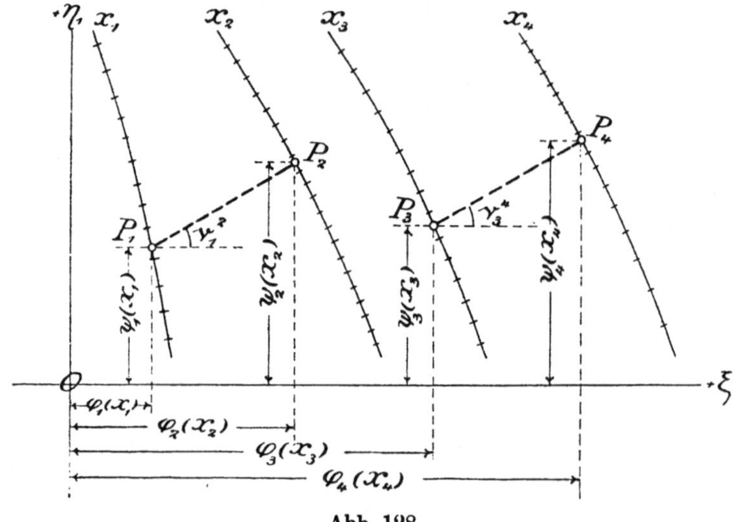

Abb. 128.

Befriedigen nun die den vier Punkten P_1, P_2, P_3 und P_4 zukommenden Werte der Veränderlichen die Gleichung (9), so sind die Richtungswinkel ν_1^2 und ν_3^4 einander gleich, d. h. die Geraden $P_1 P_2$ und $P_3 P_4$ sind parallel. Bei einer solchen Tafel liegt die Verbindungsskala im Unendlichen[1]).

Die beiden, durch die zwei parallelen Geraden bedingten Tafelteile können gegenseitig beliebig parallel verschoben werden. Für die mit einer Tafel dieser Art auszuführenden Rechnungen benutzt man eine auf einem durchsichtigen Stoff angegebene Parallelenschar mit beliebigem, am besten gleichem Abstand der einzelnen Parallelen oder die in der Abb. 105 angedeutete Vorrichtung.

---

[1]) Der Gedanke, als Ablesevorrichtung zwei parallele Gerade mit veränderlichem Abstand zu benützen, geht von M. Beghin aus, der ihn auf Tafeln mit vier Veränderlichen angewendet hat. R. Soreau bezeichnet die entsprechende Tafel als „abaque à double alignement parallèle".

Beispiel. Den Mantel M eines schief abgeschnittenen geraden Kreiszylinders mit dem Halbmesser r der Grundfläche kann man berechnen aus

$$M = \pi\, r\,(h_1 + h_2),$$

wo h_1 und h_2 die Längen der kürzesten und der längsten Mantellinie vorstellen. Diese Gleichung kann in der Form der Gleichung (9) geschrieben werden; sie lautet dann

$$\frac{M - 0}{0 + \pi r} = \frac{h_1 + h_2}{1 - 0}.$$

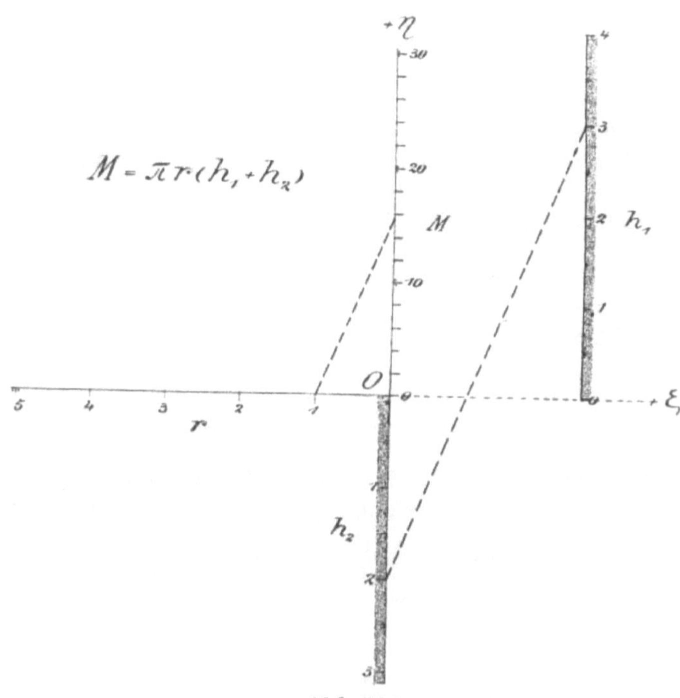

Abb. 129.

Die zur Herstellung der beiden Skalenpaare erforderlichen Gleichungen sind

$$\left.\begin{array}{l}\xi = 0 \\ \eta = M\end{array}\right\} \qquad \left.\begin{array}{l}\xi = -\pi r \\ \eta = 0\end{array}\right\}$$

und

$$\left.\begin{array}{l}\xi = 1 \\ \eta = h_1\end{array}\right\} \qquad \left.\begin{array}{l}\xi = 0 \\ \eta = -h_2\end{array}\right\}.$$

Die durch diese Skalen bestimmte Tafel ist in der Abb. 129 unter Zugrundelegung eines rechtwinkligen Koordinatensystems gezeichnet; dabei wurden für die beiden, die M- und die r- bzw. die h_1- und h_2-Skala enthaltenden Tafelteile verschiedene Maßeinheiten gewählt; außerdem wurde bei beiden Teilen für die Abszissen eine doppelt so große Maßeinheit als für die Ordinaten benutzt. Die beiden eingezeichneten parallelen Ablesegeraden beziehen sich auf die Zahlenwerte $h_1 = 3$, $h_2 = 2$, $r = 1$ und damit $M = 15{,}7$.

§ 2. Zweiteilige Tafeln mit geradlinigen Skalen und einer Geraden als Ablesekurve für Gleichungen mit vier Veränderlichen.

Eine einfachere Form der in der Abb. 125 schematisch dargestellten, der Gleichung (8) des vorhergehenden Paragraphen entsprechenden Tafel, bei der die Verbindungsskala mit der Ordinatenachse zusammenfällt, erhält man für den Fall, daß die Träger der vier Skalen Gerade parallel zur Ordinatenachse sind. Die Form der in einer solchen Tafel darstellbaren Gleichungen ergibt sich aus der Gleichung (8) von oben, wenn man setzt

$$g_1(x_1) = a, \quad g_2(x_2) = b, \quad g_3(x_3) = c, \quad g_4(x_4) = d;$$

man erhält damit

$$\frac{a\,h_2(x_2) - b\,h_1(x_1)}{a - b} = \frac{c\,h_4(x_4) - d\,h_3(x_3)}{c - d} \quad . \quad . \quad . \quad (1)$$

Die Form einer Tafel dieser Art zeigt die Abb. 130; die Skalen sind bei ihr bestimmt durch die vier Gleichungspaare

$$\left.\begin{array}{l} \xi = a \\ \eta = h_1(x_1) \end{array}\right\} \qquad \left.\begin{array}{l} \xi = b \\ \eta = h_2(x_2) \end{array}\right\}$$

bzw.

$$\left.\begin{array}{l} \xi = c \\ \eta = h_3(x_3) \end{array}\right\} \qquad \left.\begin{array}{l} \xi = d \\ \eta = h_4(x_4) \end{array}\right\}.$$

Auf die Form der Gleichung (1) lassen sich auch Gleichungen überführen von der Form

$$\frac{h_2(x_2) - h_1(x_1)}{\lambda_2 - \lambda_1} = \frac{h_4(x_4) - h_3(x_3)}{\lambda_4 - \lambda_3} \quad . \quad . \quad . \quad . \quad (2)$$

Diese Gleichung geht in die Form der Gleichung (1) über, wenn man Zähler und Nenner der beiden in ihr auftretenden

Brüche mit $\lambda_1 \lambda_2$ bzw. $\lambda_3 \lambda_4$ dividiert; man erhält dann

$$\frac{\dfrac{1}{\lambda_1}\dfrac{h_2(x_2)}{\lambda_2} - \dfrac{1}{\lambda_2}\dfrac{h_1(x_1)}{\lambda_1}}{\dfrac{1}{\lambda_1} - \dfrac{1}{\lambda_2}} = \frac{\dfrac{1}{\lambda_3}\dfrac{h_4(x_4)}{\lambda_4} - \dfrac{1}{\lambda_4}\dfrac{h_3(x_3)}{\lambda_3}}{\dfrac{1}{\lambda_3} - \dfrac{1}{\lambda_4}}.$$

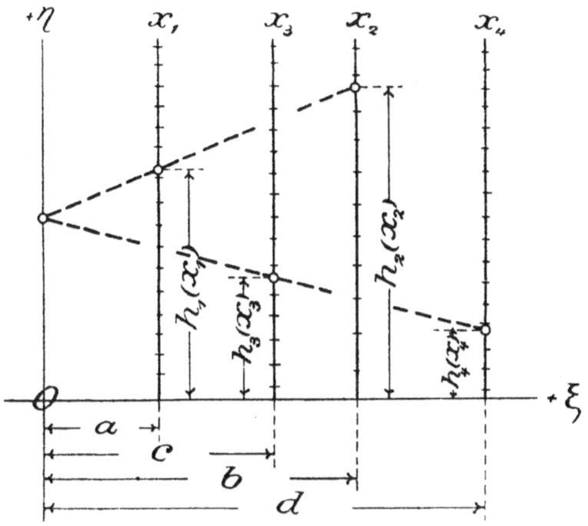

Abb. 130.

Bei einer Tafel der Gleichung (2) sind demnach die vier Skalen der beiden Tafelteile bestimmt durch die Gleichungen

$$\left.\begin{aligned}\xi &= \frac{1}{\lambda_1}\\[4pt]\eta &= \frac{h_1(x_1)}{\lambda_1}\end{aligned}\right\} \qquad \left.\begin{aligned}\xi &= \frac{1}{\lambda_2}\\[4pt]\eta &= \frac{h_2(x_2)}{\lambda_2}\end{aligned}\right\}$$

$$\left.\begin{aligned}\xi &= \frac{1}{\lambda_3}\\[4pt]\eta &= \frac{h_3(x_3)}{\lambda_3}\end{aligned}\right\} \qquad \left.\begin{aligned}\xi &= \frac{1}{\lambda_4}\\[4pt]\eta &= \frac{h_4(x_4)}{\lambda_4}\end{aligned}\right\}.$$

Die Gestalt einer derartigen Tafel ergibt sich unmittelbar aus der Abb. 130.

Eine andere Tafelform für die Gleichung (2) erhält man, wenn man die beiden Skalenpaare aufzeichnet auf Grund der

Gleichungspaare

$$\xi = \lambda_1 \left.\vphantom{\begin{matrix}a\\b\end{matrix}}\right\} \qquad \xi = \lambda_2 \left.\vphantom{\begin{matrix}a\\b\end{matrix}}\right\}$$
$$\eta = h_1(x_1) \qquad\qquad \eta = h_2(x_2)$$

$$\xi = \lambda_3 \left.\vphantom{\begin{matrix}a\\b\end{matrix}}\right\} \qquad \xi = \lambda_4 \left.\vphantom{\begin{matrix}a\\b\end{matrix}}\right\} .$$
$$\eta = h_3(x_3) \qquad\qquad \eta = h_4(z_4)$$

Durch je vier Punkte P_1, P_2, P_3 und P_4 (Abb. 131) dieser Skalen sind zwei Gerade $P_1 P_2$ und $P_3 P_4$ bestimmt, für deren Richtungswinkel ν_a und ν_b die Gleichungen gelten

$$\operatorname{tg} \nu_a = \frac{h_2(x_2) - h_1(x_1)}{\lambda_2 - \lambda_1} \quad \text{und} \quad \operatorname{tg} \nu_b = \frac{h_4(x_4) - h_3(x_3)}{\lambda_4 - \lambda_3}.$$

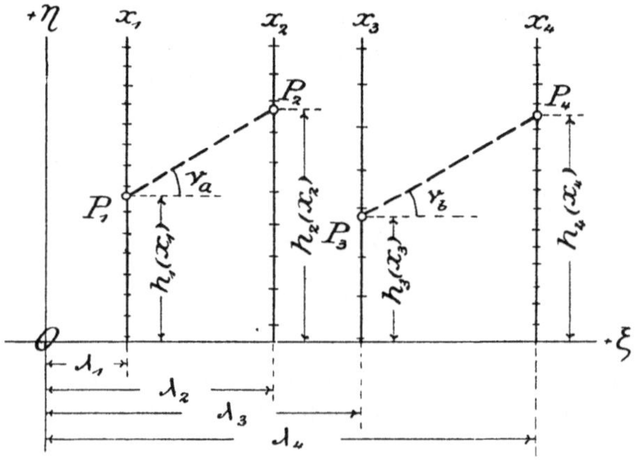

Abb. 131.

Sind die beiden Geraden parallel, also ihre Richtungswinkel gleich groß, so befriedigen die den Punkten P_1, P_2, P_3 und P_4 entsprechenden Werte der vier Veränderlichen die Gleichung (2). Zusammengehörige Werte sind demnach bei einer solchen Tafel durch parallele Gerade bestimmt.

Auf die Form der Gleichung (2) kann man insbesondere die typische Gleichung

$$\frac{x_1 \, x_2}{x_3 \, x_4} = 1$$

überführen; logarithmiert man diese, so nimmt sie die Form an

$$\log x_1 + \log x_2 = \log x_3 + \log x_4$$

oder

$$\frac{\log x_1 + \log x_2}{\mu - \nu} = \frac{\log x_3 + \log x_4}{\mu - \nu}.$$

Beispiel. Den Flächeninhalt J eines ebenen Dreiecks kann man berechnen aus zwei Seiten s_1 und s_2 und ihrem eingeschlossenen Winkel φ mit Hilfe der Gleichung

$$2J = s_1 s_2 \sin \varphi.$$

Logarithmiert man diese Gleichung und schreibt sie entsprechend der Gleichung (2), so lautet sie

$$\frac{\log 2J - \log \sin \varphi}{\mu - \nu} = \frac{\log s_1 + \log s_2}{\mu - \nu}.$$

Eine Tafel dieser Gleichung von der in der Abb. 130 angegebenen Form ist bestimmt durch die Gleichungspaare

$$\left.\begin{aligned}\xi &= \frac{1}{\nu} \\ \eta &= \frac{\log \sin \varphi}{\nu}\end{aligned}\right\} \qquad \left.\begin{aligned}\xi &= \frac{1}{\mu} \\ \eta &= \frac{\log 2J}{\mu}\end{aligned}\right\}$$

$$\left.\begin{aligned}\xi &= \frac{1}{\nu} \\ \eta &= -\frac{\log s_2}{\nu}\end{aligned}\right\} \qquad \left.\begin{aligned}\xi &= \frac{1}{\mu} \\ \eta &= \frac{\log s_1}{\mu}\end{aligned}\right\}.$$

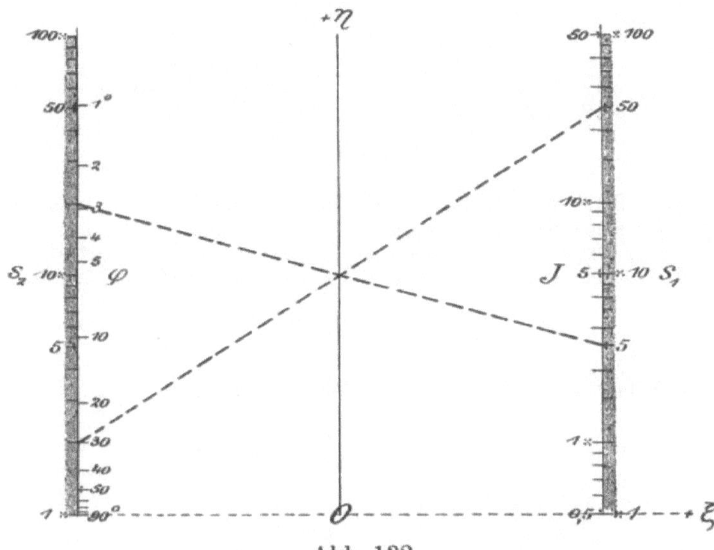

Abb. 132.

Wählt man für μ und ν die Werte $+1$ bzw. -1, so erhält man die in der Abb. 132 unter Zugrundelegung eines rechtwinkligen Koordinatensystems gezeichnete Tafel; die in dieser angegebenen, in der Koordinatenachse sich schneidenden Ablesegeraden beziehen sich auf die zusammengehörigen Werte

$$s_1 = 5 \quad s_2 = 20 \quad \varphi = 30^0 \quad \text{und} \quad J = 25.$$

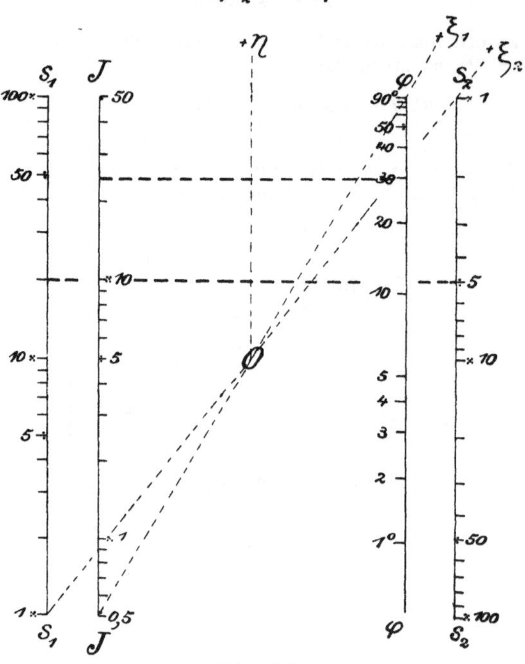

Abb. 133.

Die beiden Tafelteile können — wie in der Abbildung — durch Bemalung des einen Skalenpaares unterschieden werden.

In einer Tafel mit parallelen Ablesegeraden nach der Art der in der Abb. 131 dargestellten Tafel sind bei der vorliegenden Gleichung

$$\frac{\log 2J - \log \sin \varphi}{\mu - \nu} = \frac{\log s_1 + \log s_2}{\mu - \nu}$$

die Skalen bestimmt durch die vier Gleichungspaare

$$\left.\begin{aligned} \xi &= \nu \\ \eta &= \log \sin \varphi \end{aligned}\right\} \qquad \left.\begin{aligned} \xi &= \mu \\ \eta &= \log 2J \end{aligned}\right\}$$

$$\left.\begin{aligned} \xi &= \nu \\ \eta &= -\log s_2 \end{aligned}\right\} \qquad \left.\begin{aligned} \xi &= \mu \\ \eta &= \log s_1 \end{aligned}\right\}.$$

Wählt man für μ und ν wieder die Werte $+1$ und -1, so ergibt sich die in einem schiefwinkligen Koordinatensystem gezeichnete Tafel der Abb. 133. Die beiden eingezeichneten parallelen Ablesegeraden beziehen sich auf dasselbe Zahlenbeispiel wie oben.

Wie oben gezeigt wurde, kann man die Gleichung

$$F(\varphi(x_1, x_2),\ x_3, x_4) = 0 \ \ldots \ldots \ldots \ldots \quad (3)$$

in einer zweiteiligen Tafel mit in beiden Teilen geradliniger Ablesekurve darstellen, wenn die die beiden Tafelteile bestimmenden Gleichungen

$$\varphi(x_1, x_2) = x_{1,\,2} \ \ldots \ldots \ldots \ldots \quad (2)$$

und

$$F(x_{1,\,2},\ x_3,\ x_4) = 0 \ \ldots \ldots \ldots \ldots \quad (3)$$

auf die Form gebracht werden können

$$h_1(x_1)\{g_2(x_2) - g(x_{1,\,2})\} + h_2(x_2)\{g(x_{1,\,2}) - g_1(x_1)\}$$
$$+ h(x_{1,\,2})\{g_1(x_1) - g_2(x_2)\} = 0 \ \ldots \ldots \quad (4)$$

und $\quad h_3(x_3)\{g_4(x_4) - g(x_{1,\,2})\} + h_4(x_4)\{g(x_{1,\,2}) - g_3(x_3)\}$
$$+ h(x_{1,\,2})\{g_3(x_3) - g_4(x_4)\} = 0 \ \ldots \ldots \quad (5)$$

Um diejenige Form der Gleichung (3) zu ermitteln, für welche die Gleichung in einer Tafel mit geradlinigen, durch einen Punkt gehenden Skalenträgern dargestellt werden kann, setzt man[1])

$$h_1(x_1) = 0, \quad g_2(x_2) = 0, \quad h_3(x_3) = 0, \quad g_4(x_4) = 0$$

und $\qquad g(x_{1,\,2}) = h(x_{1,\,2}) = f(x_{1,\,2})$.

Die Gleichungen (4) und (5) gehen dann über in

$$h_2(x_2)f(x_{1,\,2}) - h_2(x_2)g_1(x_1) + f(x_{1,\,2})g_1(x_1) = 0$$

und

$$h_4(x_4)f(x_{1,\,2}) - h_4(x_4)g_3(x_3) + f(x_{1,\,2})g_3(x_3) = 0$$

oder

$$\frac{1}{g_1(x_1)} + \frac{1}{h_2(x_2)} - \frac{1}{f(x_{1,\,2})} = 0 \ \ldots \ldots \quad (6)$$

und

$$\frac{1}{g_3(x_3)} + \frac{1}{h_4(x_4)} - \frac{1}{f(x_{1,\,2})} = 0. \ \ldots \ldots \quad (7)$$

---

[1]) Vgl. Zweiter Abschnitt, II, § 5.

Die Elimination von $f(x_{1,2})$ aus diesen beiden Gleichungen ergibt für die entsprechende Form der Gleichung (3)

$$\frac{1}{g_1(x_1)} + \frac{1}{h_2(x_2)} = \frac{1}{g_3(x_3)} + \frac{1}{h_4(x_4)} \quad \ldots \ldots \quad (8)$$

Die $x_{1,2}$-Skala hat in beiden Tafelteilen (vgl. Abb. 69) als Träger die erste Mediane; wählt man für die beiden Tafelteile

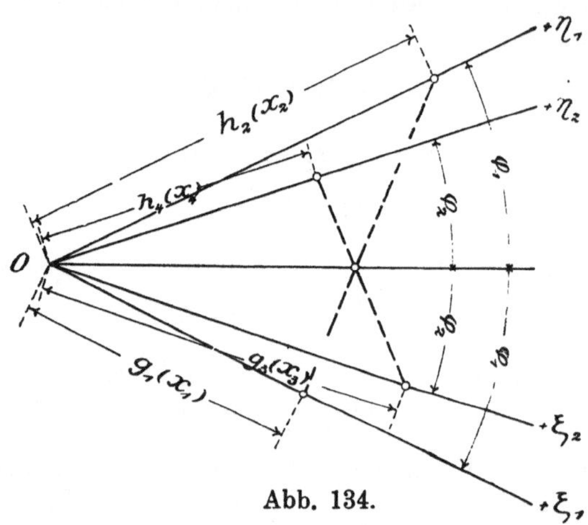

Abb. 134.

zwei verschiedene, schiefwinklige Koordinatensysteme, und zeichnet man diese derart übereinander, daß ihre Medianen zusammenfallen, so entspricht der Gleichung (8) eine Tafel, wie sie in der Abb. 134 in schematischer Form dargestellt ist. An Stelle der zwei Koordinatensysteme kann man auch nur eines wählen, wobei dann die Achsen — ähnlich wie in Abb. 132 die beiden Parallelen zur Ordinatenachse — die Träger von je zwei Skalen sind, die sich auf beiden Seiten angeben lassen.

Die Gleichung (8) kann man auch folgendermaßen schreiben[1])

$$\left(\frac{\lambda}{g_1(x_1)} + \mu\right) + \left(\frac{\lambda}{h_2(x_2)} + \mu\right) = \left(\frac{\lambda}{g_3(x_3)} + \mu\right) + \left(\frac{\lambda}{h_4(x_4)} + \mu\right)$$

oder

$$\frac{\lambda + \mu\, g_1(x_1)}{g_1(x_1)} + \frac{\lambda + \mu\, h_2(x_2)}{h_2(x_2)} = \frac{\lambda + \mu\, g_3(x_3)}{g_3(x_3)} + \frac{\lambda + \mu\, h_4(x_4)}{h_4(x_4)}. \quad (8')$$

[1]) Vgl. Zweiter Abschnitt, II, § 5.

Die die beiden Tafelteile bestimmenden Gleichungen sind dann

$$\frac{\lambda + \mu\, g_1(x_1)}{g_1(x_1)} + \frac{\lambda + \mu\, h_2(x_2)}{h_2(x_2)} - \frac{\lambda + 2\,\mu\, f(x_{1,2})}{f(x_{1,2})} = 0 \quad . \quad . \ (6')$$

und

$$\frac{\lambda + \mu\, g_3(x_3)}{g_3(x_3)} + \frac{\lambda + \mu\, h_4(x_4)}{h_4(x_4)} - \frac{\lambda + 2\,\mu\, f(x_{1,2})}{f(x_{1,2})} = 0, \quad . \ (7')$$

wobei die Größen λ und μ beliebig gewählt werden dürfen; dies ermöglicht die Einführung einer passenden Maßeinheit.

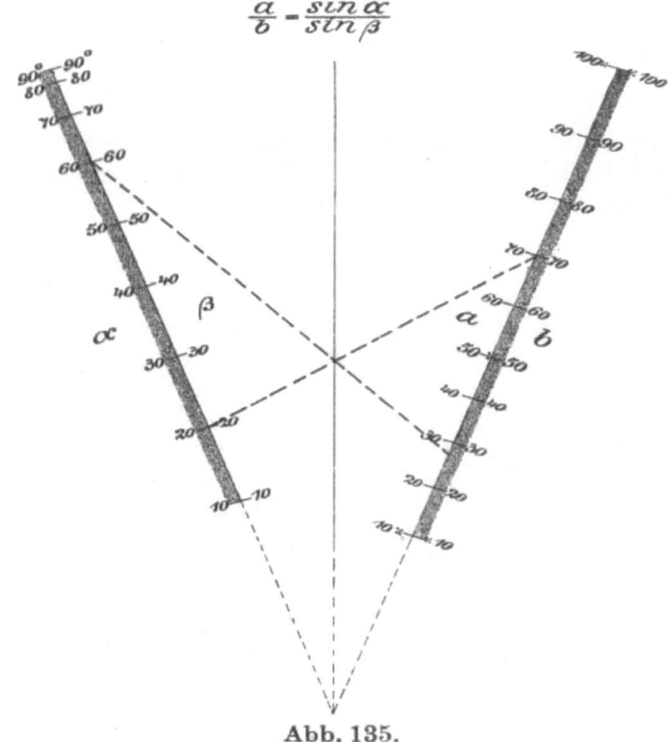

Abb. 135.

Beispiel. Eine in der Trigonometrie bei der Berechnung des ebenen schiefwinkligen Dreiecks vorkommende Gleichung lautet

$$\frac{a}{b} = \frac{\sin\alpha}{\sin\beta}.$$

Logarithmiert man diese Gleichung, so geht sie über in

$$\log a + \log\sin\beta = \log b + \log\sin\alpha$$

oder, wenn man sie in der Form der Gleichung (8′) schreibt,

$$(\lambda + \mu \log a) + (\lambda + \mu \log \sin \beta) = (\lambda + \mu \log b) + (\lambda + \mu \log \sin \alpha).$$

Die beiden Skalen des einen Tafelteils sind demnach bestimmt durch die beiden Gleichungspaare

$$\left.\begin{array}{l} \xi = \dfrac{1}{\lambda + \mu \log a} \\ \eta = 0 \end{array}\right\} \quad \text{und} \quad \left.\begin{array}{l} \xi = 0 \\ \eta = \dfrac{1}{\lambda + \mu \log \sin \beta} \end{array}\right\}.$$

Die beiden Skalen des anderen Tafelteils stimmen mit denen des ersten — abgesehen von der Bezifferung — vollständig überein.

Die so bestimmte Tafel ist mit Benützung von nur einem Koordinatensystem und der bei der Abb. 73 verwendeten Werte für λ und μ in der Abb. 135 gezeichnet, in der die Ablesegeraden entsprechend den Zahlenwerten

$$\alpha = 60^{\circ}, \quad \beta = 20^{\circ}, \quad a = 70 \quad \text{und} \quad b = 28$$

angegeben sind.

In einer Tafel mit geradlinigen, durch einen Punkt gehenden Skalenträgern und parallelen Ablesegeraden lassen sich Gleichungen darstellen von der Form

$$\frac{f_1(x_1)}{f_2(x_2)} = \frac{f_3(x_3)}{f_4(x_4)}. \qquad \ldots \ldots \ldots \quad (9)$$

Daß und wie dies in einfacher Weise der Fall ist, zeigt sich, wenn man beachtet, daß die Gleichung eine Proportion vorstellt.

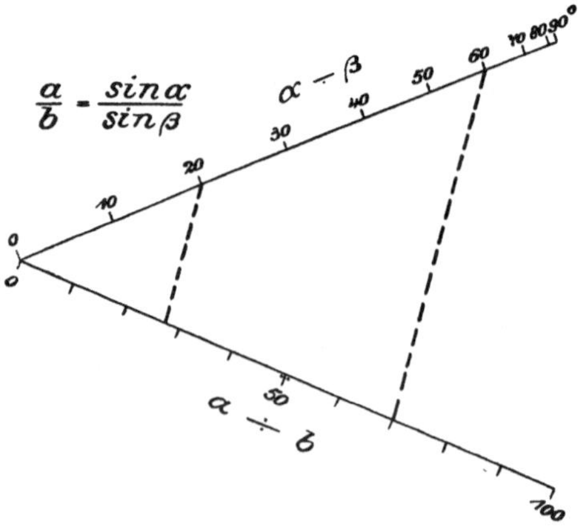

Beispiel. Für die Gleichung

$$\frac{a}{b} = \frac{\sin \alpha}{\sin \beta}$$

ist eine Tafel dieser Art in der Abb. 136 enthalten, bei der für die beiden erforderlichen Skalen verschiedene Maßeinheiten gewählt wurden. Die eingezeichneten Ablesegeraden beziehen sich auf dasselbe Zahlenbeispiel wie die Geraden der Abb. 135.

Abb. 136.

Im vorstehenden wurden bei den besonderen Tafelformen in der Hauptsache nur solche betrachtet, bei denen beide Tafelteile dieselbe Form haben; dies ist immer der Fall, wenn die die beiden Tafelteile bestimmenden Gleichungen von derselben Form sind oder in dieselbe Form übergeführt werden können. Von den zahlreichen anderen Tafelformen, bei denen die beiden Tafelteile Tafeln von verschiedener Form sind, möge wenigstens diejenige beigefügt sein, bei der die Skalenträger des einen Tafelteils drei parallele und die des anderen Tafelteils drei durch einen Punkt gehende Gerade sind. Um diejenige Gleichungsform zu bestimmen, die in einer Tafel dieser Art dargestellt werden kann, hat man in den den beiden Tafelteilen entsprechenden Gleichungen (4) und (5) des vorhergehenden Paragraphen (Seite 159) zu setzen

$$g_1(x_1) = a, \quad g_2(x_2) = b, \quad g_1(x_{1,2}) = 0, \quad h(x_{1,2}) = f(x_{1,2})$$

bzw.

$$g(x_{1,2}) = h(x_{1,2}) = f(x_{1,2}), \quad h_3(x_3) = 0, \quad g_4(x_4) = 0.$$

Die beiden Gleichungen gehen dann über in

$$b\,h_1(x_1) - a\,h_2(x_2) + (a - b)\,f(x_{1,2}) = 0$$

und

$$f(x_{1,2})\,g_3(x_3) + f(x_{1,2})\,h_4(x_4) - g_3(x_3)\,h_4(x_4) = 0.$$

Eliminiert man aus diesen Gleichungen $f(x_{1,2})$, so erhält man für die gesuchte Gleichungsform

$$\frac{a\,h_2(x_2) - b\,h_1(x_1)}{a - b} = \frac{g_3(x_3)\,h_4(x_4)}{g_3(x_3) + h_4(x_4)}$$

oder in dem besonderen Fall mit $b = -a$

$$\frac{h_1(x_1) + h_2(x_2)}{2} = \frac{g_3(x_3)\,h_4(x_4)}{g_3(x_3) + h_4(x_4)} \quad \dots \quad (10)$$

Bei dieser Gleichung sind die beiden Tafelteile bestimmt durch die beiden Gleichungen

$$h_1(x_1) + h_2(x_2) = 2\,f(x_{1,2})$$

und

$$\frac{1}{g_3(x_3)} + \frac{1}{h_4(x_4)} = \frac{1}{f(x_{1,2})}.$$

Die der Gleichung (10) entsprechende Tafel ist in der Abb. 137 in schematischer Form angegeben; bei dieser Tafel erfordern — im Gegensatz zu den bisher behandelten Tafelformen — die beiden Tafelteile zwei verschiedene Koordinatensysteme, die mit gemeinsamem Ursprung O derart aneinander zu zeichnen sind, daß die Ordinatenachse des z. B. rechtwinkligen Systems (ξ', η') mit der ersten Mediane des z. B. schiefwinkligen Systems (ξ'', η'') zusammenfällt.

Zu beachten hat man, daß die auf die gemeinsame Gerade der beiden Systeme fallende, aber nicht zu zeichnende $f(x_{1,2})$-Skala für beide Tafelteile dieselbe sein muß; die Koordinaten des Schnittpunktes S von zwei zusammengehörigen, auf dem

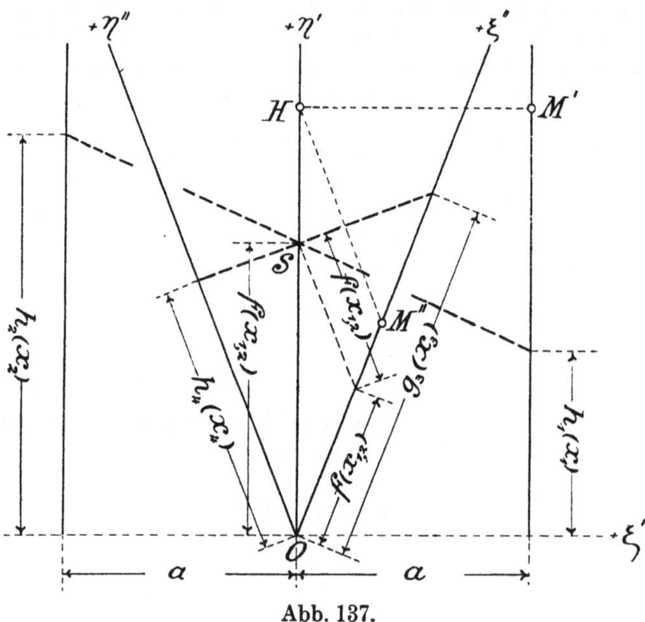

Abb. 137.

Träger der $f(x_{1,2})$-Skala sich schneidenden Ablesegeraden sind daher in dem einen System 0 und $f(x_{1,2})$, und in dem anderen System $f(x_{1,2})$ und $f(x_{1,2})$.[1] Die Maßeinheit der Abszissen und Ordinaten des zweiten Systems ist demnach nicht dieselbe wie die der Ordinaten des ersten Systems; man erhält bei beliebig großem Achsenwinkel des zweiten Systems die Maßeinheit des zweiten Systems aus der des ersten am einfachsten mit Hilfe eines nach einer runden Zahl — z. B. 10 — bezifferten Punktes M', dem ein nach derselben Zahl bezifferter Punkt M'' entspricht, den man mit Hilfe der zu ξ' und η'' parallelen Geraden $M'H$ und HM'' erhält.

---

[1] Vgl. die Abb. 53 und 69 und die zu diesen gehörigen Gleichungen.

§ 3. Mehr- als zweiteilige Tafeln mit einer Geraden als Ablesekurve für Gleichungen mit vier Veränderlichen.

Eine Gleichung mit vier Veränderlichen kann nur dann in einer aus zwei Teilen bestehenden Tafel dargestellt werden, wenn sie in der Form

$$F(\varphi(x_1, x_2),\ x_3,\ x_4) = 0$$

geschrieben werden kann; ist dies nicht möglich, so erfordert die Gleichung eine Tafel mit mehr als zwei Teilen.

Läßt sich eine Gleichung zwischen den vier Veränderlichen x_1, x_2, x_3 und x_4 auf die Form bringen

$$f_1\left(\varphi(x_1, x_2),\ x_3\right) - f_2(x_3, x_4) = 0, \ldots \ldots (1)$$

und setzt man

$$\varphi(x_1, x_2) = x_{1,2} \ldots \ldots \ldots \ldots (2)$$

und

$$f_1(x_{1,2},\ x_3) = x_{1,2,3}, \ldots \ldots \ldots (3)$$

so daß die Gleichung übergeht in

$$x_{1,2,3} - f_2(x_3, x_4) = 0, \ldots \ldots \ldots (4)$$

so kann man die Gleichung in einer aus zwei Teilen bestehenden Tafel darstellen, bei der der eine Tafelteil selbst wieder

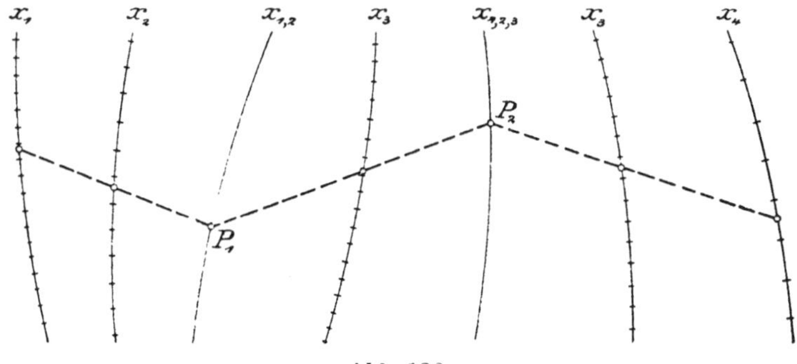

Abb. 138.

zwei Teile enthält. Von den drei Tafelteilen stellt der eine eine Tafel der Gleichung (2), der andere eine solche der Gleichung (3) und der dritte eine Tafel der Gleichung (4) vor; die drei Skalen des ersten Tafelteils sind daher nach x_1, x_2 und $x_{1,2}$ beziffert, die des zweiten Teils nach $x_{1,2}$, x_3 und $x_{1,2,3}$ und die des letzten Teils nach $x_{1,2,3}$, x_3 und x_4. Der durch die Gleichung (1) bedingte Zusammenhang der drei Tafelteile besteht darin, daß die nach $x_{1,2}$ und nach $x_{1,2,3}$ bezifferten Skalen von je zwei Teilen zusammenfallen. In der Abb. 138 ist die schematische Form einer solchen Tafel mit einer Geraden als Ablesekurve angegeben; die Tafel hat die Eigenschaft, daß durch je zwei Punkte P_1 und P_2 der beiden, zu $x_{1,2}$ und $x_{1,2,3}$ gehörigen Verbindungsskalen Gruppen von zusammengehörigen Werten der vier Veränderlichen x_1, x_2, x_3 und x_4 bestimmt sind. Eine solche Tafel eignet sich zunächst für den Fall, daß der Wert der bei zwei Skalen auftretenden Veränderlichen x_3 gegeben ist.

Eine Gleichung von der Form

$$f_1\left(\varphi_1\left(x_1, x_2\right), x_3\right) - f_2\left(\varphi_2\left(x_1, x_2\right), x_4\right) = 0 \quad \ldots \quad (5)$$

erfordert eine Tafel mit zwei Teilen, von denen jeder selbst aus zwei Teilen besteht; die ganze Tafel setzt sich demnach aus vier Teilen zusammen. Setzt man in der Gleichung (5)

$$\varphi_1\left(x_1, x_2\right) = x'_{1,2}, \quad f_1\left(x'_{1,2}, x_3\right) = x_{1,2,3}, \quad \varphi_2\left(x_1, x_2\right) = x''_{1,2},$$

so geht sie über in

$$x_{1,2,3} - f_2\left(x''_{1,2}, x_4\right) = 0.$$

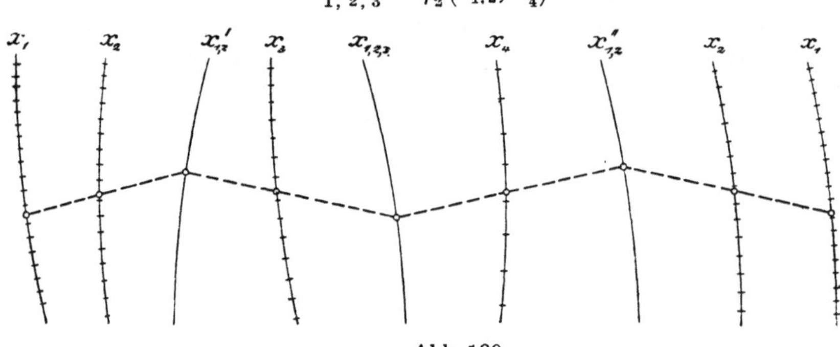

Abb. 139.

Durch diese vier Gleichungen sind die vier Tafelteile bestimmt, die derart miteinander verbunden sind, daß die nach $x'_{1,2}$, $x''_{1,2}$ und $x_{1,2,3}$ bezifferten Verbindungsskalen von je zwei Teilen zusammenfallen. Die schematische Form einer solchen Tafel zeigt die Abb. 139, bei der eine Gerade als Ablesekurve angenommen wurde. Eine Tafel dieser Art kommt zunächst für den Fall in Betracht, daß die Werte von x_1 und x_2 gegeben sind.

Damit die drei bzw. vier Tafelteile mittels der nach den eingeführten Hilfsgrößen bezifferten Skalen verbunden werden können, ist es nötig, daß die Träger dieser Verbindungsskalen je dieselbe Form haben; der einfachste Fall tritt ein, wenn diese Träger Gerade sind.

§ 4. Einteilige Tafeln für Gleichungen mit vier Veränderlichen mit einem System von Ablesekurven in Form eines einen rechten Winkel bildenden Zweistrahls.

Die Abb. 140 zeigt die schematische Form einer nur aus einem Teil bestehenden Tafel mit Punktskalen für eine Gleichung mit vier Veränderlichen x_1, x_2, x_3 und x_4[1]); bei einer solchen Tafel sind durch je vier, auf zwei zueinander senkrechten Geraden G_1 und G_2 liegende Punkte P_1, P_2, P_3 und P_4 vier, eine bestimmte Gleichung befriedigende Werte der Veränderlichen bestimmt. Um die Form dieser Gleichung zu bestimmen, kann man sich die vier Skalen entstanden denken auf Grund der Gleichungspaare

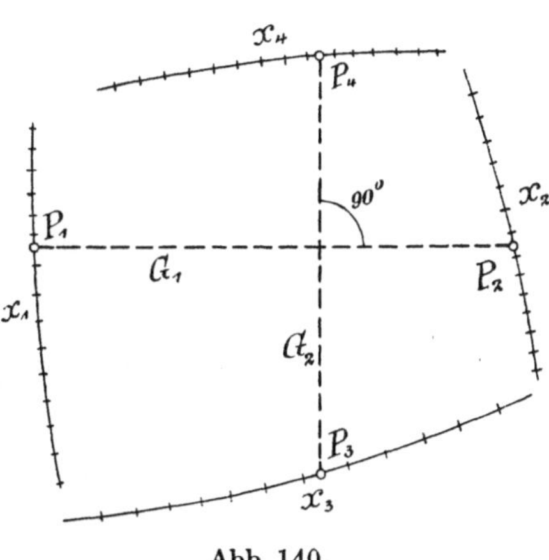

Abb. 140.

$$\left.\begin{array}{l} \xi = f_1(x_1) \\ \eta = g_1(x_1) \end{array}\right\} (1) \quad \left.\begin{array}{l} \xi = f_2(x_2) \\ \eta = g_2(x_2) \end{array}\right\} (2) \quad \left.\begin{array}{l} \xi = f_3(x_3) \\ \eta = g_3(x_3) \end{array}\right\} (3) \quad \left.\begin{array}{l} \xi = f_4(x_4) \\ \eta = g_4(x_4) \end{array}\right\} (4)$$

Die beiden zueinander senkrechten Ablesegeraden haben Gleichungen von der Form

$$\eta = m\xi + q_1 \quad \cdots \cdots \cdots (5)$$

und

$$\eta = -\frac{1}{m}\xi + q_2 \quad \cdots \cdots \cdots (6)$$

Die erste dieser beiden Geraden geht durch die beiden durch die Gleichungen (1) und (2) bestimmten Punkte, wenn die Gleichungen gelten

$$g_1(x_1) = m f_1(x_1) + q_1$$

---

[1]) R. Soreau, von dem diese Tafelform ausgeht, bezeichnet sie als „abaque à double alignement en équerre".

und

$$g_2(x_2) = m f_2(x_2) + q_1.$$

Damit die durch die Gleichungen (3) und (4) bestimmten Punkte auf der zweiten Geraden liegen, müssen die Gleichungen bestehen

$$g_3(x_3) = -\frac{1}{m} f_3(x_3) + q_2$$

$$g_4(x_4) = -\frac{1}{m} f_4(x_4) + q_2.$$

Eliminiert man aus den vier Bedingungsgleichungen die drei Parameter m, q_1 und q_2, so erhält man für diejenigen Gleichungen, die sich in einer Tafel der angegebenen Art darstellen lassen, die Form

$$\{f_1(x_1) - f_2(x_2)\} \{f_4(x_4) - f_3(x_3)\}$$
$$= \{g_1(x_1) - g_2(x_2)\} \{g_3(x_3) - g_4(x_4)\}. \quad \ldots \ldots (7)$$

Zu beachten ist bei der vorliegenden Tafelform, daß mit Rücksicht auf die beiden zueinander senkrechten Ablesegeraden Abszissen und Ordinaten in demselben Maßstab gezeichnet werden müssen.

Eine besondere Form der in der Abb. 140 angegebenen Tafel ergibt sich, wenn die Skalenträger zwei Paare von zu den Koordinatenachsen parallelen Geraden sind; die Skalen sind dann bestimmt durch Gleichungen von der Form

$$\left.\begin{matrix} \xi = \varphi_1(x_1) \\ \eta = 0 \end{matrix}\right\} \quad \left.\begin{matrix} \xi = \varphi_2(x_2) \\ \eta = a \end{matrix}\right\} \quad \left.\begin{matrix} \xi = 0 \\ \eta = \varphi_3(x_3) \end{matrix}\right\} \quad \left.\begin{matrix} \xi = b \\ \eta = \varphi_4(x_4) \end{matrix}\right\}.$$

Mit diesen Gleichungen an Stelle der Gleichungen (1) bis (4) geht die Gleichung (7) über in

$$b\{\varphi_1(x_1) - \varphi_2(x_2)\} = a\{\varphi_4(x_4) - \varphi_3(x_3)\} \quad \ldots \ldots (8)$$

Auf diese Gleichungsform kann man insbesondere durch Logarithmieren die typische Gleichung

$$x_1 x_2 = x_3 x_4 \quad \ldots \ldots \ldots (9)$$

überführen, sie lautet dann

$$\log x_1 - \log x_3 = \log x_4 - \log x_2. \quad \ldots \ldots (9')$$

Beispiel. Eine bei der Berechnung von ebenen Dreiecken oft benutzte Gleichung — der sog. Sinussatz — ist die folgende

$$\frac{a}{b} = \frac{\sin \alpha}{\sin \beta}.$$

Logarithmiert man diese Gleichung, so kann man sie in der Form schreiben

$$\lambda (\log a - \log b) = - \lambda (\log \sin \beta - \log \sin \alpha).$$

Die vier Skalen sind bei dieser Gleichung bestimmt durch die Gleichungen

$$\left. \begin{array}{l} \xi = \log a \\ \eta = 0 \end{array} \right\} \quad \left. \begin{array}{l} \xi = \log b \\ \eta = - \lambda \end{array} \right\} \quad \left. \begin{array}{l} \xi = 0 \\ \eta = \log \sin \alpha \end{array} \right\} \quad \left. \begin{array}{l} \xi = \lambda \\ \eta = \log \sin \beta \end{array} \right\} .$$

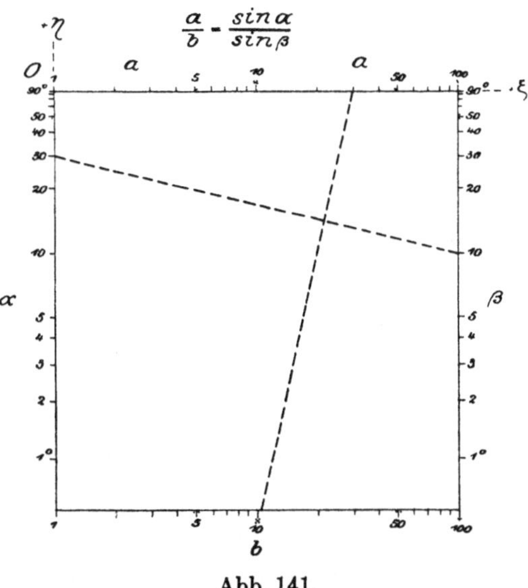

Abb. 141.

Auf Grund dieser Gleichungen ergibt sich die Tafel der Abb. 141; die eingezeichnete Lage des Zweistrahls bezieht sich auf die beiden Wertegruppen

$$a = 30, \quad b = 10{,}5; \quad \alpha = 30^{0}, \quad \beta = 10^{0}.$$

Eine andere besondere Form der in der Abb. 140 dargestellten Tafel erhält man, wenn die Skalenträger zwei zueinander senkrechte Gerade sind; betrachtet man diese als die Achsen eines Koordinatensystems, so haben die vier Skalen die Gleichungen

$$\left. \begin{array}{l} \xi = - \varphi_1 (x_1) \\ \eta = 0 \end{array} \right\} \quad \left. \begin{array}{l} \xi = 0 \\ \eta = \varphi_2 (x_2) \end{array} \right\} \quad \left. \begin{array}{l} \xi = \varphi_3 (x_3) \\ \eta = 0 \end{array} \right\} \quad \left. \begin{array}{l} \xi = 0 \\ \eta = \varphi_4 (x_4) \end{array} \right\} .$$

Mit diesen den Gleichungen (1) bis (4) entsprechenden Gleichungen tritt an die Stelle der Gleichung (7) die folgende

$$\varphi_1(x_1)\,\varphi_3(x_3) = \varphi_2(x_2)\,\varphi_4(x_4) \quad \ldots \ldots \quad (10)$$

Beispiel. In der Form der Gleichung (10) kann man die in dem vorhergehenden Beispiel behandelte Gleichung schreiben; sie lautet dann

$$a \sin \beta = b \sin \alpha \quad \text{oder} \quad a\lambda \sin \beta = b\lambda \sin \alpha.$$

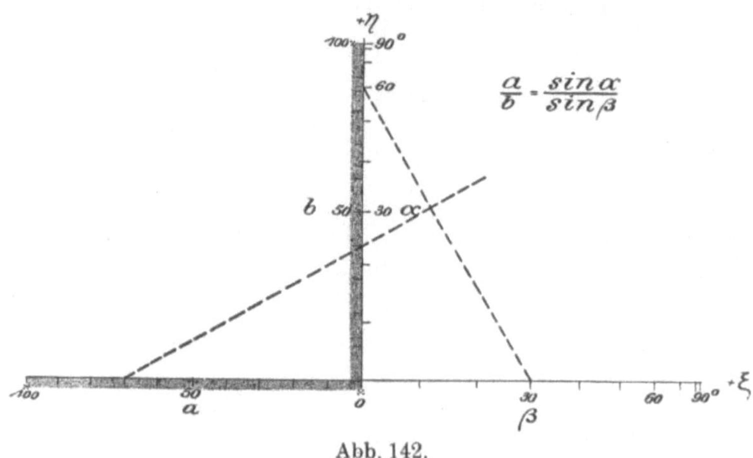

Abb. 142.

Bei dieser Gleichung hat man demnach zur Herstellung der Skalen die Gleichungen

$$\left.\begin{aligned}\xi &= -a \\ \eta &= 0\end{aligned}\right\} \quad \left.\begin{aligned}\xi &= 0 \\ \eta &= b\end{aligned}\right\} \quad \left.\begin{aligned}\xi &= \lambda \sin \beta \\ \eta &= 0\end{aligned}\right\} \quad \left.\begin{aligned}\xi &= 0 \\ \eta &= \lambda \sin \alpha\end{aligned}\right\}.$$

Mit diesen Gleichungen ergibt sich die in der Abb. 142 enthaltene Tafel, bei der für λ der Wert 100 gewählt wurde. Der in der Abbildung angegebene Zweistrahl bezieht sich auf die Werte

$$a = 70, \quad b = 40, \quad \alpha = 60^0 \quad \text{und} \quad \beta = 30^0.$$

§ 5. Mehrteilige Tafeln mit einer Geraden als Ablesekurve für Gleichungen mit fünf Veränderlichen.

Eine Gleichung zwischen den fünf Veränderlichen x_1 bis x_5 kann man in einer mehrteiligen Tafel darstellen, wenn sie sich auf die Form bringen läßt

$$F(\varphi_1(x_1, x_2),\ \varphi_2(x_3, x_4),\ x_5) = 0 \quad \ldots \ldots \quad (1)$$

Setzt man in dieser Gleichung

$$\varphi_1(x_1, x_2) = x_{1,2} \ldots \quad (2) \quad \text{und} \quad \varphi_2(x_3, x_4) = x_{3,4}, \quad \ldots \quad (3)$$

so geht sie über in

$$F(x_{1,2}, x_{3,4}, x_5) = 0 \qquad \ldots \ldots \ldots \quad (4)$$

Der Gleichung (1) entspricht eine Tafel mit drei Teilen, von denen der erste eine Tafel der Gleichung (2), der zweite eine Tafel der Gleichung (3) und der dritte eine solche der Gleichung (4) vorstellt; der erste Tafelteil besteht demnach aus drei nach x_1, x_2 und $x_{1,2}$ bezifferten und der zweite aus drei

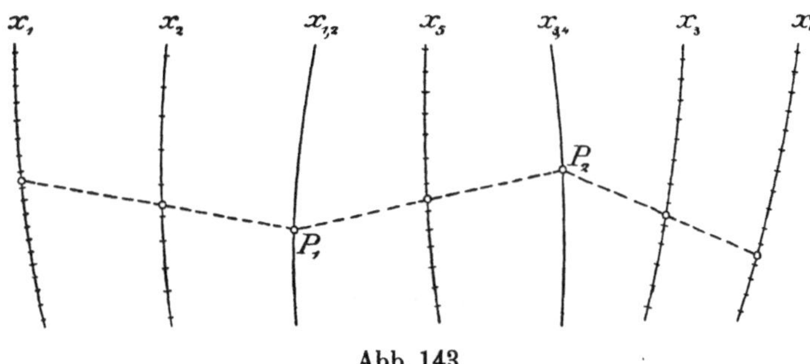

Abb. 143.

nach x_3, x_4 und $x_{3,4}$ bezifferten Skalen, der dritte Tafelteil enthält drei nach $x_{1,2}$, $x_{3,4}$ und x_5 bezifferte Skalen. Die Verbindung der drei Tafelteile geschieht mit Hilfe der gleich — nach $x_{1,2}$ bzw. $x_{3,4}$ — bezifferten Skalen. Eine schematische Darstellung einer solchen Tafel ist in der Abb. 143 enthalten; die Tafel hat die Eigenschaft, daß je drei durch zwei Punkte P_1 und P_2 der $x_{1,2}$- und der $x_{3,4}$-Skala gehende Gerade fünf, die Gleichung (1) befriedigende Werte der Veränderlichen x_1 bis x_5 bestimmen.

Sollen die Ablesekurven bei allen drei Tafelteilen geradlinig sein, so müssen die den drei Tafelteilen entsprechenden Gleichungen (2), (3) und (4) je eine bestimmte Form haben. Die einfachste Form einer Tafel mit geradlinigen Ablesekurven erhält man, wenn die Träger der sieben Skalen parallele Geraden sind; die Gleichungen (2), (3) und (4) müssen dann von der Form sein[1])

$$\mu_1 \varphi_1(x_1) + \lambda_1 \varphi_2(x_2) - (\lambda_1 + \mu_1) x_{1,2} = 0 \quad \ldots \quad (5)$$

$$\mu_2 \varphi_3(x_3) + \lambda_2 \varphi_4(x_4) - (\lambda_2 + \mu_2) x_{3,4} = 0 \quad \ldots \quad (6)$$

$$\lambda_3 x_{1,2} + \mu_3 x_{3,4} - (\lambda_3 + \mu_3) \varphi_5(x_5) = 0 \quad \ldots \quad (7)$$

---

[1]) Vgl. Zweiter Abschnitt, II, § 2.

Für die entsprechende Form der Gleichung (1) erhält man durch Elimination der beiden Hilfsgrößen $x_{1,2}$ und $x_{3,4}$ aus den drei Gleichungen (5), (6) und (7)

$$\left.\begin{array}{c} \dfrac{\mu_1\varphi_1(x_1)+\lambda_1\varphi_2(x_2)}{\lambda_1+\mu_1}\,\lambda_3 + \dfrac{\mu_2\varphi_3(x_3)+\lambda_2\varphi_4(x_4)}{\lambda_2+\mu_2}\,\mu_3 \\ -(\lambda_3+\mu_3)\,\varphi_5(x_5)=0 \end{array}\right\} \quad . \quad (8)$$

Damit die drei durch die Gleichungen (5), (6) und (7) bestimmten Tafelteile mit den nach $x_{1,2}$ und $x_{3,4}$ bezifferten

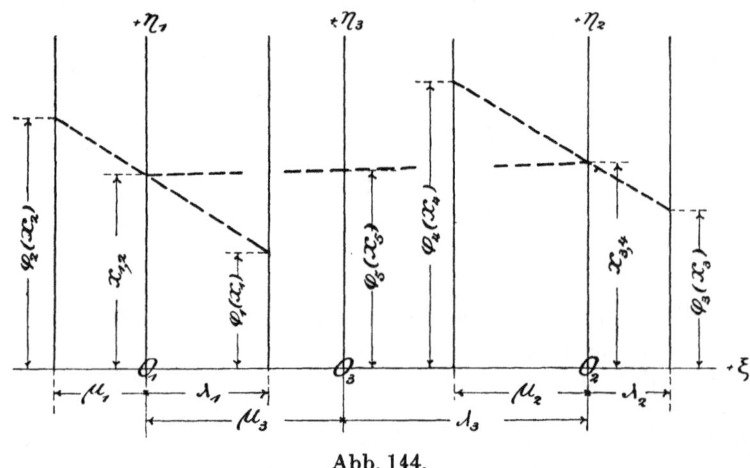

Abb. 144.

Skalen verbunden werden können, muß für jeden Teil ein besonderes Koordinatensystem gewählt werden. Die der Gleichung (8) entsprechende Tafel ist in der Abb. 144 enthalten, in der die zu den einzelnen Tafelteilen gehörigen Koordinatensysteme besonders bezeichnet sind. Die Ordinaten müssen bei allen drei Tafelteilen in derselben Maßeinheit gezeichnet werden; für die Abszissen kann man verschiedene Maßeinheiten wählen. In bezug auf die beiden nach $x_{1,2}$ und $x_{3,4}$ bezifferten Verbindungsskalen gilt das früher Gesagte.

Beispiel. Zwischen der Leistung L einer Dampfmaschine, der Dampfspannung p, dem Kolbenquerschnitt f, der Hublänge s und der Umdrehungszahl n besteht die Gleichung[1])

$$L=\frac{pfsn}{2250}.$$

---

[1]) Vgl. Seite 142.

Logarithmiert man diese Gleichung, so geht sie über in

$$\log p + \log \frac{f}{2250} + \log s + \log n - \log L = 0\,.$$

Vergleicht man die Gleichung in dieser Form mit der Gleichung (8), so zeigt sich, daß bei ihr die drei Tafelteile bestimmt sind durch die drei Gleichungen

$$\log p + \log \frac{f}{2250} - x = 0\,,$$
$$\log s + \log n \qquad - y = 0$$

und
$$x + y - \log L = 0\,.$$

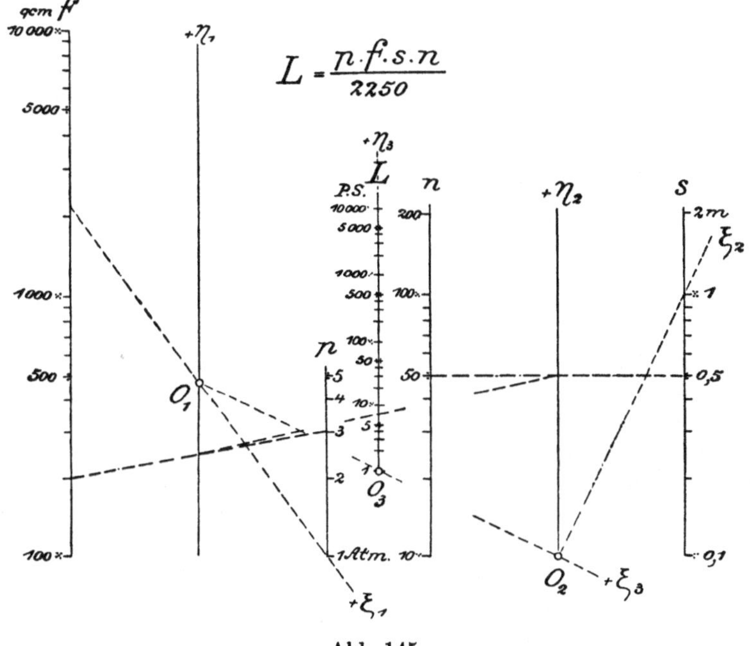

Abb. 145.

Schreibt man diese Gleichungen mit Rücksicht auf die entsprechenden Gleichungen (5), (6) und (7) folgendermaßen

$$\log p + \log \frac{f}{2250} - 2\,\frac{x}{2} = 0\,,$$
$$\log s + \log n \qquad - 2\,\frac{y}{2} = 0$$

und
$$2\,\frac{x}{2} + 2\,\frac{y}{2} - 4\,\frac{\log L}{4} = 0\,,$$

so sieht man, daß $\lambda_1 = \mu_1 = \lambda_2 = \mu_2 = 1$ und $\lambda_3 = \mu_3 = 2$ ist. Die so entstehende Tafel ist in der Abb. 145 enthalten, bei der für die Abszissen des ersten und zweiten Tafelteils dieselbe und nur für diejenigen des dritten Tafelteils eine andere Maßeinheit gewählt wurde. Die den drei Tafelteilen entsprechenden Lagen des Koordinatenursprungs sind in der Abbildung mit O_1, O_2 und O_3 bezeichnet. Die eingezeichneten Ablesegeraden beziehen sich auf die Werte $p = 3$ Atm., $f = 200$ qcm, $s = 0{,}5$ m, $n = 50$ Umdrehungen in der Minute und damit $L = 7$ PS.

III. Tafeln mit Punkt- und Kurvenskalen.

§ 1. Einteilige Tafeln mit einer Geraden als Ablesekurve für Gleichungen mit vier Veränderlichen.

Die schematische Form einer Kurven- und Punktskalen enthaltenden Tafel für eine Gleichung zwischen den vier Veränderlichen x_1, x_2, x_3 und x_4 zeigt die Abb. 146. Diese enthält in einem Tafelteil zwei nach x_1 und x_2 bezifferte Punktskalen und zwei nach x_3 und x_4 bezifferte Kurvenskalen[1]). Eine solche Tafel hat die Eigenschaft, daß zu jeder Ablesekurve C und einem auf dieser liegenden Punkt P zwei Punkte der x_1- und der x_2-Skala und zwei Kurven der x_3- und der x_4-Skala gehören, deren Werte eine bestimmte, zwischen

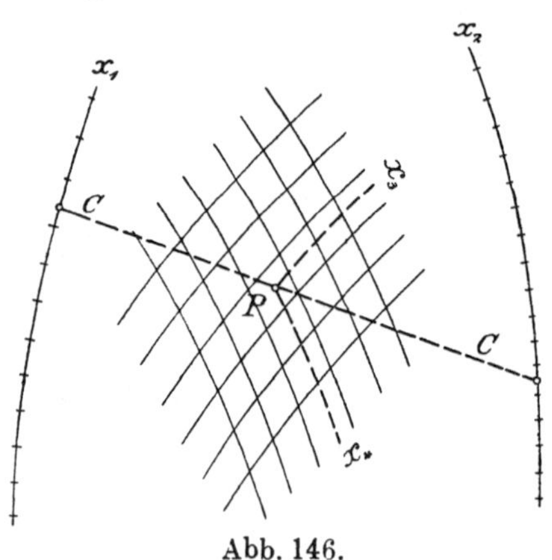

Abb. 146.

den vier Veränderlichen bestehende Gleichung befriedigen.

Die beiden Punktskalen sind bei einer solchen Tafel durch zwei Gleichungspaare bestimmt von der Form

$$\left. \begin{aligned} \xi &= f_1(x_1) \\ \eta &= g_1(x_1) \end{aligned} \right\} \quad . \ (1) \quad \text{und} \quad \left. \begin{aligned} \xi &= f_2(x_2) \\ \eta &= g_2(x_2) \end{aligned} \right\} \quad . \ . \ . \ (2)$$

Die beiden Kurvenskalen haben Gleichungen von der Form

$$\varphi(\xi, \eta, x_3) = 0 \quad . \ . \ . \ . \ . \ . \ . \ . \ (3)$$

und
$$\psi(\xi, \eta, x_4) = 0 \quad . \ . \ . \ . \ . \ . \ . \ . \ (4)$$

---

[1]) Die erste Tafel dieser Art stammt von E. Ganguillet und W. R. Kutter (1869).

Soll die Ablesekurve eine Gerade sein, so hat sie die Gleichung

$$\eta = m\xi + q \qquad\qquad \ldots \ldots \ldots \quad (5)$$

Damit diese Gerade durch jeden der beiden durch die Gleichungen (1) und (2) bestimmten Punkte geht, müssen die beiden, durch Elimination der laufenden Koordinaten ξ und η aus den Gleichungen (1) und (5) bzw. (2) und (5) sich ergebenden Gleichungen bestehen

$$g_1(x_1) = m f_1(x_1) + q \qquad \ldots \ldots \ldots \quad (6)$$

$$g_2(x_2) = m f_2(x_2) + q \qquad \ldots \ldots \ldots \quad (7)$$

Die Bedingungsgleichung dafür, daß die Gerade (5) durch den Schnittpunkt der beiden, den Gleichungen (3) und (4) entsprechenden Kurven geht, erhält man, wenn man die letzteren Gleichungen nach ξ und η auflöst, und die so sich ergebenden Werte in die Gleichung (5) einsetzt. Die Auflösung der Gleichungen (3) und (4) möge ergeben

$$\left.\begin{aligned}\xi &= f_{3,4}(x_3, x_4)\\ \eta &= g_{3,4}(x_3, x_4)\end{aligned}\right\} \qquad \ldots \ldots \ldots \quad (8)$$

damit folgt aus der Geradengleichung

$$g_{3,4}(x_3, x_4) = m f_{3,4}(x_3, x_4) + q \quad \ldots \ldots \quad (9)$$

Eliminiert man aus den drei Gleichungen (6), (7) und (9) die beiden Parameter m und q, so findet man für die Gleichung zwischen den Veränderlichen x_1, x_2, x_3 und x_4, die sich in einer Tafel der in der Abb. 146 angegebenen Art darstellen läßt, die Form

$$\frac{f_1(x_1) - f_{3,4}(x_3, x_4)}{f_2(x_2) - f_{3,4}(x_3, x_4)} = \frac{g_1(x_1) - g_{3,4}(x_3, x_4)}{g_2(x_2) - g_{3,4}(x_3, x_4)} \quad \ldots \quad (10)$$

oder
$$\begin{aligned}f_1(x_1)&\left\{g_2(x_2) - g_{3,4}(x_3, x_4)\right\} - f_{3,4}(x_3, x_4) g_2(x_2)\\ &= g_1(x_1)\left\{f_2(x_2) - f_{3,4}(x_3, x_4)\right\} - f_2(x_2) g_{3,4}(x_3, x_4)\end{aligned} \quad (10')$$

Sind die Träger der beiden Punktskalen parallele Gerade, und betrachtet man den Träger der x_1-Skala als Ordinatenachse eines Koordinatensystems, so sind die beiden Skalen bestimmt durch die Gleichungen

$$\left.\begin{aligned}\xi &= 0\\ \eta &= \varphi_1(x_1)\end{aligned}\right\} \quad \cdot \ (11) \ \text{ und } \ \left.\begin{aligned}\xi &= 1\\ \eta &= \varphi_2(x_2)\end{aligned}\right\} \quad \ldots \quad (12)$$

Mit diesen Gleichungen an Stelle der Gleichungen (1) und (2) geht die Gleichung (10) über in

$$\frac{\varphi_2(x_2)\,f_{3,4}(x_3,\,x_4)}{1-f_{3,4}(x_3,\,x_4)} - \frac{g_{3,4}(x_3,\,x_4)}{1-f_{3,4}(x_3,\,x_4)} + \varphi_1(x_1) = 0 \quad . \quad (13)$$

Auf diese Form muß man eine Gleichung überführen können damit sie in einer Tafel mit zwei Kurvenskalen und zwei parallelen Punktskalen dargestellt werden kann.

Beispiel. Eine Gleichung von der Form der Gleichung (13) ist der sog. Kosinussatz der Trigonometrie

$$a^2 = b^2 + c^2 - 2bc\cos\alpha.$$

Schreibt man diese Gleichung entsprechend der Gleichung (13) und mit Rücksicht auf die Zeichnung folgendermaßen

$$\frac{bc}{500}\cos\alpha - \frac{b^2+c^2}{1000} + \frac{a^2}{1000} = 0,$$

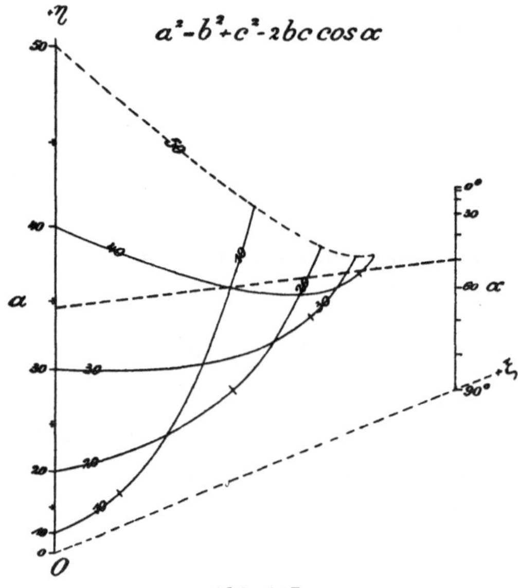

Abb. 147.

so sieht man, daß bei ihr die beiden Punktskalen bestimmt sind durch die Gleichungen

$$\left.\begin{array}{c}\xi = 0 \\[4pt] \eta = \dfrac{a^2}{1000}\end{array}\right\} \quad \text{und} \quad \left.\begin{array}{c}\xi = 1 \\[4pt] \eta = \cos\alpha\end{array}\right\}.$$

Aus

$$\frac{f_{3,4}(x_3,\,x_4)}{1-f_{3,4}(x_3,\,x_4)}=\frac{b\,c}{500}\quad\text{und}\quad\frac{g_{3,4}(x_3,\,x_4)}{1-f_{3,4}(x_3,\,x_4)}=\frac{b^2+c^2}{1000}$$

findet man für die den Gleichungen (8) entsprechenden Gleichungen

$$\xi=\frac{b\,c}{500+b\,c}\quad\text{und}\quad\eta=\frac{b^2+c^2}{1000+2\,b\,c}\,.$$

Aus diesen beiden Gleichungen erhält man die Gleichungen der beiden nach b und c bezifferten Kurvenskalen, indem man sie nach b und c auflöst; dabei ergeben sich die den Gleichungen (3) und (4) entsprechenden Gleichungen

$$\frac{500\,\xi^2}{b^2(1-\xi)}=\eta\pm\sqrt{\eta^2-\xi^2}$$

und

$$\frac{500\,\xi^2}{c^2(1-\xi)}=\eta\pm\sqrt{\eta^2-\xi^2}.$$

Zeichnet man auf Grund der gefundenen Gleichungen die Punkt- und die Kurvenskalen in einem schiefwinkligen Koordinatensystem auf, so ergibt sich die Tafel der Abb. 147, bei der die beiden Kurvenscharen zusammenfallen. Die eingezeichnete Ablesegerade bezieht sich auf die Werte $b=10$, $c=40$, $\alpha=50^0$ und $a=34$.

Bei einer besonders einfachen Form einer Tafel mit Punkt- und Kurvenskalen sind die Träger der beiden Punktskalen und die Kurven der einen Kurvenskala parallele Gerade; betrachtet man bei einer solchen Tafel den Träger der x_1-Skala als Ordinatenachse eines Koordinatensystems, so sind die beiden Punktskalen bestimmt durch die Gleichungen

$$\left.\begin{array}{l}\xi=0\\ \eta=\varphi_1(x_1)\end{array}\right\}\quad\text{und}\quad\left.\begin{array}{l}\xi=1\\ \eta=\varphi_2(x_2)\end{array}\right\}.$$

Die Gleichungen der beiden Kurvenskalen sind dann

$$\xi=\varphi_3(x_3)\quad\text{und}\quad\eta=f(\xi,x_4).$$

Mit diesen den Gleichungen (1), (2), (3) und (4) entsprechenden Gleichungen geht die Gleichung (10) über in

$$f(\varphi_3(x_3),x_4)+\varphi_1(x_1)\varphi_3(x_3)-\varphi_2(x_2)\varphi_3(x_3)-\varphi_1(x_1)=0$$

oder

$$\frac{f(\varphi_3(x_3),x_4)}{\varphi_3(x_3)}-\frac{1-\varphi_3(x_3)}{\varphi_3(x_3)}\varphi_1(x_1)-\varphi_2(x_2)=0.\quad.\ (14)$$

1. Beispiel. Eine Gleichung von der Form der Gleichung (14) ist die vollständige kubische Gleichung

$$z^3+a\,z^2+b\,z+c=0.$$

Vergleicht man die Gleichung in dieser Form mit der Gleichung (14), so zeigt sich, daß man setzen kann

$$\varphi_1(x_1) = -b \quad \text{und} \quad \varphi_2(x_2) = -c,$$

es ist dann

$$\frac{1 - \varphi_3(x_3)}{\varphi_3(x_3)} = z \quad \text{und somit} \quad \varphi_3(x_3) = \frac{1}{1+z};$$

ferner ist noch

$$f(\varphi_3(x_3), x_4) = \frac{z^3 + az^2}{1+z}$$

oder mit

$$z = \frac{1 - \varphi_3(x_3)}{\varphi_3(x_3)}$$

$$f(\varphi_3(x_3), x_4) = \frac{(1 - \varphi_3(x_3))^2}{\varphi_3^2(x_3)}\left(1 - \varphi_3(x_3) + a\varphi_3(x_3)\right).$$

Die beiden Punktskalen sind demnach bestimmt durch die den Gleichungen (11) und (12) entsprechenden Gleichungspaare

$$\left.\begin{array}{l} \xi = 0 \\ \eta = -b \end{array}\right\} \quad \text{und} \quad \left.\begin{array}{l} \xi = 1 \\ \eta = -c \end{array}\right\}.$$

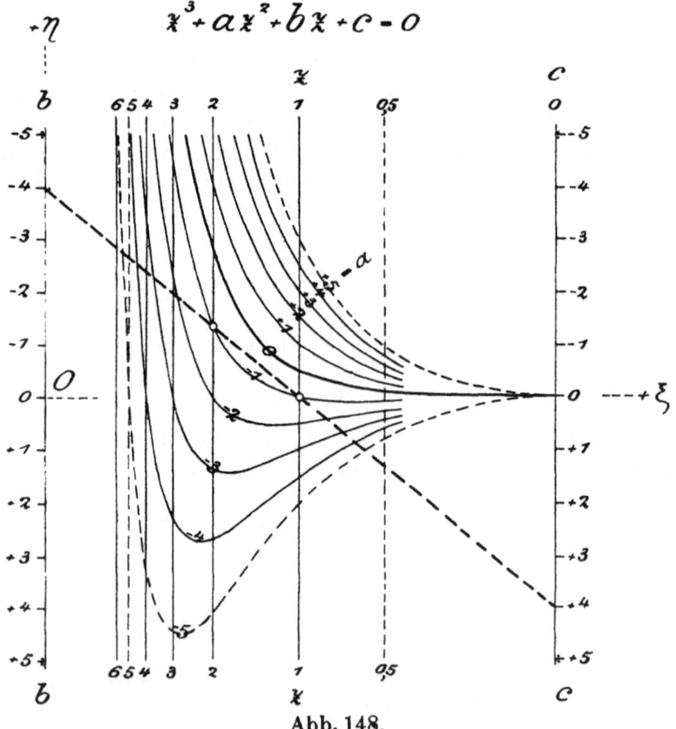

Abb. 148.

Die aus den Gleichungen (3) und (4) sich ergebenden Gleichungen der beiden Kurvenscharen sind

$$\xi = \frac{1}{1+z} \quad \text{und} \quad \eta = \frac{(1-\xi)^2}{\xi^2}(1-\xi+a\xi)\,.$$

Die so entstehende Tafel ist in der Abb. 148 für positive z-Werte gezeichnet[1]). Die in der Abbildung angegebene Ablesegerade mit den beiden hervorgehobenen Punkten bezieht sich auf die Gleichung

$$z^3 - z^2 - 4z + 4 = 0\,,$$

für die man in der Tafel abliest

$$z_1 = 1 \quad \text{und} \quad z_2 = 2\,.$$

2. Beispiel. Schreibt man die vollständige kubische Gleichung $z^3 + az^2 + bz + c = 0$ in der Form

$$\frac{z^3+c}{z} + az + b = 0$$

und vergleicht sie dann mit der Gleichung (14), so kann man setzen

$$\varphi_1(x_1) = -a \quad \text{und} \quad \varphi_2(x_2) = -b\,.$$

Damit wird

$$\frac{1-\varphi_3(x_3)}{\varphi_3(x_3)} = z \quad \text{und somit} \quad \varphi_3(x_3) = \frac{1}{1+z}\,,$$

es ist dann

$$f(\varphi_3(x_3), x_4) = \frac{z^3+c}{z(1+z)}$$

oder mit

$$z = \frac{1-\varphi_3(x_3)}{\varphi_3(x_3)}$$

$$f(\varphi_3(x_3), x_4) = \frac{(1-\varphi_3(x_3))^3 + c\,\varphi_3^3(x_3)}{\varphi_3(x_3)(1-\varphi_3(x_3))}\,.$$

Die zur Herstellung der beiden Punktskalen erforderlichen Gleichungen sind demnach

$$\left.\begin{array}{l} \xi = 0 \\ \eta = -a \end{array}\right\} \quad \text{und} \quad \left.\begin{array}{l} \xi = 1 \\ \eta = -b \end{array}\right\}\,.$$

Die den Gleichungen (3) und (4) entsprechenden Gleichungen der beiden Kurvenscharen lauten

$$\xi = \frac{1}{1+z} \quad \text{und} \quad \eta = \frac{(1-\xi)^3 + c\xi^3}{\xi(1-\xi)}\,.$$

---

[1]) Diese Tafel zur Auflösung von kubischen Gleichungen wurde von M. d'Ocagne angegeben.

Die durch diese Gleichungen bestimmte Tafel[1]) zeigt für positive z-Werte
die Abb. 149; die in dieser angegebene Lage der Ablesegeraden entspricht wieder der Gleichung

$$z^3 - z^2 - 4z + 4 = 0,$$

für die man $z_1 = 1$ und $z_2 = 2$ erhält.

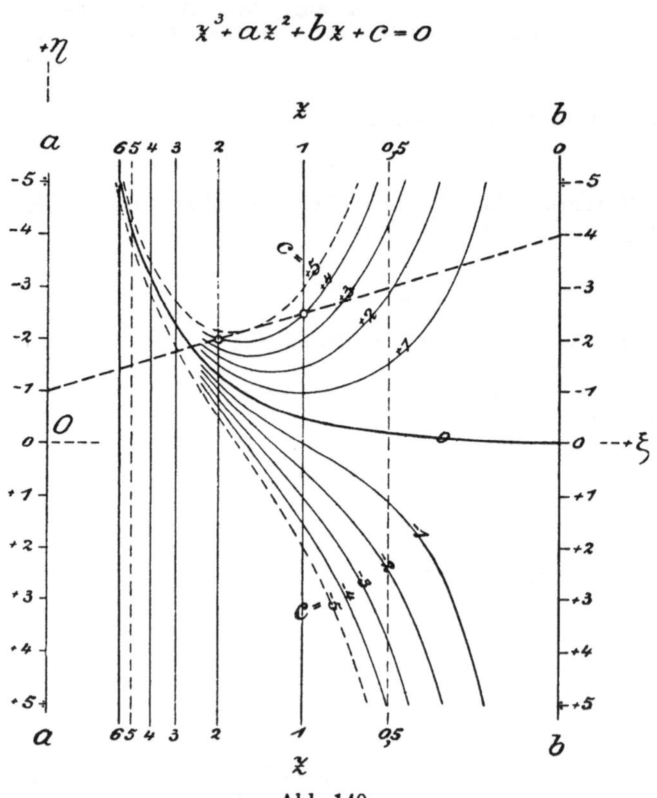

§ 2. Einteilige Tafeln mit einem Kreis als Ablesekurve für Gleichungen mit vier Veränderlichen.

Die schematische Form einer beide Arten von Skalen enthaltenden Tafel mit kreisförmiger Ablesekurve für eine Gleichung zwischen den vier Veränderlichen x_1 bis x_4 ist in der

---

[1]) Diese Anordnung für eine Tafel zum Auflösen von kubischen
Gleichungen stammt von R. Mehmke.

Abb. 150 angegeben, bei der die beiden Punktskalen nach x_1 und x_2, und die beiden Kurvenskalen nach x_3 und x_4 beziffert sind. Bei einer solchen Tafel sind vier, eine bestimmte Gleichung befriedigende Werte der Veränderlichen durch drei Punkte M, P_1 und P_2 bestimmt, von denen einer den Mittelpunkt eines durch die beiden anderen Punkte gehenden Kreises vorstellt; bei der Tafel der Abb. 150 ist angenommen, daß der Mittelpunkt des Ablesekreises mit den Punkten der einen Punktskala zusammenfällt.

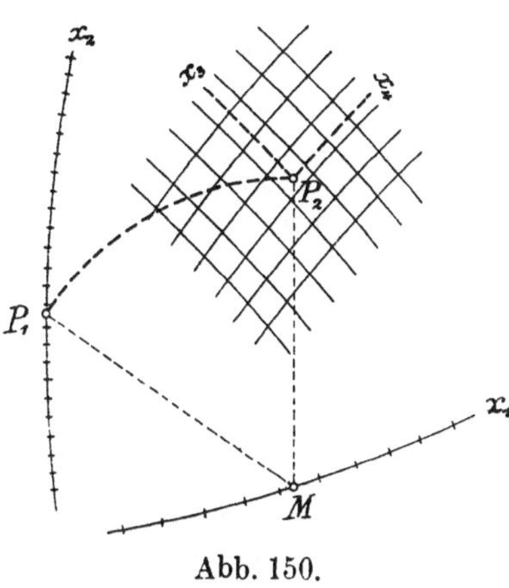

Abb. 150.

Eine besonders einfache Form einer derartigen Tafel ergibt sich, wenn die Träger der beiden Punktskalen geradlinig sind, und wenn die eine Kurvenskala eine Schar von Geraden parallel zu dem einen Skalenträger ist. Sind die Träger der beiden Punktskalen zwei zueinander senkrechte Gerade, und betrachtet man diese als die Achsen eines Koordinatensystems, so sind die Skalen festgelegt durch zwei Gleichungspaare von der Form

$$\left.\begin{array}{l}\eta = 0 \\ \xi = \varphi_1(x_1)\end{array}\right\} \ \ . \ \ (1) \quad \text{und} \quad \left.\begin{array}{l}\xi = 0 \\ \eta = \varphi_2(x_2)\end{array}\right\} \ \ . \ . \ . \ . \ (2)$$

Die Gleichungen der beiden Kurvenskalen sind dann z. B. von der Form

$$\xi = \varphi_3(x_3) \ \ . \ . \ (3) \quad \text{und} \quad \eta = f(\xi, x_4) \ . \ . \ . \ . \ (4)$$

Ist der Mittelpunkt des Ablesekreises durch die Punkte der x_1-Skala bestimmt, so hat der Kreis eine Gleichung von der Form

$$\{\xi - \varphi_1(x_1)\}^2 + \eta^2 - r^2 = 0 \ . \ . \ . \ . \ . \ (5)$$

Damit dieser Kreis durch den den Gleichungen (2) entsprechenden Punkt geht, muß die Gleichung bestehen

$$\varphi_1^2(x_1) + \varphi_2^2(x_2) - r^2 = 0 \ . \ . \ . \ . \ . \ (6)$$

Soll der Kreis außerdem durch den Schnittpunkt der durch die Gleichungen (3) und (4) bestimmten Kurven gehen, so muß die durch Elimination von ξ und η aus den Gleichungen (3), (4) und (5) sich ergebende Gleichung gelten

$$\{\varphi_3(x_3) - \varphi_1(x_1)\}^2 + f^2(\varphi_3(x_3), x_4) - r^2 = 0 \quad . \quad . \quad (7)$$

Eliminiert man aus den Gleichungen (6) und (7) den Parameter r, so erhält man die Gleichung

$$\varphi_2{}^2(x_2) - \varphi_3{}^2(x_3) - f^2(\varphi_3(x_3), x_4) + 2\varphi_1(x_1)\varphi_3(x_3) = 0 \; . \quad (8)$$

Diese Form muß eine Gleichung haben, damit man sie in einer Tafel mit zwei geradlinigen, zueinander senkrechten Punktskalen und zwei Kurvenskalen darstellen kann, von denen die eine eine Schar von Parallelen zur einen Punktskala ist.

Eine Tafel der angegebenen Art kommt zunächst nur für den Fall in Betracht, daß der Wert derjenigen Veränderlichen gegeben ist, durch die der Mittelpunkt des Ablesekreises bestimmt ist.

Besteht die nach x_4 bezifferte Kurvenskala aus einer Schar von mittelpunktgleichen Kreisen um den Schnittpunkt der Trägergeraden der beiden Punktskalen, so tritt an die Stelle der Gleichung (4) die folgende

$$\xi^2 + \eta^2 - \varphi_4{}^2(x_4) = 0 \; . \; . \; . \; . \; . \; . \; . \; (4')$$

Die Gleichung (8) nimmt dann die Form an

$$\varphi_2{}^2(x_2) - \varphi_4{}^2(x_4) + 2\varphi_1(x_1)\varphi_3(x_3) = 0 \quad . \; . \; . \quad (9)$$

Beispiel. Der Schlußwert z eines während n Jahren bei einem Zinsfuß von $p^0/_0$ angelegten Kapitals a läßt sich berechnen mit Hilfe der Gleichung

$$z = aq^n, \quad \text{wo} \quad q = 1 + \frac{p}{100}.$$

Diese Gleichung kann man durch Logarithmieren auf die Form der Gleichung (9) bringen; sie lautet dann

$$\log z - \log a - n \log q = 0$$

oder mit Rücksicht auf die Zeichnung

$$\log z - \log a - 2\frac{n}{20} 10 \log q = 0 \, .$$

Bei der vorliegenden Gleichung sind demnach die beiden Punktskalen bestimmt durch die Gleichungspaare

$$\left.\begin{array}{l} \eta = 0 \\ \xi = -\dfrac{n}{20} \end{array}\right\} \qquad \left.\begin{array}{l} \xi = 0 \\ \eta = \sqrt{\log z} \end{array}\right\} \cdot$$

Die beiden Kurvenskalen haben die Gleichungen

$$\xi = 10 \log q \quad \text{und} \quad \xi^2 + \eta^2 - \log a = 0 \,.$$

Die diesen Gleichungen entsprechende Tafel ist in der Abb. 151 gezeichnet.

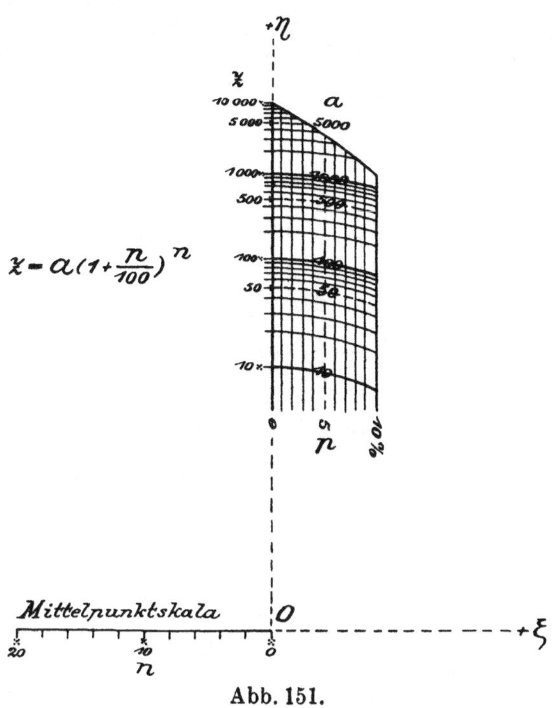

Abb. 151.

Bei der im vorstehenden besprochenen, in der Abb. 150 schematisch dargestellten Tafelform wurde angenommen, daß der Mittelpunkt des Ablesekreises auf einer der beiden Punktskalen liegt; die Abb. 152 zeigt die schematische Form einer Tafel mit ebenfalls zwei Punkt- und zwei Kurvenskalen, bei der aber der Mittelpunkt M des Ablesekreises durch die Kurvenskalen bestimmt ist.

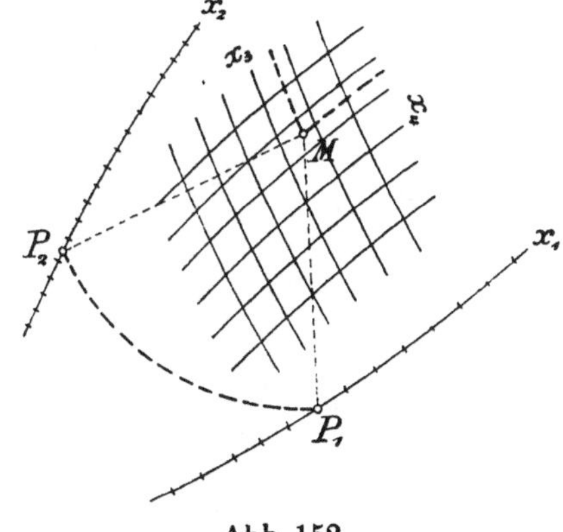

Abb. 152.

Eine einfache Form einer solchen Tafel erhält man, wenn die Träger der beiden Punktskalen Gerade sind, und wenn die beiden Kurvenskalen zwei Scharen von Parallelen zu den beiden Skalenträgern sind. Stehen die beiden Skalenträger senkrecht zueinander, so kann man sie als die Achsen eines Koordinatensystems ansehen; die Skalen sind dann bestimmt durch die Gleichungen

$$\left.\begin{array}{l} \eta = 0 \\ \xi = \varphi_1(x_1) \end{array}\right\} \; \cdot \; \cdot \; (10) \qquad \left.\begin{array}{l} \xi = 0 \\ \eta = \varphi_2(x_2) \end{array}\right\} \; \cdot \; \cdot \; \cdot \; \cdot \; \cdot \; (11)$$

bzw.

$$\xi = \varphi_3(x_3) \quad \text{und} \quad \eta = \varphi_4(x_4) \; \cdot \; \cdot \; \cdot \; \cdot \; (12)$$

Soll der Mittelpunkt des Ablesekreises in den Schnitt der Kurven (12) fallen, so hat der Kreis die Gleichung

$$\{\xi - \varphi_3(x_3)\}^2 + \{\eta - \varphi_4(x_4)\}^2 - r^2 = 0 \; \cdot \; \cdot \; \cdot \; (13)$$

Damit dieser Kreis durch je zwei durch die Gleichungen (10) und (11) bestimmte Punkte geht, müssen die Gleichungen gelten

$$\{\varphi_1(x_1) - \varphi_3(x_3)\}^2 + \varphi_4{}^2(x_4) - r^2 = 0$$

und

$$\varphi_3{}^2(x_3) + \{\varphi_2(x_2) - \varphi_4(x_4)\}^2 - r^2 = 0 \, .$$

Die Elimination des Parameters r aus diesen Gleichungen ergibt für diejenige Gleichungsform, die sich in einer Tafel der angegebenen Art darstellen läßt, die folgende

$$\varphi_1{}^2(x_1) - \varphi_2{}^2(x_2) - 2\,\varphi_1(x_1)\,\varphi_3(x_3) + 2\,\varphi_2(x_2)\,\varphi_4(x_4) = 0. \; (14)$$

Bei den Tafeln mit einem Kreis als Ablesekurve rechnet man mit Hilfe des Stechzirkels.

§ 3. Zweiteilige Tafeln für Gleichungen mit vier Veränderlichen.

Eine andere Tafelform für Gleichungen mit vier Veränderlichen x_1 bis x_4 als die in den beiden vorhergehenden Paragraphen behandelte ist in schematischer Darstellung in der Abb. 153 enthalten; die Tafel besteht aus zwei Teilen, von denen der eine eine Tafel mit Kurvenskalen für eine Gleichung zwischen den Veränderlichen x_1, x_2 und einer Hilfsgröße $x_{1,2}$, der andere eine Tafel mit Punktskalen für eine Gleichung zwischen den Veränderlichen $x_{1,2}$, x_3 und x_4 vorstellt. Eine derartige Tafel hat die Eigenschaft, daß zu jedem Punkt P_1 des ersten Tafelteils ein Punkt P_2 auf dem Skalenträger der

Hilfsgröße $x_{1,2}$ gehört; durch P_1 und jede durch P_2 gehende Ablesekurve des zweiten Tafelteils sind zusammengehörige, eine

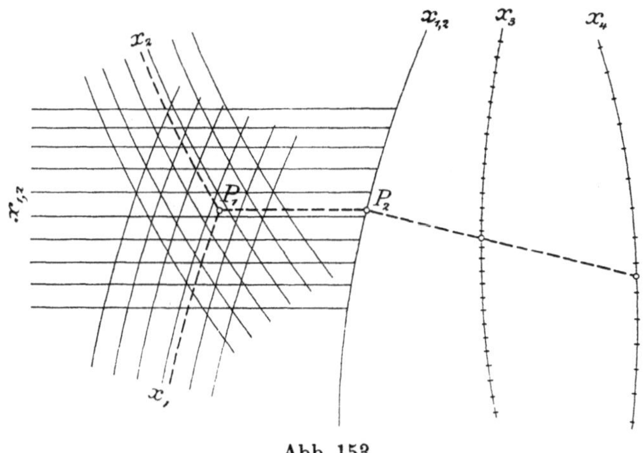

Abb. 153.

bestimmte Gleichung befriedigende Werte der vier Veränderlichen x_1 bis x_4 bestimmt.

Damit eine Gleichung zwischen den vier Veränderlichen x_1, x_2, x_3 und x_4 in einer Tafel der angegebenen Art dargestellt werden kann, muß sie von der Form sein

$$F\left(\varphi\left(x_1, x_2\right), x_3, x_4\right) = 0 \quad\ldots\ldots\ldots (1)$$

Setzt man in dieser Gleichung

$$\varphi\left(x_1, x_2\right) = x_{1,2}, \quad\ldots\ldots\ldots (2)$$

womit die Gleichung übergeht in

$$F\left(x_{1,2}, x_3, x_4\right) = 0, \quad\ldots\ldots\ldots (3)$$

so sind durch die Gleichungen (2) und (3) die beiden Tafelteile bestimmt. Während die Darstellung der Gleichung (2) in einer Tafel mit Kurvenskalen auf jeden Fall möglich ist, erfordert die Darstellung der Gleichung (3) in einer Tafel mit Punktskalen je nach der Gestalt der Ablesekurve eine bestimmte Form für die Gleichung.

Beispiel. Der Schlußwert z eines während n Jahren bei einem Zinsfuß von $p^0/_0$ auf Zinseszins angelegten Kapitals a kann berechnet werden auf Grund der Gleichung

$$z = a q^n, \quad \text{wo} \quad q = 1 + \frac{p}{100} .$$

Logarithmiert man diese Gleichung, so kann man sie folgendermaßen schreiben

$$\log a + n \log q - \log z = 0.$$

Setzt man in dieser Gleichung

$$n \log q = y,$$

so geht sie über in

$$\log a + y - \log z = 0.$$

Die letztere Gleichung kann man in einer Tafel mit Punktskalen und geradliniger Ablesekurve darstellen, bei der die Skalenträger drei parallele Gerade sind; dabei sind die drei Skalen bestimmt durch die drei Gleichungspaare

$$\left.\begin{array}{l} \xi = +1 \\ \eta = \log a \end{array}\right\} \qquad \left.\begin{array}{l} \xi = -1 \\ \eta = y \end{array}\right\} \qquad \left.\begin{array}{l} \xi = 0 \\ \eta = \dfrac{1}{2}\log z \end{array}\right\} .$$

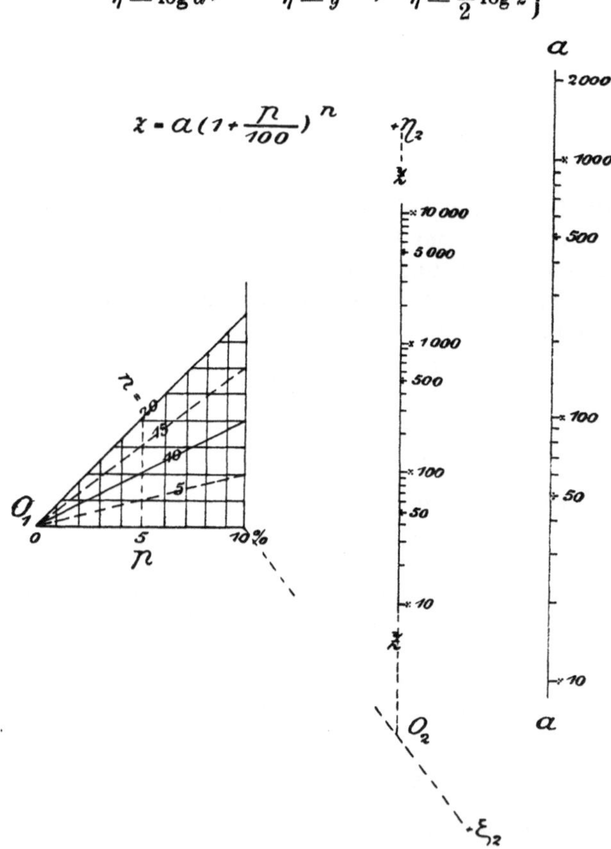

Abb. 154.

Betrachtet man in der Gleichung

$$n \log q = y,$$

$\log q$ und y als laufende Koordinaten, so kann man sie in einer Tafel mit einem nach n bezifferten Strahlenbüschel darstellen. Die auf Grund dieser Überlegungen sich ergebende zweiteilige Tafel ist in der Abb. 154 enthalten, bei der für den einen Tafelteil ein rechtwinkliges Koordinatensystem mit dem Ursprung O_1 und bei dem anderen Tafelteil ein schiefwinkliges Koordinatensystem mit dem Ursprung O_2 benutzt wurde. Bei dem Kurvenskalen enthaltenden Tafelteil wurden für die Abszissen und Ordinaten verschiedene Maßstäbe gewählt.

§ 4. Einteilige Tafeln mit einer Geraden als Ablesekurve für Gleichungen mit fünf und sechs Veränderlichen.

Die Form einer beide Arten von Skalen enthaltenden Tafel für eine Gleichung zwischen den fünf Veränderlichen x_1 bis x_5 zeigt in schematischer Darstellung die Abb. 155; die Tafel besteht aus einer z. B. nach x_5 bezifferten Punktskala und aus zwei Gruppen von je zwei Kurvenskalen. Der Grundgedanke einer solchen Tafel besteht darin, daß durch je zwei Punkte P_1 und P_2 der beiden Gruppen von Kurven-

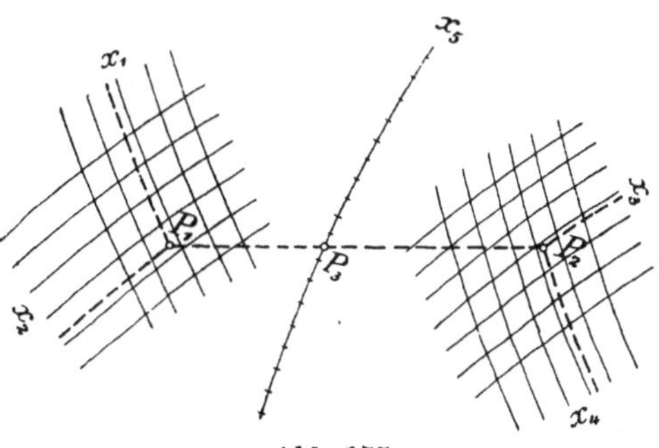

Abb. 155.

skalen die Lage der Ablesegeraden und damit ein Punkt P_3 der Punktskala bestimmt ist; die Werte der zu den Punkten P_1 und P_2 gehörigen, nach x_1 und x_2 bzw. x_3 und x_4 bezifferten Kurven und der dem Punkt P_3 entsprechende Wert von x_5 befriedigen eine bestimmte zwischen den fünf Veränderlichen bestehende Gleichung.

Eine einfache Form einer derartigen Tafel ergibt sich, wenn der Träger der Punktskala eine Gerade ist, und wenn z. B. die nach x_1 und x_3 bezifferten Kurvenskalen Gerade parallel zu dem Skalenträger sind. Betrachtet man bei einer solchen Tafel den geradlinigen Skalenträger als Ordinatenachse eines Koordinatensystems, so haben die fünf Skalen die Gleichungen

$$\left.\begin{array}{l} \xi = 0 \\ \eta = \varphi_5(x_5) \end{array}\right\} \ \cdots \cdots \cdots \cdots \quad (1)$$

$$\xi = -\,\varphi_1(x_1)\ .\ .\ .\ (2) \qquad \xi = \varphi_3(x_3)\ .\ .\ .\ .\ .\ (4)$$

$$\eta = f_1(\xi,\,x_2)\ .\ .\ .\ (3) \qquad \eta = f_2(\xi,\,x_4)\ .\ .\ .\ .\ (5)$$

Eine geradlinige Ablesekurve hat eine Gleichung von der Form

$$\eta = m\,\xi + q\ .\ .\ .\ .\ .\ .\ .\ .\ .\ .\ (6)$$

Die Bedingungsgleichungen dafür, daß diese Gerade durch den Punkt mit den Koordinaten $(0,\,\varphi_5(x_5))$ und durch die Schnittpunkte der Kurven (2) und (3) bzw. (4) und (5) geht, sind

$$\varphi_5(x_5) = q\,,$$
$$f_1-(\varphi_1(x_1),\,x_2) = -\,m\,\varphi_1(x_1) + q\,,$$
$$f_2(\varphi_3(x_3),\,x_4) = m\,\varphi_3(x_3) + q\,.$$

Eliminiert man aus diesen drei Gleichungen die zwei Parameter m und q, so ergibt sich die Gleichung

$$\frac{f_1\left(-\,\varphi_1(x_1),\,x_2\right) - \varphi_5(x_5)}{f_2(\varphi_3(x_3),\,x_4) - \varphi_5(x_5)} = \frac{-\,\varphi_1(x_1)}{\varphi_3(x_3)}$$

oder

$$\frac{f_1\left(-\,\varphi_1(x_1),\,x_2\right)}{\varphi_1(x_1)} + \frac{f_2(\varphi_3(x_3),\,x_4)}{\varphi_3(x_3)} - \frac{\varphi_5(x_5)}{\varphi_1(x_1)} - \frac{\varphi_5(x_5)}{\varphi_3(x_3)} = 0\ .\ (7)$$

Dies ist die Form, die eine Gleichung haben muß, damit sie in einer Tafel dargestellt werden kann, bei der die fünf Skalen durch die Gleichungen (1) bis (5) bestimmt sind.

Beispiel. Die Gleichung

$$z = \sqrt[m+n]{x^m\,y^n}$$

oder

$$\left(\frac{x}{z}\right)^m = \left(\frac{z}{y}\right)^n$$

kann man durch Logarithmieren auf die Form der Gleichung (7) bringen; sie lautet dann

$$\frac{\log x}{n} + \frac{\log y}{m} - \frac{\log z}{n} - \frac{\log z}{m} = 0.$$

Ein Vergleich mit der Gleichung (7) zeigt, daß bei der vorliegenden Gleichung den fünf Skalen die Gleichungen zukommen

$$\left.\begin{array}{l} \xi = 0 \\ \eta = \log z \end{array}\right\}$$

$$\begin{array}{ll} \xi = -\,n & \qquad\qquad \xi = m \\ \eta = \log x & \qquad\qquad \eta = \log y \end{array}$$

Mit diesen Gleichungen ergibt sich die in der Abb. 156 gezeichnete Tafel, bei der für die Abszissen und Ordinaten verschiedene Maßstäbe gewählt wurden; die in der Abbildung angegebene Ablesegerade bezieht sich auf die Werte $x = 4$, $y = 6$, $m = 5$, $n = 3$ und damit $z = 4{,}7$.

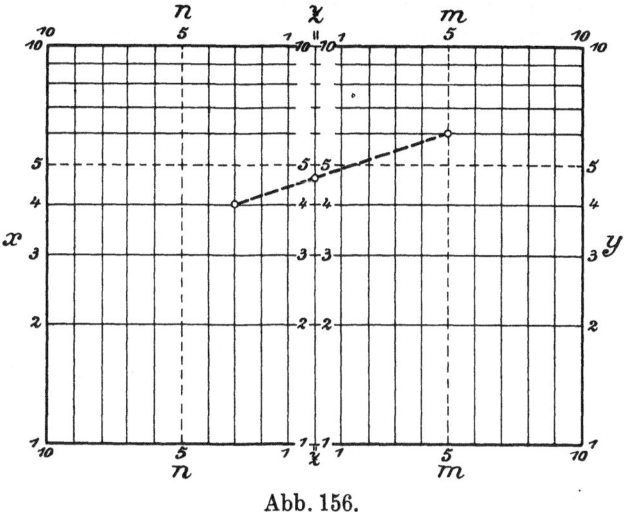

Abb. 156.

Einteilige, also nicht aus mehreren Einzeltafeln zusammengesetzte Tafeln lassen sich auch noch bei sechs Veränderlichen für bestimmte Gleichungsformen herstellen. Die schematische Form einer solchen Tafel zeigt die Abb. 157, bei der zusammen-

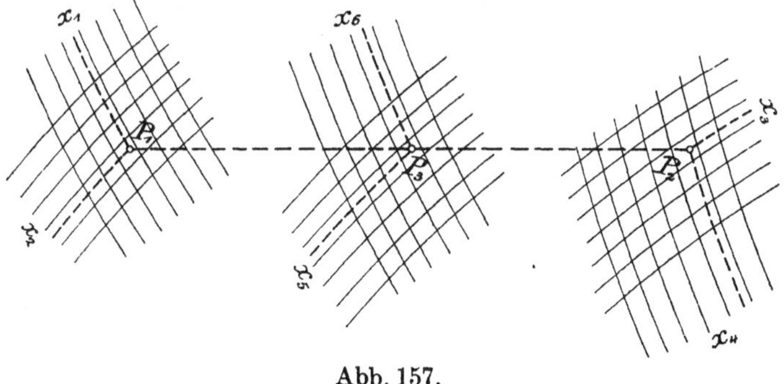

Abb. 157.

gehörige, eine bestimmte Gleichung befriedigende Werte der Veränderlichen durch drei auf derselben Ablesekurve liegende Punkte P_1, P_2 und P_3 bestimmt sind.

§ 5. Zweiteilige Tafeln mit einer Geraden als Ablesekurve für Gleichungen mit fünf und sechs Veränderlichen.

Damit eine Gleichung zwischen den fünf Veränderlichen x_1 bis x_5 in einer zweiteiligen Tafel mit geradliniger Ablesekurve dargestellt werden kann, muß sie die Form haben

$$F(\varphi(x_1, x_2), x_3, x_4, x_5) = 0 \quad \ldots \ldots \ldots (1)$$

Setzt man in dieser Gleichung

$$\varphi(x_1, x_2) = x_{1,2}, \quad \ldots \ldots \ldots \ldots (2)$$

so geht sie über in

$$F(x_{1,2}, x_3, x_4, x_5) = 0 \quad \ldots \ldots \ldots (3)$$

Durch die beiden Gleichungen (2) und (3) sind zwei Tafeln bestimmt, die mit Hilfe einer beiden gemeinsamen, nach der Hilfsgröße $x_{1,2}$ bezifferten Skala zu einer Tafel der Gleichung (1) verbunden sind. Die Gleichung (3) erfordert eine aus zwei Punkt- und zwei Kurvenskalen bestehende Tafel; die Gleichung (2) kann je nach ihrer Form in einer Tafel mit drei Punkt- oder drei Kurvenskalen dargestellt werden. Die beiden so sich ergebenden Formen einer Tafel der Gleichung (1) sind in den Abb. 158 und 159 schematisch dargestellt.

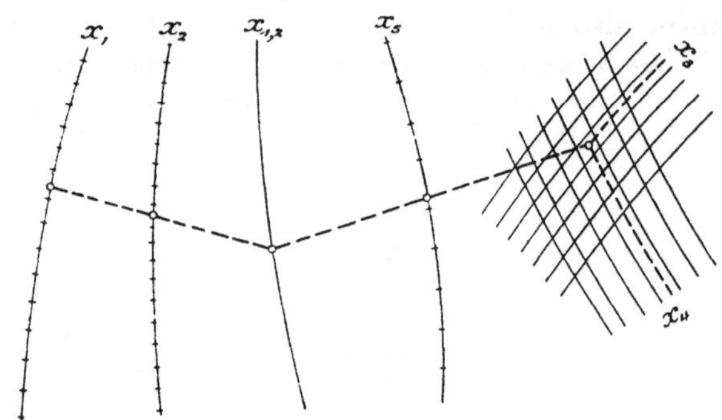

Abb. 158.

Um eine Gleichung zwischen den sechs Veränderlichen x_1 bis x_6 in einer zweiteiligen Tafel mit geradliniger Ablesekurve darstellen zu können, muß sie sich entweder auf die Form

$$F(\varphi(x_1, x_2, x_3), x_4, x_5, x_6) = 0 \quad \ldots \ldots (4)$$

oder die Form

$$F(\varphi(x_1, x_2), x_3, x_4, x_5, x_6) = 0 \quad \ldots \ldots (5)$$

überführen lassen. An Stelle der Gleichung (4) kann man die beiden Gleichungen setzen

$$\varphi\,(x_1,\,x_2,\,x_3) = x_{1,\,2,\,3}$$

und

$$F(x_{1,\,2,\,3},\,x_4,\,x_5,\,x_6) = 0\,.$$

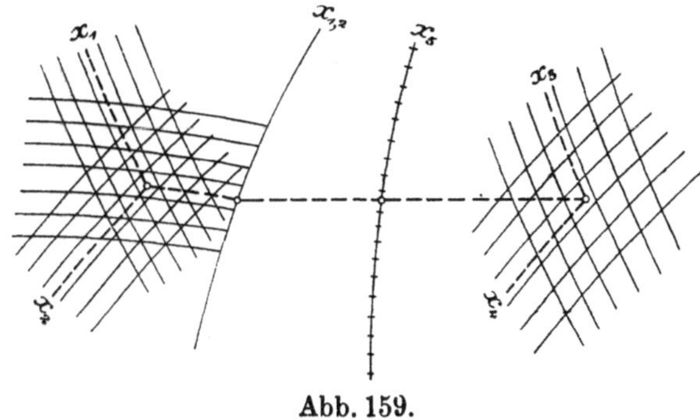

Abb. 159.

Durch jede dieser beiden Gleichungen ist eine Tafel mit zwei Punkt- und zwei Kurvenskalen bestimmt; beide Tafeln sind durch die ihnen gemeinsame, nach der Hilfsgröße $x_{1,\,2,\,3}$ bezifferten Skala zu einer Tafel der Gleichung (4) verbunden. Die schematische Form einer solchen Tafel zeigt die Abb. 160.

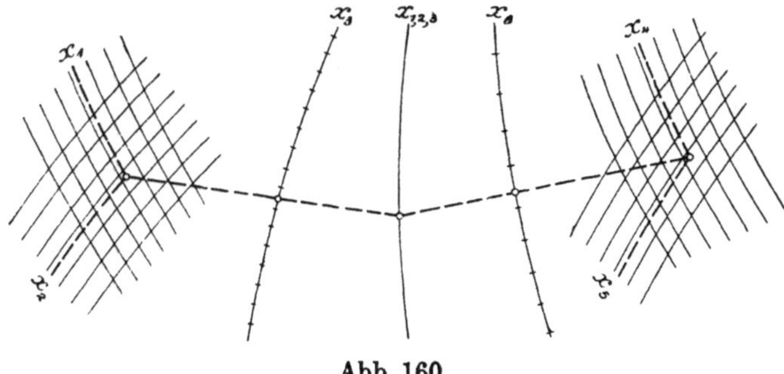

Abb. 160.

Führt man in der Gleichung (5) für $\varphi\,(x_1,\,x_2)$ eine Hilfsgröße $x_{1,\,2}$ ein, so treten an ihre Stelle die zwei Gleichungen

$$\varphi\,(x_1,\,x_2) = x_{1,\,2}$$

und

$$F(x_{1,\,2},\,x_3,\,x_4,\,x_5,\,x_6) = 0\,.$$

Die erste dieser beiden Gleichungen kann entweder in einer Tafel mit drei Kurven- oder in einer solchen mit drei Punkt-

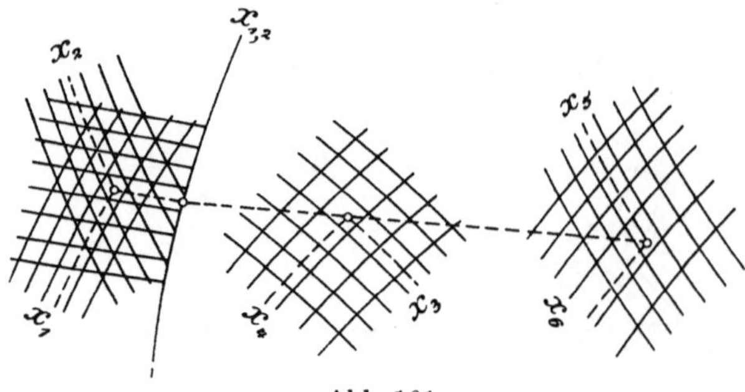

Abb. 161.

skalen dargestellt werden; die zweite Gleichung erfordert eine Tafel mit einer Punktskala und zwei Gruppen von je zwei

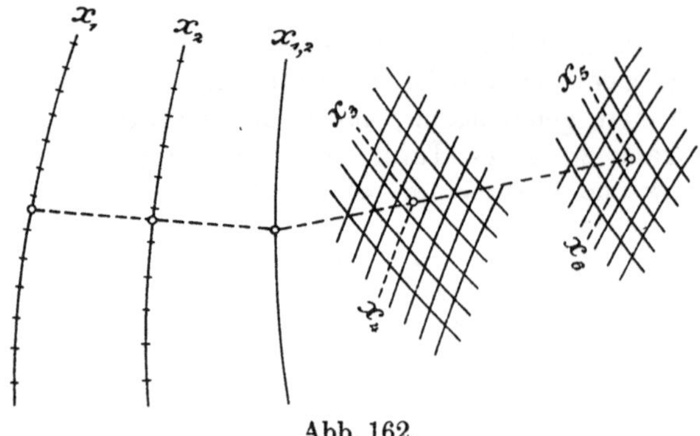

Abb. 162.

Kurvenskalen. Die beiden in der angegebenen Weise möglichen Tafelformen für die Gleichung (5) sind in den Abb. 161 und 162 in schematischer Darstellung angegeben.

§ 6. Dreiteilige Tafeln mit einer Geraden als Ablesekurve für Gleichungen mit fünf und sechs Veränderlichen.

Eine Gleichung zwischen den fünf Veränderlichen x_1 bis x_5 läßt sich in einer dreiteiligen Tafel darstellen, wenn sie die Form hat

$$F\left(\varphi_1\left(x_1, x_2\right), \varphi_2\left(x_3, x_4\right), x_5\right) = 0 \quad . \quad . \quad . \quad . \quad . \quad (1)$$

Führt man in dieser Gleichung für die beiden Funktionen $\varphi_1(x_1, x_2)$ und $\varphi_2(x_3, x_4)$ die Hilfsgrößen $x_{1,2}$ und $x_{3,4}$ ein, so treten an die Stelle der einen Gleichung die drei Gleichungen

$$\varphi_1(x_1, x_2) = x_{1,2}, \quad \cdots \cdots \quad (2)$$

$$\varphi_2(x_3, x_4) = x_{3,4} \quad \cdots \cdots \quad (3)$$

und

$$F(x_{1,2}, x_{3,4}, x_5) = 0. \quad \cdots \cdots \quad (5)$$

Durch diese drei Gleichungen sind drei Tafeln bestimmt; zeichnet man diese mit den gemeinsamen, nach $x_{1,2}$ bzw. $x_{3,4}$ bezifferten Skalen aneinander, so ergibt sich eine Tafel für die Gleichung (1).

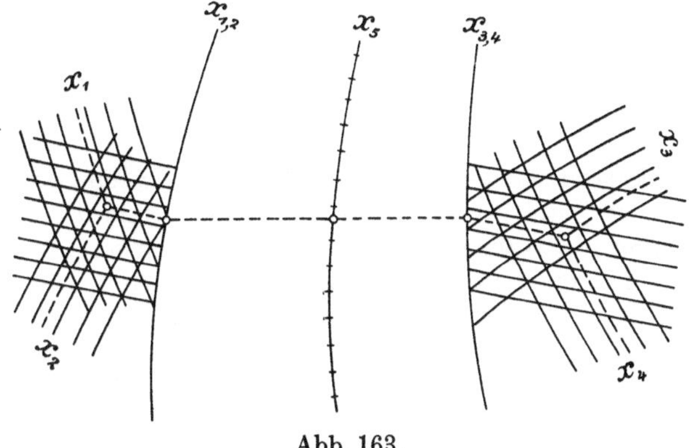

Abb. 163.

Die Abb. 163 zeigt die schematische Form einer solchen Tafel, bei der die den Gleichungen (2) und (3) entsprechenden Tafelteile je drei Kurvenskalen enthalten; der dritte Tafelteil stellt eine Tafel mit Punktskalen der Gleichung (5) vor.

Die Darstellung einer Gleichung zwischen den sechs Veränderlichen x_1 bis x_6 in einer Tafel mit drei Teilen setzt voraus, daß die Gleichung die Form hat

$$F(\varphi_1(x_1, x_2), \varphi_2(x_3, x_4), x_5, x_6) = 0 \quad \cdots \cdots \quad (6)$$

Setzt man an die Stelle von $\varphi_1(x_1, x_2)$ und $\varphi_2(x_3, x_4)$ zwei weitere Veränderliche $x_{1,2}$ und $x_{3,4}$, so erhält man statt der einen Gleichung die drei Gleichungen

$$\varphi_1(x_1, x_2) = x_{1,2}$$

$$\varphi_2(x_3, x_4) = x_{3,4}$$

$$F(x_{1,2}, x_{3,4}, x_5, x_6) = 0.$$

Die letzte dieser drei Gleichungen erfordert eine Tafel mit
zwei — mit Rücksicht auf die beiden anderen Gleichungen —
nach $x_{1,2}$ und $x_{3,4}$ bezifferten Punktskalen und zwei nach x_5

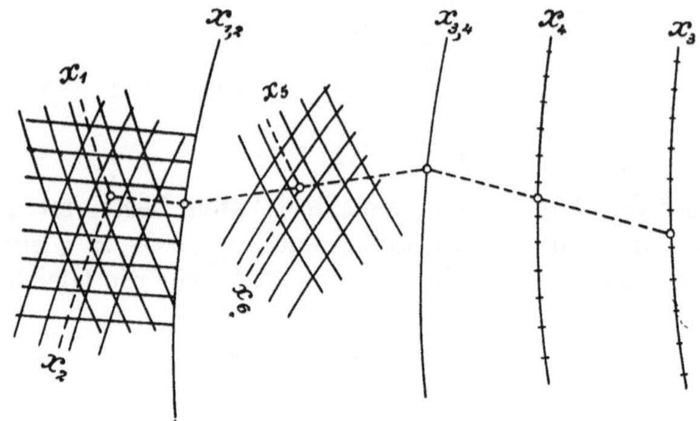

Abb. 164.

und x_6 bezifferten Kurvenskalen. Die beiden ersten Gleichungen
kann man je nach ihrer Form in Tafeln mit Punkt- oder
Kurvenskalen darstellen. Die Form einer solchen dreiteiligen
Tafel zeigt in schematischer Darstellung die Abb. 164.

Die Herstellung
gezeichneter Rechentafeln

Ein Lehrbuch der Nomographie

Von

Dr.-Ing. **Otto Lacmann**

Mit 68 Abbildungen im Text und auf 3 Tafeln. 1923
3 Goldmark / 0.75 Dollar

Inhaltsübersicht:
I. Zur Einführung. — II. Die Funktionsskalen und ihre Herstellung. — III. Gezeichnete Rechentafeln für Gleichungen mit zwei Veränderlichen. — A. Rechentafeln mit Linienkreuzung. — B. Fluchtlinientafeln. — C. Rechentafeln mit vereinigten Skalen. — IV. Gezeichnete Rechentafeln für Gleichungen mit drei Veränderlichen. — A. Rechentafeln mit Linienkreuzung. — B. Fluchtlinientafeln. — C. Rechentafeln mit Punkten gleichen Abstandes. Rechenstäbe. — V. Gezeichnete Rechentafeln für Gleichungen mit vier und mehr Veränderlichen. — A. Rechentafeln mit Linienkreuzung. — B. Verhältnistafeln. — C. Fluchtlinientafeln. — VI. Räumliche Rechenmodelle. — Schriftennachweis.

Die Nomographie
oder Fluchtlinienkunst

Ein technischer Leitfaden

Von

Ingenieur **Fritz Krauß** in Wien

Mit 26 Textfiguren. 1922
1.80 Goldmark / 0.55 Dollar

Aus den Besprechungen:
Verfasser gibt eine leicht faßliche Darstellung der Grundlagen der Nomographie mit gut gewählten Beispielen und einer Anzahl konstruierter Nomogramme, so daß jeder Ingenieur in der Lage ist, sich für seine häufig vorkommenden Funktionen mit zwei und mehr Veränderlichen ein Nomogramm zu zeichnen und sich dadurch für die Zukunft zeitraubende Rechenarbeit, vor allem dort wo Probierverfahren erforderlich sind, zu ersparen. Im Interesse der wirtschaftlichen Betriebsführung auf den verschiedenartigsten Gebieten ist dem kleinen Werke die größte Verbreitung zu wünschen...,
Der Bauingenieur.

Die Grundlagen
der Nomographie

Von

Ingenieur **B. M. Konorski**

Mit 72 Abbildungen im Text

Erscheint im Herbst 1923

Koordinaten-Geometrie. Von Dr. **Hans Beck,** Professor an der Universität Bonn. Erster Band: **Die Ebene.** Mit 47 Textabbildungen. 1919.
17 Goldmark; gebunden 19 Goldmark / 4.10 Dollar; gebunden 4.60 Dollar

Lehrbuch der darstellenden Geometrie. In zwei Bänden. Von Dr. **Georg Scheffers,** o. Professor an der Technischen Hochschule Berlin.
Erster Band: Zweite, durchgesehene Auflage. (Neudruck.) Mit 404 Textfiguren. 1922. Gebunden 14 Goldmark / Gebunden 3.40 Dollar
Zweiter Band: Mit 396 Figuren im Text. 1920.
11 Goldmark; gebunden 14 Goldmark / 2.65 Dollar; gebunden 3.40 Dollar

Lehrbuch der darstellenden Geometrie. Von Dr. **W. Ludwig,** o. Professor an der Technischen Hochschule Dresden.
Erster Teil: **Das rechtwinklige Zweitafelsystem.** Vielflache, Kreis, Zylinder, Kugel. Mit 58 Textfiguren. 1919. 4.50 Goldmark / 1.10 Dollar
Zweiter Teil: **Das rechtwinklige Zweitafelsystem.** Kegelschnitte, Durchdringungskurven, Schraubenlinie. Mit 50 Textfiguren. 1922.
4.50 Goldmark / 1.10 Dollar

Ingenieur-Mathematik. Lehrbuch der höheren Mathematik für die technischen Berufe. Von Dr.-Ing. Dr. phil. **Heinz Egerer,** Diplom-Ingenieur, vormals Professor für Ingenieur-Mechanik und Material-Prüfung an der Technischen Hochschule Drontheim.
Erster Band: **Niedere Algebra und Analysis. — Lineare Gebilde der Ebene und des Raumes in analytischer und vektorieller Behandlung. — Kegelschnitte.** Mit 320 Textfiguren und 575 vollständig gelösten Beispielen und Aufgaben. Unveränderter Neudruck. 1923. Gebunden 12 Goldmark / Gebunden 3 Dollar
Zweiter Band: **Differential- und Integralrechnung. — Reihen und Gleichungen. — Kurvendiskussion. — Elemente der Differentialgleichungen. — Elemente der Theorie der Flächen und Raumkurven. — Maxima und Minima.** Mit 477 Abbildungen und über 1000 vollständig gelösten Beispielen und Aufgaben. 1922.
Gebunden 17 Goldmark / Gebunden 4 Dollar
Dritter Band: **Gewöhnliche Differentialgleichungen. — Flächen. — Raumkurven. — Partielle Differentialgleichungen. — Wahrscheinlichkeits- und Ausgleichsrechnung. — Fouriersche Reihen.**
In Vorbereitung.

Technische Schwingungslehre. Ein Handbuch für Ingenieure, Physiker und Mathematiker bei der Untersuchung der in der Technik angewendeten periodischen Vorgänge. Von Dipl.-Ing. Dr. **Wilhelm Hort,** Oberingenieur bei der Turbinenfabrik der A E G., Privatdozent an der Technischen Hochschule in Berlin. Zweite, völlig umgearbeitete Auflage. Mit 423 Textfiguren. 1922.
Gebunden 20 Goldmark / Gebunden 4.80 Dollar

Mathematische Schwingungslehre. Theorie der gewöhnlichen Differentialgleichungen mit konstanten Koeffizienten sowie einiges über partielle Differentialgleichungen und Differenzengleichungen. Von Dr. **Erich Schneider.** Mit 49 Textabbildungen. Erscheint Ende Herbst 1923.